普通高等教育规划教材

地质灾害及其防治

简文彬　吴振祥　编著

人民交通出版社股份有限公司
China Communications Press Co.,Ltd.

内容提要

本书系统介绍了滑坡、崩塌、泥石流、地面塌陷、地面沉降、地裂缝等常见的地质灾害的概念、成因、类型、调查及分析评价方法、防治技术措施;斜坡变形破坏可形成崩塌滑坡,因此,本书对不稳定斜坡及其处置也作了系统的介绍。全书共分8章,内容包括地质灾害概念及其分类、不稳定斜坡及其处置、滑坡及其防治、崩塌及其防治、泥石流及其防治、地面塌陷及其防治、地面沉降及其防治、地裂缝及其防治。

本书可作为高等学校地质工程、岩土工程、环境地质、土木工程、水利工程、安全工程、防灾减灾工程、勘查技术与工程等专业的教材,以及高等院校开设公共选修课的教材或教学参考书,也可供土建、交通、铁道、水利水电、城乡建设、国土资源等相关部门从事地质灾害防灾减灾、边坡工程等专业技术人员、管理人员参考使用。

本书配有多媒体课件,课件可通过加入教学研讨 QQ 群(328662128)索取。

图书在版编目(CIP)数据

地质灾害及其防治/简文彬,吴振祥编著. — 北京:人民交通出版社股份有限公司,2015.8
ISBN 978-7-114-12224-8

Ⅰ. ①地… Ⅱ. ①简… ②吴… Ⅲ. ①地质–自然灾害–灾害防治 Ⅳ. ①P694

中国版本图书馆 CIP 数据核字(2015)第 093728 号

普通高等教育规划教材

书　　名:	地质灾害及其防治
著 作 者:	简文彬　吴振祥
责任编辑:	郑蕉林
出版发行:	人民交通出版社股份有限公司
地　　址:	(100011)北京市朝阳区安定门外外馆斜街3号
网　　址:	http://www.ccpress.com.cn
销售电话:	(010) 59757973
总 经 销:	人民交通出版社股份有限公司发行部
经　　销:	各地新华书店
印　　刷:	北京虎彩文化传播有限公司
开　　本:	787×1092　1/16
印　　张:	12.75
字　　数:	286 千
版　　次:	2015 年 8 月　第 1 版
印　　次:	2023 年 6 月　第 6 次印刷
书　　号:	ISBN 978-7-114-12224-8
定　　价:	28.00 元

(有印刷、装订质量问题的图书由本公司负责调换)

前　言

地质灾害,包括自然因素或者人为活动引发的危害人民生命和财产安全的山体崩塌、滑坡、泥石流、地面塌陷、地裂缝、地面沉降等与地质作用有关的灾害。近年来,各种地质灾害对人类危害程度日益加重,地质灾害造成的损失逐年增加,造成人员伤亡和巨大的经济损失。地质灾害严重制约着山地丘陵地区经济社会发展,是我国防灾减灾工作中亟待解决的突出问题之一。地质灾害由于其成因复杂、影响因素多、分布广、地域性强、致灾大多突发性、破坏力强、治理造价高、技术难度大等特点,得到广大学术界、工程界的关注。

迄今为止,与地质灾害有关的论著大多针对其中的某一个灾种(如滑坡、泥石流等)或者针对广义的地质灾害(如地震、火山喷发、水土流失等)。而根据2004年国务院颁布的《地质灾害防治条例》所称,地质灾害主要有滑坡、崩塌、泥石流、地面塌陷、地裂缝、地面沉降等。目前尚未有一本全面论述这些地质灾害的适合高等院校相关专业或全校性选修课的教材。

本教材在前人已有研究成果的基础上,结合作者的科研、生产实践及教学,对常见的滑坡、崩塌、泥石流、地面塌陷、地面沉降、地裂缝等地质灾害及其防治技术进行系统的归纳和总结,为学生提供一本适用的教材。希望对推动地质灾害及其防治的深入发展,对交流与普及地质灾害防灾减灾知识、推动地质灾害的减灾防灾,对高等学校地质工程、岩土工程、防灾减灾工程、勘查技术与工程等专业学生综合素质的培养起到积极的作用。福州大学多年来开设了"地质灾害及其防治"专业课及全校性选修课,编著者编写过一些讲义,取得了良好的教学效果,本书就是在这些讲义的基础上,结合编著者的科研、生产实践、教学及前人已有研究成果编写而成的。

本教材编写从各灾种的基本概念入手,由浅入深逐步介绍各灾害的成因、影响因素、灾害调查、预测预报、治理措施等,教材构成体系合理、层次清晰、深入浅出、内容全面、实用性强。全书共分8章:第1章为绪论,介绍地质灾害的基本概念及其分类;第2章为不稳定斜坡及其治理,介绍斜坡(边坡)失稳与滑坡、斜坡变形破坏的方式及类型、斜坡变形破坏的影响因素、斜坡稳定性评价与预测、斜坡变形破坏的处治;第3章为滑坡及其防治,介绍滑坡的基本概念、滑坡成因、滑坡类型、滑坡调查、滑坡勘查、滑坡预测预报、滑坡防治技术;第4章为崩塌及其防治,介绍崩塌基本概念、崩塌产生的基本条件、崩塌类型、崩塌与滑坡的区别、危岩与崩塌的勘查、崩塌防治;第5章为泥石流及其防治,介绍泥石流基本概念、泥石流形成条件、泥石流类型、泥石流危险性分级、泥石流调查、泥石流防治、泥石流监测;第6章为地面塌陷及其防治,介绍地面塌陷成因、地面塌陷分类、地面塌陷的调查、地面塌陷预测预防、地面塌陷的防治;第7章为地面沉降及其防治,介绍地面沉降的概念、地面沉降分布、地面沉降危害、地面沉降成因、地面沉降类型、地面沉降调查、地面沉降监测及防治;第8章为地裂缝及其防治,介绍地裂缝分类、地裂缝危害、地裂缝的调查、地裂缝预测预防、地裂缝防治。使用者可根据学时及实际需要的内容有所取舍。

作者长期从事边坡工程、地质灾害防治的教学、科研和技术服务工作,本书的编写力图在前人研究工作的基础上对常见的地质灾害及其防治技术进行归纳和总结。

本教材的编写得到国家自然科学基金、国土资源部丘陵山地地质灾害防治重点实验室(福建省地质灾害重点实验室)开放基金、福建省高等学校特色专业建设点基金、福州大学教材出版基金的资助;福州大学岩土工程专业研究生林威、张登、叶琪、郑晔、黄家富等参与了文字编辑、图件清绘、校对等工作,在此表示衷心的感谢。本书编写过程中参考了大量的相关著作、教材、手册、期刊论文、技术资料等,未能一一列出,对相关作者表示衷心的感谢。由于水平有限,时间仓促,书中错漏不足在所难免,敬请读者批评指正。

作者单位:福州大学岩土工程与工程地质研究所,国土资源部丘陵山地地质灾害防治重点实验室,350108,邮箱:jwb@fzu.edu.cn。

作　者
二〇一四年十二月

目　　录

第1章　绪论 ··· 1
　1.1　灾害与地质灾害的基本概念 ··· 1
　1.2　地质灾害分类 ·· 2
　1.3　地质灾害分级 ·· 4
　1.4　我国地质灾害的发育特点 ·· 5
　1.5　地质灾害成因 ·· 9
　1.6　地质灾害的危害 ··· 9
　1.7　我国面临的地质灾害防灾减灾形势 ·· 12
　思考题 ·· 13

第2章　不稳定斜坡及其治理 ··· 14
　2.1　斜坡失稳与滑坡 ··· 14
　2.2　斜坡形态与分类 ··· 15
　2.3　斜坡变形破坏的方式及类型 ··· 18
　2.4　斜坡变形破坏的影响因素 ·· 19
　2.5　斜坡工程地质勘查 ·· 26
　2.6　斜坡稳定性分析 ··· 30
　2.7　斜坡稳定性评价 ··· 45
　2.8　斜坡加固工程技术 ·· 46
　2.9　已有斜坡的调查评估与安全维护 ··· 61
　思考题 ·· 65

第3章　滑坡及其防治 ··· 66
　3.1　滑坡基本概念 ·· 66
　3.2　滑坡成因 ·· 70
　3.3　滑坡类型 ·· 72
　3.4　滑坡调查 ·· 73
　3.5　滑坡工程地质勘查 ·· 75
　3.6　滑带土抗剪强度参数的测试和选择 ·· 81
　3.7　滑坡稳定性分析与评价 ··· 88
　3.8　滑坡预测预报 ·· 94
　3.9　滑坡防治 ·· 97
　思考题 ·· 102

第4章 崩塌及其防治 ... 103
- 4.1 崩塌基本概念 ... 103
- 4.2 崩塌产生的基本条件 ... 103
- 4.3 崩塌类型 ... 106
- 4.4 崩塌与滑坡的区别 ... 107
- 4.5 崩塌工程地质勘查 ... 108
- 4.6 崩塌防治 ... 110
- 思考题 ... 114

第5章 泥石流及其防治 ... 115
- 5.1 泥石流的基本概念 ... 115
- 5.2 泥石流形成条件 ... 115
- 5.3 泥石流类型 ... 118
- 5.4 泥石流危险性分级 ... 122
- 5.5 泥石流识别与调查 ... 122
- 5.6 泥石流监测 ... 124
- 5.7 泥石流活动预测预报 ... 126
- 5.8 泥石流防治 ... 129
- 思考题 ... 133

第6章 地面塌陷及其防治 ... 134
- 6.1 地面塌陷的基本概念 ... 134
- 6.2 地面塌陷成因 ... 134
- 6.3 地面塌陷分类 ... 136
- 6.4 岩溶塌陷工程地质勘查、评价及防治措施 ... 138
- 6.5 土洞塌陷工程地质勘查、评价及防治措施 ... 143
- 6.6 采空区塌陷 ... 147
- 6.7 地面塌陷的监测 ... 152
- 6.8 防治地面塌陷的应急措施 ... 153
- 思考题 ... 153

第7章 地面沉降及其防治 ... 154
- 7.1 地面沉降的含义 ... 154
- 7.2 地面沉降分布 ... 155
- 7.3 地面沉降危害 ... 157
- 7.4 地面沉降成因 ... 158
- 7.5 地面沉降类型 ... 161
- 7.6 地面沉降工程地质勘查 ... 161
- 7.7 地面沉降监测及防治 ... 164
- 思考题 ... 167

第8章 地裂缝及其防治 ... 168
- 8.1 地裂缝的基本概念 ... 168
- 8.2 地裂缝分类与活动规律 ... 169

8.3　中国典型地裂缝 …………………………………………………………… 170
8.4　地裂缝工程地质勘查 ……………………………………………………… 173
8.5　地裂缝防治 ………………………………………………………………… 175
思考题 ……………………………………………………………………………… 176

附录 …………………………………………………………………………………… 177

参考文献 ……………………………………………………………………………… 191

第1章 绪 论

1.1 灾害与地质灾害的基本概念

灾害是指那些由于自然的、人为的或人与自然综合的原因,对人类生存和社会发展具有危害后果的各种事件与现象。自古以来,灾害就与人类共存,灾害给人类带来了巨大的损失,人类也为防止灾害和减轻灾害做出了很大的努力。"灾害"是从人类的角度来定义的,体现的是"以人为本"的理念,灾害必须以造成人类生命、财产损失的后果为前提。如果山体滑坡发生在荒无人烟的冰雪深山,并无人员伤亡,甚至无人知晓,则不会称作灾害;但是如果山体滑坡发生在人员聚居的城镇及乡村,导致人员伤亡、房屋倒塌、农田被掩埋、水利设施被冲毁等,就属于灾害事件。

随着人类生产建设的发展和科学技术水平的提高,再加上人口的过快增长和城镇化的发展,人类日益开发更多的天然资源,打破了自然界中的生态平衡和地质作用平衡。由于人类活动所引起的灾害日趋增加,各种自然因素所造成灾害的危害性日趋严重,因而,人们越来越关注各种灾害对于人类的生命财产和工业、农业及民用建筑所造成的危害。深入研究各种灾害发生的原因机制,研究灾害的分类,以及开展对这类灾害的评价、监测和防治,已经逐渐形成了独立的学科。

灾害的种类繁多,分类方法也不同。灾害的分类,按照起因有人为灾害或自然灾害;根据原因、发生部位和发生机理划分为地质灾害、天气灾害、环境灾害、生化灾害和海洋灾害等。自然灾害是人类依赖的自然界中所发生的异常现象,自然灾害对人类社会所造成的危害往往是触目惊心的。自然灾害和环境破坏之间又有着复杂的相互联系。人类要从科学的意义上认识这些灾害的发生、发展以及尽可能减小它们所造成的危害,已是国际社会的一个共同主题。地球上的自然变异,包括人类活动诱发的自然变异,无时无地不在发生,当这种变异给人类社会带来危害时,即构成自然灾害。灾害都是消极的或破坏的作用。自然灾害是人与自然矛盾的一种表现形式,具有自然和社会两重属性,是人类过去、现在、将来所面对的最严峻的挑战之一。世界范围内重大的突发性自然灾害包括:旱灾、洪涝、台风、风暴潮、冻害、雹灾、海啸、地震、火山、滑坡、崩塌、泥石流、森林火灾、农林病虫害等。

我国是世界上自然灾害种类最多的国家之一,其中对我国影响最大的自然灾害有七大类,包括:气象灾害、海洋灾害、洪水灾害、地震灾害、地质灾害、农作物生物灾害、森林生物灾害。

地质灾害属于由地球内力或外力作用(含人类活动的营力作用)产生的不良地质作用引发的一类灾害,属于自然灾害的一种重要类型。

地质灾害是指在自然或者人为因素的作用下形成的,对人类生命财产、环境造成破坏和损失的地质作用(现象),如滑坡、崩塌、泥石流、地面塌陷、地裂缝、地面沉降、岩爆、坑道突水、突泥、突瓦斯、煤层自燃、黄土湿陷、岩土膨胀、砂土液化、软土震陷、土地冻融、水土流失、土地沙漠化及沼泽化、土壤盐碱化,以及地震、火山、地热害等,一般称为广义地质灾害。

根据2004年国务院颁发的《地质灾害防治条例》规定,地质灾害包括自然因素或者人为活动引发的危害人民生命和财产安全的山体崩塌、滑坡、泥石流、地面塌陷、地裂缝、地面沉降等与地质作用有关的灾害,这六种与地质作用有关的灾害一般称为狭义地质灾害。

此外,对可能危害人民生命和财产安全的不稳定斜坡、潜在滑坡、潜在崩塌、潜在泥石流和潜在地面塌陷,以及已经发生但目前还不稳定的滑坡、崩塌、泥石流、地面塌陷等,称为地质灾害隐患。

1.2 地质灾害分类

从广义的地质灾害来说,其种类繁多,分类方法也不同。依据地质灾害的概念和含义,凡是与内动力地质作用、外动力地质作用、人类工程动力作用有关的地质灾害,以岩石圈自然地质作用为主导因素形成的自然灾害都归入地质灾害类型。一般可按致灾地质作用的性质和发生处所、成灾过程的快慢、地质灾害发生区的地理或地貌特征进行划分。

1)按致灾地质作用的性质和发生处所划分

可划分为地球内动力活动灾害类、边坡岩土体运动(变形破坏)灾害类、地面变形破裂灾害类、矿山与地下工程灾害类、河湖水库灾害类、海洋及海岸带灾害类、特殊岩土灾害类、土地退化灾害类共八类地质灾害。致灾地质作用都是在一定的动力诱发(破坏)下发生的,诱发动力有的是天然的,有的是人为的。据此,地质灾害也可按动力成因分为自然地质灾害和人为地质灾害两大类。自然地质灾害发生的时间、地点、规模和频度,受自然地质条件控制,不以人类历史的发展为转移;人为地质灾害受人类工程开发活动制约,常随社会经济发展而日益增多,所以防止人为地质灾害的发生已成为地质灾害防治的一个重要方面。

2)按成灾过程的快慢划分

就地质环境或地质体变化的速度而言,地质灾害的发生、发展进程,有的是逐渐完成的,有的则具有很强的突然性。据此,可将地质灾害概分为突变型地质灾害和缓变型地质灾害两大类。突然发生的,并在较短时间内完成灾害活动过程的地质灾害为突变型地质灾害;发生、发展过程缓慢,随时间延续累进发展的地质灾害为缓变型地质灾害。

(1)突变型地质灾害包括:地震灾害、火山灾害、崩塌灾害、滑坡灾害、泥石流灾害、地面塌陷灾害、地裂缝灾害、矿井突水灾害、冲击地压灾害、瓦斯突出灾害、围岩岩爆及大变形灾害、河岸坍塌灾害、管涌灾害、河堤溃决灾害、海啸灾害、风暴潮灾害、海面异常升降灾害、黄土湿陷灾害、砂土液化灾害共19个灾种。突变型地质灾害发生突然,可预见性差,其防治工作常是被动式的应急进行。其成灾后果,不仅是经济损失,也常造成人员伤亡,因此是地质灾害防治的重点对象。

(2)缓变型地质灾害包括：地面沉降灾害、煤层自燃灾害、矿井热害、河湖港口淤积灾害、水质恶化灾害、海水入侵灾害、海岸侵蚀灾害、海岸淤进灾害、软土触变灾害、膨胀土胀缩灾害、冻土冻融灾害、土地沙漠化灾害、土地盐渍化灾害、土地沼泽化灾害、水土流失灾害共15个灾种。缓变型地质灾害常有明显前兆，对其防治有较从容的时间，可有预见地进行，其成灾后果一般只造成经济损失，不易出现人员伤亡。

3）根据地质灾害发生区的地理或地貌特征划分

可分山地地质灾害，如崩塌、滑坡、泥石流等；以及平原地质灾害，如地面沉降等。

中华人民共和国地质矿产行业标准《地质灾害分类分级（试行）》（DZ 0238—2004）根据灾类、灾型、灾种确定地质灾害分类体系，按表1-1确定。

地质灾害分类体系 表1-1

灾 类	灾 型	灾 种
地球内动力活动灾害类	突变型	地震灾害（原生灾害、次生灾害）、火山灾害
	缓变型	—
斜坡岩土体运动（变形破坏）灾害类	突变型	崩塌灾害（危岩、高边坡）、滑坡灾害（土体滑坡、岩体滑坡）、泥石流灾害（泥流、泥石流、水石流）
	缓变型	—
地面变形破裂灾害类	突变型	地面塌陷灾害（岩溶塌陷、采空塌陷）、地裂缝灾害（构造地裂缝、非构造地裂缝）
	缓变型	地面沉降灾害
矿山与地下工程灾害类	突变型	矿井突水灾害、冲击地压灾害、瓦斯突出灾害、围岩岩爆及大变形灾害
	缓变型	煤层自燃灾害、矿井热害
河湖水库灾害类	突变型	河岸坍塌灾害、管涌灾害、河堤溃决灾害
	缓变型	河湖港口淤积灾害、水质恶化灾害
海洋及海岸带灾害类	突变型	海啸灾害、风暴潮灾害、海面异常升降灾害
	缓变型	海水入侵灾害、海岸侵蚀灾害、海岸淤进灾害
特殊岩土灾害类	突变型	黄土湿陷灾害、砂土液化灾害
	缓变型	软土触变灾害、膨胀土胀缩灾害、冻土冻融灾害
土地退化灾害类	突变型	—
	缓变型	土地沙漠化灾害、土地盐渍化灾害、土地沼泽化灾害、水土流失灾害

按照2004年国务院颁发的《地质灾害防治条例》规定，所称地质灾害包括自然因素或者人为活动引发的危害人民生命和财产安全的山体崩塌、滑坡、泥石流、地面塌陷、地裂缝、地面沉降等与地质作用有关的灾害。本书重点论述滑坡、崩塌、泥石流、地面塌陷、地裂缝、地面沉降等狭义地质灾害。如图1-1所示。

图1-1 地质灾害主要类型
a)滑坡;b)崩塌;c)泥石流;d)地面塌陷;e)地面沉降;f)地裂缝

1.3 地质灾害分级

根据《地质灾害分类分级(试行)》(DZ 0238—2004)的地质灾害分级标准,以一次灾害事件造成的伤亡人数和直接经济损失两项指标把地质灾害灾度等级划分为特大灾害、大灾害、中灾害、小灾害4级,按表1-2确定。潜在地质灾害根据直接威胁人数和灾害期望损失值亦划分为相应的4级灾害。

地质灾害灾度等级分级　　　　　表1-2

指标		特大灾害 (Ⅰ级灾害)	大灾害 (Ⅱ级灾害)	中灾害 (Ⅲ级灾害)	小灾害 (Ⅳ级灾害)
伤亡人数	死亡(人)	>100	100~10	10~1	0
	重伤(人)	>150	150~20	20~5	<5
直接经济损失	(万元)	>1 000	1 000~500	500~50	<50
直接威胁人数	(人)	>500	500~100	100~10	<10
灾害期望损失(万元/a)		>5 000	5 000~1 000	1 000~100	<100

注:经济损失值为90年不变价格。

常见地质灾害灾变等级分级按表1-3确定;地质灾害与地震、洪水等成灾等级划分对比按表1-4确定。

常见地质灾害灾变等级分级　　　　　表1-3

灾种 \ 指标	灾害等级	特大型	大型	中型	小型
崩塌(危岩)	体积($10^4 m^3$)	>100	100~10	10~1	<1
滑坡	体积($10^4 m^3$)	>1 000	1 000~100	100~10	<10
泥石流	堆积物体积($10^4 m^3$)	>100	100~10	10~1	<1
岩溶塌陷	影响范围(km^2)	>20	20~10	10~1	<1
地裂缝	影响范围(km^2)	>10	10~5	5~1	<1
地面沉降	沉降面积(km^2)	>500	500~100	100~10	<10
	最大累计沉降量(m)	2.0~1.0	1.0~0.5	0.5~0.1	<0.1

地质灾害与地震、洪水等成灾等级划分对比　　　　　表1-4

灾害种类	成灾等级划分				
地质灾害	灾度等级	特大灾害	大灾害	中灾害	小灾害
	划分指标 死亡	>100人	100~10人	10~1人	0人
	划分指标 损失	>1 000万元	1 000万~500万元	500万~50万元	<50万元
地震灾害	灾度等级	特大破坏性地震	严重破坏性地震	中等破坏性地震	一般破坏性地震
	划分指标 死亡	万人以上	数百到数千人	数十到数百人	数人到数十人
	划分指标 损失	>30亿元以上	5亿~30亿元	1亿~5亿元	1亿元以下
洪水灾害	成灾等级	巨灾	重灾	中灾	轻灾	弱灾
	划分指标 死亡	>1万人	1万~1千人	1 000~100人	100~10人	<10人
	划分指标 损失	>10亿元	10亿~1亿元	1亿~1 000万元	1 000万~100万元	<100万元
风暴潮灾害	成灾等级	特大潮灾	较大潮灾	一般潮灾	轻度潮灾
	划分指标 死亡	千人以上	数百人	数十人	少量
	划分指标 损失	数亿元	1亿~0.2亿元	千万元	数百万以下
森林火灾	灾度等级	Ⅳ级	Ⅲ级	Ⅱ级	Ⅰ级
	划分指标 损失	100万元以上	100万~50万元	50万~10万元	10万元以下

地质灾害分级的应用原则是:就高不就低,灾变界限值只要达到上一档次的下限即定为上一档次灾害;灾害界限值中伤亡人数或直接经济损失,只要一项指标达到高档次,则按高档次定名灾害的级别。

1.4 我国地质灾害的发育特点

地质灾害的发育分布及其危害程度与地质环境背景条件(包括岩土体工程地质类型、地质构造格局、地形地貌、水文地质条件和新构造运动的强度与方式等)、气象水文及植被条件、人类工程活动及其强度等有着极为密切的关系。

中国地处环太平洋构造带和喜马拉雅构造带汇聚部位,太平洋板块的俯冲和印度板块向北对亚洲板块的碰撞使中国大陆承受着最主要的地球动力作用。在印度板块与亚洲板块的碰撞边界上产生了世界上最高的喜马拉雅山脉,并使青藏高原受压隆起;东部因太平洋板块俯冲造成了我国华北、东北地壳向东拉张,形成华北和松辽沉降大平原。这两种活动构造带汇聚和西升东降的地势反差,不仅形成了中国大地构造和地形的基本轮廓,同时也是形成我国地质灾害种类繁多的根本原因。

东西向构造与北北东向构造的交叉,使中国在大地构造和地形(主要表现在山脉和盆地的走向上)上形成近东西向和近南北向的分区特点,从而使我国地质灾害的区域空间分布同样具有东西分区、南北分带、亚带成网的特点。

从西向东,大体可以以贺兰山—六盘山—龙门山—哀牢山、大兴安岭—太行山—武陵山—雪峰山为界分为三大区。西区为高原山地,海拔高,切割深度大,地壳变动强烈,构造、地层复杂,气候干燥,风化强烈,岩石破碎,因而主要发育有地震、冻融、泥石流、沙漠化等地质灾害。中区为高原、平原过渡地带,地形陡峻,切割剧烈(相对切割深度巨大),地层复杂,风化严重,活动断裂发育,因而主要发育有地震、崩塌、泥石流、滑坡、水土流失、土地沙化、地面变形、黄土湿陷、矿井灾害等地质灾害。东区为平原及海岸和大陆架,地形起伏不大,气候潮湿且降雨量丰富,主要发育有地震、地面变形、崩塌、滑坡、泥石流、河湖灾害、海岸灾害、盐碱(渍)化等地质灾害。

从北向南,阴山—天山、昆仑—秦岭、南岭等巨大山系横贯中国大陆,沿这些山系,崩塌、滑坡、泥石流、水土流失等地质灾害严重。它们的相间地带(大河流域),土地沙化、盐碱化、黄土湿陷及水土流失、地面变形及崩塌、滑坡、泥石流、岩溶塌陷等地质灾害严重。

在新构造运动相对活跃的东南、西南及青藏高原地区,地震以及与之相关的地质灾害较为明显。

中国位于亚洲大陆东部,濒临太平洋,季风气候显著,具有较明显的纬度和经度分带特征,加上疆域辽阔、地形复杂,具有多种多样的气候类型,因此暴雨、洪水、干旱、冰雹、霜冻及温差等许多不良气候因素常常成为多种多样的地质灾害的诱发因素。在西北、华北和东北部分地区,气候干旱少雨,年内温差悬殊,风蚀作用剧烈,土地沙漠化、风沙化、冻融等灾害发育严重。而在温暖湿润的东部、南部地区,尤其在西南山区,降雨多且集中,崩塌、滑坡、泥石流灾害频繁发生。在东部平原地区,土地盐渍化、沼泽化等地质灾害广泛分布。

中国是世界上人口最多的国家,几千年来的人文活动,特别是近几十年来经济的高速发展和人口的增长,对自然的索取也不断加重,对自然环境的干扰也越来越强烈。不合理的人类经济工程活动使得地质灾害的发育日趋加剧。在东部、中部地区,由于大量抽取地下水和大规模开采矿产资源(包括油气资源),导致地下水资源平衡条件破坏和岩土构造应力状态发生变化,诱发并加剧了地面沉降、地面塌陷、地裂缝、土地盐渍化、沼泽化、崩塌、滑坡、泥石流、矿山灾害等地质灾害的发育和危害。在西部地区,由于超量开发土地、草原、森林和水资源,加速了水土流失、土地沙化等灾害的发展,崩塌、滑坡、泥石流等灾害也随之增多。

在所有的地质灾害中,除地震灾害外,崩塌、滑坡、泥石流灾害最为严重,其以分布广、多发性和破坏性强,具有隐蔽性及容易链状成灾为特点,每年都造成巨大的经济损失和人员伤亡。另外,土地沙漠化、地面沉降和水土流失等缓变型地质灾害发展迅速,危害越来越大,成为令人担忧的地质灾害。

从"成灾"的角度看,中国地质灾害的区域变化具有比较明显的方向性,即从西向东、从北向南、从内陆到沿海地质灾害趋于严重。这是因为虽然不同类型、不同规模的地质灾害几乎覆盖了中国大陆的所有区域,但由于人类活动和社会经济条件的差异,使不同地区地质灾害的发育程度和破坏程度显著不同。东部和南部地区,人类工程活动频繁而又剧烈,区内人口稠密,城镇及大型工矿企业、骨干工程密布。因而,一方面,一旦发生地质灾害则损失惨重;另一方面,人类经济工程活动加剧了地质灾害的发生与发展。而西部、北部地区,虽然地质灾害分布十分广泛,但大部分地区人口密度和经济发展程度低,所以危害和破坏程度相对较低。调查表明:凡是人口密集、工业发达地区在人类活动的影响下,地质灾害正由自然动力型向人为动力型发展,由点状向带状、树枝状、片状发展。

据不完全统计,各种地质灾害对我国危害程度日益加重,地质灾害造成的损失逐年增加。近年来由于崩塌、滑坡、泥石流灾害每年造成的损失上百亿元;水土流失、土地沙漠化、盐碱化、潜育化造成的损失每年达200亿元;岩溶塌陷和地下采空造成的损失超过5亿元;抽取地下水引起的地面沉降已在全国平原区的46个城市发生,造成巨大的经济损失。

值得提出的是,我国的经济建设活动正在由东向西、由南向北、由沿海向内地深入展开。大规模经济开发也必然会出现严重的地质灾害威胁,必须引起高度重视,也就是要处理好"发展经济与保护地质环境"的关系。

总而言之,由于自然地理、地质环境和人类活动的差异,不同地区地质灾害的类型、组合特征和发育、危害程度各不相同,具有较明显的地域特征和区域变化规律。今后随着全球环境的变化和我国经济建设的大规模发展,我国大部分地区地质灾害的发育程度和破坏程度可能将不断增强。因此,地质灾害的勘查、研究以及防治工作对我国有着特别重大的意义。

我国在区域气候格局上主要处于东亚季风区,山地丘陵区局地暴雨频发,地形地质条件非常复杂,叠加人类工程经济活动的影响,造就了地质灾害频繁发生的复杂时期。地质灾害不仅对山地丘陵区的基础设施造成毁灭性破坏,更对人民群众的生命安全构成极大的损害和威胁。特别是近年来,我国在全球气候变暖的背景下极端天气气候事件频发,突发性、局地性极端强降雨引发的地质灾害导致的群死群伤事件时有发生,地质灾害造成的人员伤亡占我国自然灾害死亡总人数的比例呈上升趋势。地质灾害是我国防灾减灾工作中亟待解决的突出问题之一。

我国是地质灾害种类繁多、灾情严重、分布面积广的国家。随着经济建设的不断发展,灾害的频度和规模有逐年增加的趋势。

以 2008～2013 年我国发生的地质灾害为例进行分析。

1)基本情况

2008～2013 年全国发生各类地质灾害、造成人员伤亡和直接经济损失见表1-5。

2008～2013 年各类地质灾害基本情况　　　　表 1-5

各类地质灾害 \ 年份	2008	2009	2010	2011	2012	2013	合　计
滑坡(次)	13 450	6 657	22 329	11 490	10 888	9 849	74 663
崩塌(次)	8 080	2 309	5 575	2 319	2 088	3 313	23 684
泥石流(次)	443	1 426	1 988	1 380	922	1 541	7 700
地面塌陷(次)	451	316	499	360	347	371	2 344

续上表

年份 各类地质灾害	2008	2009	2010	2011	2012	2013	合 计
地裂缝（次）	—	115	238	86	55	301	795
地面沉降（次）	—	17	41	29	22	28	137
伤亡（人）	1 598	331	2 246	277	375	481	5 308
直接经济损失（亿元）	32.7	17.65	63.9	40.1	52.8	102	309.15

2）区域分布

2008~2013年地质灾害发生在我国28个省（自治区、直辖市）境内，以华东、中南、西南以及西北的部分地区最为集中。发生次数居于前三位的依次是江西、湖南和福建；因灾死亡、失踪人数居于前三位的依次是甘肃、陕西和云南；因灾直接经济损失居于前三位的依次是陕西、四川和吉林。

3）重大地质灾害

以2010年为例，因灾死亡30人以上或者直接经济损失1 000万元以上的特大型地质灾害有34起；因灾死亡10人以上30人以下或者直接经济损失500万元以上1 000万元以下的大型地质灾害有60起，其中死亡、失踪10人以上的19起。2010年全国死亡、失踪10人以上的重大地质灾害事件见表1-6。

2010年全国死亡失踪10人以上的重大地质灾害事件　　　　　表1-6

序号	发生时间	省份	地 点	灾害类型	死亡、失踪（人）	诱发因素
1	3月10日	陕西	陕西榆林市子洲县双湖峪镇双湖峪村	崩塌	27	冰雪冻融
2	5月23日	江西	东乡县孝岗镇何坊村沪昆铁路何坊段	滑坡	19	强降雨
3	6月2日	广西	玉林市容县六王镇陈村	滑坡	12	降雨
4	6月14日	四川	康定县捧塔乡双基沟	滑坡	23	降雨
5	6月14日	福建	南平市延平区道延塔线11公里处	滑坡	24	强降雨
6	6月28日	贵州	安顺市关岭县岗乌镇大寨村	滑坡	99	降雨
7	7月18日	陕西	安康市岚皋县四季乡木竹村	滑坡	20	强降雨
8	7月18日	陕西	安康市汉滨区大竹园镇七堰村	滑坡	29	强降雨
9	7月20日	四川	凉山州冕宁县棉沙湾乡许家坪村2组	滑坡	13	降雨
10	7月24日	陕西	山阳县高坝镇桥耳沟村五组	滑坡	24	强降雨
11	7月24日	甘肃	华亭县东华镇前岭社区殿沟村民小组	崩塌	13	强降雨
12	7月26日	云南	怒江州贡山县普拉底乡咪各村米谷电站	泥石流	11	降雨
13	7月27日	四川	雅安市汉源县万工乡双合村一组	滑坡	20	强降雨
14	7月29日	甘肃	肃南县祁丰乡关山村观山脑	泥石流	10	降雨
15	8月8日	甘肃	甘肃舟曲县泥石流	泥石流	1 765	强降雨
16	8月13日	四川	绵竹市清平乡盐井村6组文家沟	泥石流	12	降雨
17	8月18日	云南	贡山县普拉底乡东月谷村东月谷河	泥石流	92	降雨
18	9月1日	云南	保山市隆阳区瓦马乡河东村大石房小组	滑坡	48	降雨
19	9月21日	广东	高州市、信宜市交界地区	群发滑坡、崩塌	33	强降雨

地质灾害具有多发性、突发性和范围广的特征,所造成的人员伤亡多,破坏严重,在自然界的灾害中占有突出的位置。人类对自然界的改造越来越广泛和深入,人类不适当的生产和建设活动所引起的地质灾害也越来越频繁,越来越广泛,对于人类的影响也越来越大。各种地质灾害的防范和治理,包括人为地质灾害的防治,已经成为保护和改善人类生存环境的一项重要课题。

1.5　地质灾害成因

地质灾害的致灾因素具有自然孕育和人类活动引发的双重属性,具体表现为它的形成与发展主要受地形地貌、岩土地质条件、水文地质条件、区域气候和人类工程经济活动等多方面的影响。地质环境复杂,地层软弱,结构不均匀,区域断裂活动和地震作用的长期影响是重要背景因素。区域气候因素是引发地质灾害的直接因素和激发条件,崩塌、滑坡、泥石流灾害的发生与区域冻融、大气降雨量、降雨强度和降雨历时关系密切。地形地质因素是发生地质灾害的物质基础和潜在条件,影响着地质灾害的性质和规模。

随着人类经济活动逐步向广度和深度发展,工程活动在山地丘陵区进行森林集中砍伐、陡坡垦殖、开挖爆破、弃石废渣、过度放牧和城镇及新农村建设"向山要地"、"进沟发展"等都加速改变了地质历史过程中长期形成的原有地表地质的稳定结构,进一步加剧了地质灾害的发生。

地质灾害除了自然因素本身引发外,更多的是由于违反自然规律、不合理的人类工程活动诱发的。

主要的人类工程活动有以下几种方式:
(1)开挖坡脚:修建公路、铁路、依山建房等。
(2)蓄水排水:水渠和水池的漫溢和漏水,工业生产用水和废水的排放,农业灌溉等。
(3)堆填加载:在斜坡上大量兴建楼房,大量堆填土石、矿渣等。
(4)劈山开矿的爆破、山坡上乱砍滥伐等,也容易诱发地质灾害。

1.6　地质灾害的危害

地质灾害给人类造成人员伤亡和巨大的经济损失,破坏环境资源,影响城乡可持续发展。我国地质灾害的活动强度、暴发规模、经济损失和人员伤亡等方面均居世界前列。特别是山地丘陵区突发性的滑坡、泥石流等常常摧毁淤埋城镇,危害村寨,冲毁道路桥梁,破坏水电工程和通信设施,淹没农田,堵塞江河,劣化生态环境,危及自然保护区和风景名胜区,严重制约我国山地丘陵区社会经济的发展。

据统计,1995年至2010年(2010年统计数据至10月)的16年中,平均每年因突发性地质灾害死亡和失踪约1 101人。因地质灾害造成的直接财产损失年均100亿~150亿元。特别是2010年,全国因地质灾害造成2 246人死亡、669人失踪、534人受伤,其中仅舟曲"8·7"特大山洪泥石流灾害就造成1 501人死亡、264人失踪。随着我国山地丘陵区经济的发展、人口的不断增长,区域经济存量、人口密度、社会财富将大幅度增长,地质灾害的风险程度和危害次数也将显著增加。

据10年来的概略调查,全国除上海市外,各省(自治区、直辖市)均存在滑坡、崩塌、泥石流灾害,记录编目的泥石流、滑坡、崩塌灾害隐患点大约23万处,直接威胁人口达1 359万人,受影响人口预计达6 795万人。其中,分布在四川、重庆、云南、贵州、江西、广西、广东、福建、陕西、湖南、山西、西藏、湖北、甘肃等省(自治区、直辖市)者约占全国总数的75%。

  滑坡、崩塌、泥石流地质灾害随时都有可能带来严重的破坏,甚至是灾难。如美国的布法罗的煤矿废物泥浆挡坝的倒塌造成125人死亡;1963年北意大利的Vaiont水库左岸滑坡,使得25 000万 m^3 的滑体以28m/s的速度下滑到水库,形成超过250m高的涌浪,造成下游2 500多人丧生;1980年我国湖北运安盐池河磷矿发生山崩,100万 m^3 的岩体崩落,摧毁了矿务局和坑道的全部建筑物,造成280人死亡;1989年7月10日,华蓥市溪口镇因崩塌形成的滑坡、泥石流造成222人死亡。1994年宜宾市兴文县久庆镇,因建设切坡脚,诱发滑坡,导致楼房倒塌,赶集村民一次死亡48人,伤40人;1995年10月,330国道青田县茅洋村路段边坡崩塌,途经此地的大客车被埋,车内37人全部身亡,车辆报废;1998年美姑县乐约乡特大滑坡,导致150余人失踪;1999年,古蔺县滑坡、泥石流灾害死亡41人;2001年5月1日重庆市武隆县县城江北西段发生山体滑坡,造成一栋9层居民楼房垮塌、死亡79人,阻断了319国道新干道,几辆停靠和正在通过的汽车也被掩埋在滑体中。世界上每年由于人工边坡或自然斜坡失稳造成的经济损失数以亿计,如1978年Schuster收集的资料显示,在美国仅加州由于边坡失稳造成的损失每年可达33亿美元,除此之外,在美国平均每年至少有25人死于这种灾害;1984年英国的Carsington大坝滑动,使耗资近1 500万英镑的主堤几乎完全破坏。在我国,据不完全统计,1998年以来福建省先后发生的崩塌、滑坡、泥石流、地面塌陷等21 300多起,涉及40多个县(市、区),造成300余人死亡,伤500余人,毁房500余间,经济损失高达10多亿元;四川省近10年来,每年地质灾害造成的损失达数亿元,死亡人数在300人左右;三峡库区的最新统计表明,1982年以来库区两岸发生滑坡、崩塌、泥石流70多处,规模较大的40多处,死亡400人,直接经济损失数千万元。云南省的公路边坡灾害调查数据显示,1990~1999年,云南公路边坡发生大、中型崩塌、滑坡、泥石流135~144次,造成1 000余座桥梁被毁,经济损失达168亿余元,并对全省2 220km公路的运营构成严重威胁。世界重大滑坡灾害实例见表1-7。

世界部分重大滑坡灾害实例   表1-7

国家或地区	地区	日期	地质灾害类型	灾害
中国	宁夏海源	1920年12月16日	黄土滑坡	海源地震诱发675个大滑坡,约10万人死亡
美国	加利福尼亚	1934年12月31日	泥石流	40人死亡,400间房子被毁
秘鲁	Ranrachira	1962年6月10日	冰和岩石崩塌	3 500多人死亡
意大利	瓦依昂	1963年	岩石滑坡进入水库	约2 600人死亡
英国	Alerfan	1966年10月21日	流动滑坡	144人死亡
巴西	Rio de Janeiro	1966年		1 100人死亡
美国	弗吉尼亚	1969年	泥石流	150人死亡
日本		1969年~1972年	各种灾害	519人死亡,13 288间房屋被毁
秘鲁	Yungay	1970年5月31日	地震引起碎屑崩塌、碎屑流	25 000人死亡

续上表

国家或地区	地区	日期	地质灾害类型	灾害
香港	香港	1972年6月	各种灾害	138人死亡
日本	Kamijima	1972年		112人死亡
意大利	南部	1972年~1973年	各种灾害	约100个村庄被毁,影响20万人
秘鲁	Mayuamarca	1974年	泥石流	镇被毁,451人死亡
中国	甘肃省东乡县酒勒山	1983年3月7日	黄土滑坡	4个村庄被毁,237人死亡
哥伦比亚	Armero	1985年11月	泥石流	约22 000人死亡
土耳其	Catak	1988年6月		66人死亡
乌干达	东部布杜达行政区	2010年3月1日	泥石流	3座村庄被埋,至少94人死亡,约320人失踪
巴西	里约热内卢州	2010年4月5日	连降暴雨引发洪水和山体滑坡	至少212人死亡、161人受伤,100多人失踪
印控克什米尔列城	印控克什米尔列城	2010年8月6日	暴雨引发洪水和泥石流等自然灾害	造成至少166人死亡、约400人失踪
中国	甘肃省舟曲县	2010年8月8日	特大泥石流	约1 467人死亡、298人失踪
哥伦比亚	西北部安迪奥基亚省贝约市	2010年12月5日	山体滑坡	造成至少88人死亡
巴西	里约热内卢州	2011年1月11日	强降雨引发洪灾、山体滑坡和泥石流	造成至少806人死亡、300人下落不明
韩国	首尔及全国大部分地区	2011年7月26日	连降暴雨,引发多起山体滑坡	造成至少62人死亡、9人失踪
巴布亚新几内亚	首都莫尔斯比港西北	2012年1月25日	山体滑坡	村庄被埋,至少40人死亡,约20人失踪
孟加拉国	东南部地区	2012年6月26日	暴雨引发多起山体滑坡、山洪等灾害	造成至少88人死亡、10多人受伤
印度	北部的北阿肯德邦、北方邦等地区	2013年6月16日至18日	强暴雨引发洪水和泥石流等次生灾害	造成至少822人死亡
墨西哥	格雷罗州	2013年9月14日	强降雨引发山体滑坡	一个村庄被埋,至少68人失踪
阿富汗	巴达赫尚省	2014年5月2日	滑坡	村庄被掩埋,超过350人死亡,失踪人数可能超过2 000人

  滑坡及边坡的治理费用在工程建设中也是极其昂贵的。根据1986年E. N. Brohead的统计,用于边坡治理的费用占地质和自然灾害的25%~50%。如在英国的北Kent海岸滑坡处治中,平均每公里混凝土挡墙耗资高达1 500万英镑;在伦敦南部的一个仅2 500 m^2 的小

型滑坡处理中,勘察滑动面耗资 2 万英镑,而建造上边坡抗滑桩、挡土墙及排水系统耗资达15 万英镑;如果加上下边坡,费用将翻倍。在我国,随着大型工程建设的增多,用于边坡处治的费用在不断增大,如三峡库区仅用于一期的边坡处治投资就高达 40 亿元人民币;特别是在我国西部高速公路建设中,用于边坡处治的费用占总费用的 30% ~ 50%。因此对边坡进行合理的设计和有效治理将直接影响到国家对基础建设的投资以及安全运营。

地面塌陷灾害包括岩溶塌陷和采空塌陷。岩溶塌陷灾害分布在我国 24 个省(自治区、直辖市)的 300 多个县(市)1 万多处,塌陷坑总数达 4.5 万多个,中南、西南地区最多,约占总数的 70%。全国有 20 个省(自治区、直辖市)发现采空塌陷,面积超过 1 200km²,以黑龙江、山西、安徽和山东等省最为严重。

地面沉降灾害主要发生在我国中东部平原和山间盆地内,主要涉及上海、天津、北京、沧州、太原、阜阳、亳州及珠三角和苏锡常地区。其中,苏州、无锡、常州地区沉降中心累计沉降量最大已超过 3 000mm,局部地区地面高程已接近或低于海平面。到 2009 年,全国有 80 多个城市存在地面沉降,其中存在灾害性地面沉降的城市或地区 50 多个,沉降面积约 $5 \times 10^4 km^2$,累计地面沉降量超过 200mm 的地区已达到 $7.9 \times 10^4 km^2$。在长江三角洲和环渤海地区,地面沉降范围已从城市扩展到农村,形成区域性地面沉降区。

至 2010 年,上海市中心城区平均累计沉降量普遍大于 600mm,最大累计沉降量接近 3 000mm,使中心城区地面高程普遍低于全市平均高程。2006 ~ 2010 年期间,地面沉降防治管理,特别是地下水开采和回灌管理得到持续加强,年平均地面沉降量逐年下降,全市年平均地面沉降量由 2005 年的 8.4mm,减少到 2009 年的 5.2mm。近 10 年来大规模高强度的城市建设等工程活动,特别是深基坑降排水活动已成为中心城区地面沉降的重要影响因素。

地裂缝灾害分布在除上海、浙江、福建外的 28 个省(自治区、直辖市),总数约 2 500 多条。地裂缝灾害主要分布在汾渭盆地、太行山东麓平原、大别山东北麓平原和长江三角洲中北部地区,形成 4 个地裂缝密集区。

1.7 我国面临的地质灾害防灾减灾形势

目前我国地质灾害防灾减灾工作仍然面临严峻形势,主要表现在以下几方面。

1) 我国特定的地质环境条件决定了地质灾害呈现长期高发态势

我国地质构造复杂、地形地貌起伏变化大,具有极易发生滑坡、崩塌、泥石流等地质灾害的物质条件。据气象、地震部门预测,21 世纪前期,气候变化和地震均趋于活跃期,台风等极端气候事件增多,地震活动频繁,强降雨过程和地震引发的滑坡、崩塌、泥石流、地面塌陷、地裂缝等将会加剧,未来 5 ~ 10 年的地质灾害将呈高发态势。

2) 人为工程活动引发的地质灾害呈不断上升趋势

中、西部地区地质环境脆弱,大规模的基础设施建设对地质环境的影响仍然剧烈,劈山修路、切坡建房、造库蓄水等人为引发的滑坡、崩塌、泥石流地质灾害仍将保持增长趋势。东部地区随着城市化进程的加快,现代都市圈逐渐形成,水资源供需矛盾加剧,由于过量开采地下水和油气,造成的地面沉降和地裂缝灾害仍将呈上升趋势。全国各地采矿积淀的环境问题,形成了许多地质灾害隐患,采矿活动引发的地面塌陷、地裂缝灾害在矿区和矿业城市普遍存在。

近年来,随着人类经济活动的增强,地质灾害有加剧的趋势。人类活动影响可能进一步导致孕灾环境的变化。西部大开发给我国西部山地丘陵地区社会经济的发展提供了千载难逢的历史机遇;但随着城市化的加速推进,基础设施建设的持续展开,人为破坏地质环境后,加剧了降雨引发地质灾害的可能性、严重性。

3)我国地质灾害点多面广,许多灾害亟待治理

我国已发现的近24万地质灾害隐患点分布在三峡水库工程、南水北调工程、西电东送工程、西气东输工程、山区铁路干线、"五纵七横"国家公路主干线工程区和400多个城镇、100余个大型工厂、几百座大型矿山和数千个村庄内,严重威胁当地人民群众的生命财产安全,威胁国家重大工程的安全。需要治理的滑坡、泥石流2.8万处,其中特大型地质灾害隐患点1 800多个,防治任务十分繁重。地质灾害具有伴生性、隐蔽性、突发性和破坏性,社会影响大,防范难度大。

4)地质灾害防治工作任重道远,还有很多问题亟待解决

通过多年努力,地质灾害防治工作取得了很大进展,但仍远不能满足经济建设和社会发展对减灾防灾的需求,还有很多亟待解决的问题。

(1)地质灾害防治工作仍然缺乏全面系统的基础调查资料,尤其缺少高精度的地质灾害调查资料,调查数据得不到及时更新。

(2)地质灾害监测体系薄弱,绝大部分地区仍主要局限于较低水平的群测群防,尚不能做到预警及时、快速反应、转移快捷、避险有效。

(3)许多重大地质灾害隐患点亟待采取工程措施进行治理。

(4)我国地质灾害防治的经济基础薄弱,长期以来经费投入不足,技术水平偏低。

(5)社会公众防灾减灾知识有待普及,意识有待提高。

(6)地质灾害防治工作管理队伍人员数量、质量远不能满足实际需求。

5)全球气候变化背景下的局地突发性强降水使得地质灾害发生概率不断加大

工业革命以来的人类活动,尤其是发达国家在工业化过程中大量消耗能源资源,导致大气中温室气体浓度增加,引起全球气候近50年来以变暖为主要特征的显著变化,对全球自然生态系统产生了明显影响,对人类的生存和社会发展带来严峻挑战。全球气候变化的背景,致使我国极端天气气候事件发生的频率、强度和区域分布变得更加复杂和难以把握。突发性强降水是引发地质灾害的直接因素和激发条件,并且大多是在中小尺度天气系统里生成,全球气候变暖可能带来的暴雨不确定性因素加大,相应地质灾害发生的概率加大,所造成灾害可能更为严重。

思 考 题

1. 什么是地质灾害?
2. 地质灾害的类型有哪些?
3. 地质灾害是如何进行分级的?
4. 我国地质灾害有哪些特点?
5. 地质灾害成因有哪些?
6. 地质灾害有哪些危害?
7. 我国应采取哪些措施进行防灾减灾?

第 2 章 不稳定斜坡及其治理

2.1 斜坡失稳与滑坡

斜坡系指地壳表部具有侧向临空面的地质体,包括自然斜坡和人工边坡两种。前者是在一定地质环境中,在各种地质营力作用下形成和演化的自然历史过程的产物,如山坡、海岸、河岸等;后者则是由于人类某种工程、经济目的而开挖或改造的斜坡,往往在自然斜坡基础上形成,其特点是具有较规则的几何形态,如建筑边坡、基坑边坡、路堑边坡和露天矿边坡等。

人工边坡是人类工程活动中最基本的地质环境之一,也是工程建设中最常见的工程形式。在实际工程中,由于设计或施工不当,或因地质条件的特殊复杂性难以预计,边坡中一部分坡体相对于另一部分坡体产生相对位移以至丧失原有稳定性,从而形成滑坡。

滑坡是斜坡变形破坏的一种体现形式,是一种重要的地质灾害。斜坡由于表面倾斜,在岩土体自重及降雨等各种内外地质营力作用下,经历各种不同的发展演化阶段,并导致坡体内应力不断发生变化,整个岩土体都有从高处向低处滑动的趋势,如果岩土体内某个面上的下滑力超过抗滑力,或者面上每点的剪应力达到抗剪强度,若无支挡就可能发生滑坡,引起不同形式和规模的变形破坏。由于斜坡变形破坏释放了应力,变形破坏后的斜坡趋于新的平衡而逐渐稳定;当应力调整打破了这种平衡,斜坡又会出现新的变形破坏。对具有蠕滑、鼓胀、扭裂等变形特征且边界不明显的斜坡,则称其为不稳定斜坡。

我国山地和丘陵面积广大,许多建筑场地设置在斜坡地段。崩塌、滑坡对城乡设施和各类建筑所造成的危害不乏其例。尤其在中西部地区的秦巴山区、川滇山区、黄土高原、东南丘陵区,斜坡变形破坏成为严重影响当地社会经济发展的地质灾害。在工程建设区,斜坡变形破坏是制约工程建设的重要因素。

斜坡变形破坏导致的滑坡对邻近工程建筑带来危害,甚至造成生命财产的重大损失。滑坡常常摧毁建筑、堵塞交通,造成人员伤亡和巨大的经济损失。据估算,我国每年因斜坡(边坡)失稳造成的损失达 30 亿~50 亿元;日本因滑坡造成的年损失高达 40 亿美元;美国、意大利、印度等国也达 10 亿~20 亿美元。中国是一个多山国家,山地面积占国土面积 2/3 以上,滑坡时刻威胁着人民生命财产安全。因此在斜坡地段为了合理有效利用土地资源和选择建筑场址,就必须评价和预测斜坡的稳定性,对可能产生危害的破坏斜坡或潜在不稳定斜坡加以预防或治理。

斜坡(边坡)的失稳往往是多种因素共同作用的结果,我们通常将导致斜坡(边坡)失稳的这些因素归结为两大类。一种是外界力的作用破坏了岩土体原来的应力平衡状态,如路堑或基坑开挖、路堤填筑或边坡顶面上作用的外荷载,以及岩土体内水的渗流力、地震力的作用等,改变原有应力平衡状态,使边坡坍塌;另一种是斜坡(边坡)岩土体的抗剪强度由于受外界各种因素的影响而降低,促使斜坡(边坡)失稳破坏,如气候等自然条件使岩土时干时湿、收缩膨胀、冻结融化、风化等,水的渗入、软化效应、地震引起岩土性能劣化等均会造成强度降低。

影响斜坡稳定的主要因素有:①地形地貌因素,如斜坡的高度、坡度和形态等;②岩土工程性质,包括岩土的坚硬程度、抗风化能力、抗软化能力、强度、物质组成、透水性等;③岩土的结构与构造,表现在节理裂隙的发育程度及其分布规律、结构面的胶结情况、软弱面和破碎带的分布与斜坡的关系、下伏岩土界面的形态以及坡向、坡角等;④水文地质条件,包括地下水的埋藏条件、地下水的流动及动态变化等;⑤降雨作用,"十次滑坡九次水",这句话充分反映水是导致斜坡失稳的重要条件之一。斜坡失稳现象的发生和发展多受水等因素的控制。降雨在斜坡的变形破坏中有着举足轻重的作用,斜坡破坏(滑坡)经常发生在雨季(这也就是人们常说的"十滑九水"),充分说明了降雨是影响斜坡变形破坏和稳定性的重要因素;⑥风化作用,主要体现为风化作用将减弱岩土的强度,改变地下水的动态;⑦气候作用,气候引起岩土风化速度、风化厚度以及岩石风化后的机械、化学变化,同时引起地下水(降水)作用的变化;⑧地震及振动作用,除了使岩土体增加下滑力外,还常常引起孔隙水压力的增加和岩土体的强度的降低;⑨人类工程活动的开挖、填筑和堆载等人为因素同样可能造成斜坡的失稳。

多年来,人们对斜坡变形过程、失稳形式、失稳机制、稳定性研究及滑坡预测预报等进行了广泛而深入的研究,借助力学、数学及计算机科学的理论与方法,围绕斜坡的演化过程及滑坡的预测预报进行全方位探索,并应用于人类工程活动的实践中去。经过国内外许多工程地质工作者的努力,已形成了斜坡工程分析、评价的一整套理论体系及工作方法,为人类工程建设活动奠定了理论及实践基础。

随着社会进步和经济发展,越来越多的人类工程活动涉及斜坡工程问题,例如在水电、交通、采矿等诸多领域,斜坡(边坡)工程是整体工程不可分割的一部分,斜坡稳定性研究及滑坡预报研究一直是人们研究的重点、难点及热点领域之一。

2.2 斜坡形态与分类

斜坡具有坡体、坡高、坡角、坡肩、坡面、坡脚、坡顶面和坡底面等各项要素,如图2-1所示。

在实际工程中,为满足不同工程用途的需要,斜坡(边坡)设计形态多种多样,斜坡的分类通常有以下几种:

(1)按照斜坡的成因,可分为天然斜坡和人工边坡。

自然界的天然斜坡是经受长期地表地质作用达到相对协调平衡的产物;人工边坡则是由于工程建设而开挖与填筑形成的边坡,又分为挖方边坡、填方边坡。

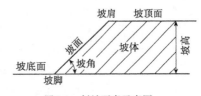

图2-1 斜坡要素示意图

(2)按照构成斜坡(边坡)坡体的岩土性质,可分为土质边坡、岩质边坡、岩土混合边坡、类土质边坡。

①土质边坡:整个边坡均由土体构成,按土体种类又可分为黏性土边坡、黄土边坡、膨胀土边坡、堆积土边坡、填土边坡。

②岩质边坡:整个边坡均由岩体构成,按岩体强度又可分为硬岩边坡、软岩边坡、风化岩边坡等;按岩体结构分为整体性(巨块状)边坡、块状边坡、层状边坡、碎裂边坡、散体状边坡。

③岩土混合边坡:边坡下部为岩层,上部为土层的二元结构边坡。

④类土质边坡:由岩体风化而成的保留或部分继承了原岩的结构面等其他岩体特征,其

稳定特性明显区别于均质土坡及岩质边坡的一类边坡。类土质边坡坡体具有特殊的稳定特性、破坏方式和加固要求。由于类土质边坡的变形面复杂,仅以少数圆弧面不足以确定它沿哪一条软弱面失稳,往往导致边坡产生滑坡。

(3)按照边坡的稳定性程度,可分为稳定性边坡、基本稳定边坡、欠稳定边坡和不稳定边坡。这种分类方法一般根据边坡的稳定性系数的大小进行划分。

(4)按照边坡的高度分类,土质边坡高度大于15m称为高边坡,小于15m称为一般边坡;岩质边坡高度大于30m称为高边坡,小于30m称为一般边坡。

工程实践表明,容易发生变形破坏和滑坡的边坡多为高边坡。因此,高边坡是研究与防治的重点。

(5)根据边坡的断面形式,可分为直立式边坡、倾斜式边坡和台阶形边坡,以及这三种形式构成的复合形式的边坡。

(6)按边坡的工程类型,如道路工程、水利工程、矿业工程、建筑工程,可分为路堑边坡、路堤边坡,水坝边坡、渠道边坡、坝肩边坡、库岸边坡,露天矿边坡、弃土(渣)场边坡,建筑边坡、基坑边坡等。

(7)根据边坡使用年限,分为临时性边坡和永久性边坡。临时性边坡是指工作年限不超过两年的边坡;永久性边坡是指工作年限超过两年的边坡,永久性边坡的设计使用年限应不低于受其影响相邻建筑的使用年限。

除了上述分类方法外,边坡还可以根据支护结构形式进行分类。

边坡安全等级的划分是根据边坡破坏后造成的破坏后果(危及人的生命、造成的经济损失、产生的社会不良影响)的严重性、边坡的类型及坡高等因素确定的,它是边坡工程设计和施工中根据不同的地质环境条件及工程具体情况加以区别对待的重要标准。

根据《建筑边坡工程技术规范》(GB 50330—2013),建筑边坡工程安全等级划分为三级,按表2-1确定。

建筑边坡工程安全等级 表2-1

边坡类型		边坡高度 $H(m)$	破坏后果	安全等级
岩质边坡	岩体类型为Ⅰ或Ⅱ类	$H \leq 30$	很严重	一级
		$15 < H \leq 30$	严重	二级
	岩体类型为Ⅲ或Ⅳ类	$H \leq 15$	不严重	三级
土质边坡		$10 < H \leq 15$	很严重	一级
			严重	二级
		$H \leq 10$	很严重	一级
			严重	二级
			不严重	三级

对一个边坡工程的各段,可根据实际情况采用不同的安全等级;对危害性极严重、环境和地质条件复杂的特殊边坡工程,其安全等级应根据工程情况适当提高。

特别地,对由外倾软弱结构面控制的边坡工程、危岩和滑坡地段的边坡工程、边坡塌滑区内或边坡塌方影响区内有重要建(构)筑物的边坡工程,当破坏后果很严重时,其安全等级应定为一级。

边坡塌滑区范围可按下式估算:

$$L = \frac{H}{\tan\theta} \tag{2-1}$$

式中：L——边坡坡顶塌滑区边缘至坡底边缘的水平投影距离(m)；

H——边坡高度(m)；

θ——边坡的破裂角(°)。

岩质边坡岩体类型可根据岩体完整程度、结构面结合程度和结构面产状的不同分段划分。岩质边坡岩体类型的划分按表2-2确定。

岩质边坡岩体划分　　　　　　　　　表2-2

边坡岩体类型	判定条件 岩体完整程度	结构面结合程度	结构面产状	直立边坡自稳能力
Ⅰ	完整	结构面结合良好或一般	外倾结构面或外倾不同结构面的组合线倾角>75°或<35°	30m 高边坡长期稳定,偶有掉块
Ⅱ	完整	结构面结合良好或一般	外倾结构面或外倾不同结构面的组合线倾角35°~75°	15m 高边坡稳定,15~25m 高边坡欠稳定
Ⅱ	完整	结构面结合差	外倾结构面或外倾不同结构面的组合线倾角>75°或<35°	15m 高边坡稳定,15~25m 高边坡欠稳定
Ⅱ	较完整	结构面结合良好一般或差	外倾结构面或外倾不同结构面的组合线倾角<35°,有内倾结构面	边坡出现局部塌落
Ⅲ	完整	结构面结合差	外倾结构面或外倾不同结构面的组合线倾角35°~75°	8m 高边坡稳定,15m 高边坡欠稳定
Ⅲ	较完整	结构面结合良好或一般	外倾结构面或外倾不同结构面的组合线倾角35°~75°	8m 高边坡稳定,15m 高边坡欠稳定
Ⅲ	较完整	结构面结合差	外倾结构面或外倾不同结构面的组合线倾角>75°或<35°	8m 高边坡稳定,15m 高边坡欠稳定
Ⅲ	较完整（碎裂镶嵌）	结构面结合良好或一般	结构面无明显规律	8m 高边坡稳定,15m 高边坡欠稳定
Ⅳ	较完整	结构面结合差或很差	外倾结构面以层面为主,倾角多为35°~75°	8m 高边坡不稳定
Ⅳ	不完整（散体、碎裂）	碎块间结合很差	结构面无明显规律	8m 高边坡不稳定

注：1. 边坡岩体分类中未含由外倾软弱结构面控制的边坡和倾倒崩塌型破坏的边坡。

2. Ⅰ类岩体为软岩、较软岩时，应降为Ⅱ类岩体。

3. 当地下水发育时，Ⅱ、Ⅲ类岩体可根据具体情况降低一档。

4. 强风化岩和极软岩可划为Ⅳ类。

5. 表中外倾结构面指倾向与坡向的夹角小于30°的结构面。

2.3 斜坡变形破坏的方式及类型

斜坡的变形与破坏,可以说是斜坡发展演化过程中两个不同的阶段。变形属量变阶段,而破坏则属质变阶段,它们是一个累进破坏的过程。天然斜坡变形破坏的过程往往时间较长。

2.3.1 斜坡变形

斜坡变形按其机制可分为拉裂、蠕滑和弯折倾倒三种形式。

1) 拉裂

在斜坡岩土体内拉应力集中部位或张力带内,形成的张裂隙变形形式称拉裂,如图2-2所示。这种现象在由坚硬岩土体组成的高陡斜坡坡肩部位最常见,它往往与坡面近乎平行,尤其当岩体中陡倾构造节理裂隙较发育时,拉裂将沿之发生、发展。拉裂还有因岩体初始应力释放而发生的卸荷回弹所致,这种拉裂通常称为卸荷裂隙。铁路、公路、水利、建筑等工程的施工开挖,破坏了原有的应力平衡,为达到新的应力平衡,斜坡应力必然要作应力调整,在新的应力调整过程中,会产生拉应力区,从而出现开裂。同时由于斜坡开挖,坡面约束已经消失,初始应力得到释放,这时产生卸荷回弹,与原应力条件相比,结构条件发生了较大的变化,岩体的变形量也较高。斜坡开挖卸荷过程中,由于侧应力的释放,其变形具有动态变形的特征。通过试验研究后认为,斜坡开挖的实质使斜坡岩体的质量指标不断减小、岩体的变形模量降低、岩体的强度丧失等,其显现的形式是斜坡周边产生拉裂缝、周边位移不断加大、斜坡失稳等。

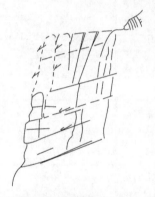

图 2-2 斜坡的拉裂破坏模式

拉裂的空间分布特点是:上宽下窄,以至尖灭;由坡面向坡里逐渐减少。

拉裂使岩土体完整性遭到破坏,为风化营力深入到坡体内部以及地表水、降雨下渗提供了良好的通道,加剧了斜坡的失稳破坏。

2) 蠕滑

斜坡岩土体沿局部滑移面向临空方向的缓慢剪切变形称蠕滑,如图2-3所示。蠕滑发生的部位在均质岩土体中一般受最大剪应力迹线控制。而当存在软弱结构面时,往往受缓倾坡外的软弱结构面所控制。当斜坡基座由很厚的软弱岩土体组成时,则坡体可能向临空方向塑流挤出,称之为深层蠕滑。蠕滑往往不易被察觉,因为它不像拉裂变形那样暴露于地表,一般均产生于坡体内。所以要加强监测,并采取措施控制蠕滑,使之不向滑坡方向演化。

当坡体内各局部剪切面(蠕滑面)贯通,且与坡顶拉裂缝也贯通时,即演变为滑坡。

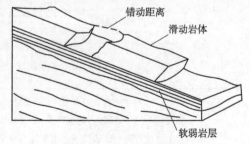

图 2-3 斜坡蠕滑破坏模式

3）弯折倾倒

由陡倾板状、片状或柱状岩体组成的斜坡,当走向与坡面平行时,在重力作用下所发生的向临空方向同步弯曲的现象,称弯折倾倒,如图2-4所示。

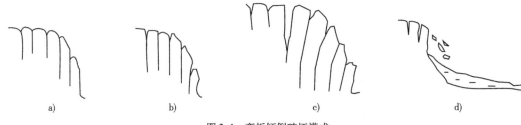

图 2-4 弯折倾倒破坏模式

弯折倾倒的特征是:弯折角约 20°~50°;弯折倾倒程度由地面向深处逐渐减小,一般不会低于坡脚高程;下部岩层往往折断,张裂隙发育,但层序不乱,而岩层层面间位移明显;沿岩层面产生反坡向陡坎,这种斜坡变形现象在天然斜坡或人工边坡均可见到。弯折倾倒的机制,相当于悬臂梁在弯矩作用下所发生的弯曲。

弯折倾倒发展下去,可形成崩塌、滑坡。

2.3.2 斜坡破坏

斜坡在自然或人为因素作用下产生变形,达到一定程度就会产生破坏。破坏形式主要表现为坍塌、滑坡、崩塌、错落、倾倒,其中,崩塌和滑坡又是斜坡破坏常见形式。如图2-5所示。

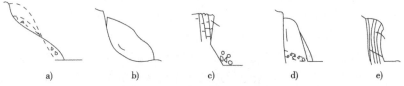

图 2-5 斜坡变形破坏的主要形式
a)坍塌;b)滑坡;c)崩塌;d)错落;e)倾倒

1）崩塌

斜坡岩土体被陡倾的拉裂面分割破坏,突然脱离母体而快速位移、翻滚、跳跃和坠落下来,堆于坡脚下,即为崩塌。崩塌一般发生在高陡斜坡的坡肩部位,崩塌体位移垂直方向较水平方向要大得多。崩塌发生时无依附面,往往是突然发生的,运动快速。

2）滑坡

斜坡岩土体沿着贯通的剪切破坏面所发生的滑移现象,称为滑坡。滑坡的机制是某一滑移面上剪应力超过了该面的抗剪强度所致。

滑坡通常是较深层的破坏,滑移面深入到坡体内部,滑体位移水平方向大于垂直方向,有滑移面存在,滑移速度往往较慢,且具有"整体性"。

滑坡是斜坡破坏形式中分布最广、危害最为严重的一种。

2.4 斜坡变形破坏的影响因素

斜坡形成后,在发展演化过程中因各种内外营力和人为活动的作用,从三个方面影响斜坡场地的稳定性。一是影响斜坡岩土体的强度,如岩性、岩体结构、风化和水对岩土体的软化作用等。二是影响斜坡的形状,如地形、河流冲刷、人工开挖等。三是影响斜坡体的应力分布,如地震、地下水压力、堆载等。它们的作用表现为增大下滑力而降低抗滑力,促使斜坡向不稳定方向转化。

在影响斜坡稳定性的诸因素中可划分为两大类:一类为主导因素,是长期起作用的因素,有岩土体类型和性质、地质构造和岩体结构、风化作用、地下水活动等;另一类为触发因素,是临时起作用的因素,有地震、洪水、降雨、人工爆破、堆载等,沿海地区台风暴雨是引发斜坡失稳导致滑坡的重要因素。

2.4.1 岩土类型与性质

岩土类型和性质是影响斜坡稳定性的根本因素。在坡形相同的情况下,显然岩土体越坚硬,抗变形能力越强,则斜坡的稳定条件越好;反之则斜坡的稳定条件越差。所以,坚硬完整的岩石(如花岗岩、石英砂岩、灰岩等)能形成稳定的高陡斜坡,而软弱岩体和土体则只能维持低缓的斜坡。一般来说,岩石中含泥质成分越高,抵抗斜坡变形破坏的能力则越低。近年来,我国的滑坡研究者将那些容易引起滑坡破坏的岩性组合,称为"易滑地层"。如砂岩、泥(页)岩互层、灰岩与页岩互层、黏土岩、板岩、软弱片岩及凝灰岩等,尤其是当它们处于顺向坡的条件下,滑坡则成群分布。土体中的裂隙黏土和黄土也属"易滑地层"。

此外,岩性还制约斜坡变形破坏的形式。一般来说,软弱地层常发生滑坡,而坚硬岩类形成高陡的斜坡,受结构面控制其主要破坏形式是崩塌。顺坡向高陡斜坡上的薄板状岩石,则往往出现弯折倾倒以至发展成为滑坡。黄土因垂直节理发育,故常有崩塌发生。

土的剪切变形实质是一部分土体对另一部分土体的相对位移,当土中某点由外力所产生的剪应力达到土的抗剪强度时,土体就会发生一部分相对于另一部分的移动,该点便发生了剪切破坏,土坡失稳。土的抗剪性说明了土抵抗剪切破坏的能力。抗剪强度指标有内摩擦角 φ 和黏聚力 c 两部分组成。对于土质边坡稳定性的计算分析而言,抗剪强度指标(土的内摩擦角和黏聚力)是其中最重要的计算参数。能否正确地测定土的抗剪强度参数是边坡加固设计的关键所在。

2.4.2 岩体结构与地质构造

对岩质斜坡来说,岩体中软弱面是其变形破坏的控制因素。结构面的成因、性质、延展特点、分布密度以及不同方向结构面的组合关系等对岩质斜坡的稳定性具有重要作用。

在斜坡稳定性研究中,主要软弱面与斜坡临空面的关系至关重要。可以分为如下几种基本情况。

1)平迭坡

主要软弱结构面是近水平的。这种斜坡一般比较稳定,但厚层软硬相间,岩层会形成崩塌破坏,如图2-6所示,厚层软弱岩(如黏土岩)会发生像均质土那样的无层或切层滑坡。

2)逆向坡

主要软弱结构面的倾向与斜坡倾向相反,如

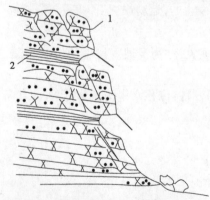

图2-6 软硬相间岩层破坏示意图
1-砂岩;2-页岩

图2-7所示,即岩层倾向坡内。这种斜坡是比较稳定的,有时有崩塌发生,而滑坡的可能性很小。

3) 横交坡

主要软弱结构面的走向与斜坡走向正交,如图2-8所示。这类斜坡的稳定较好,很少发生滑坡。

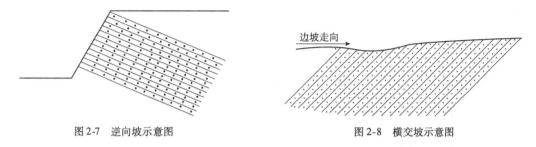

图2-7 逆向坡示意图　　　　图2-8 横交坡示意图

4) 斜交坡

主要软弱结构面的走向与斜坡走向斜交。这类斜坡当软弱结构面倾向坡外其交角小于40°时稳定性较差,否则较稳定。

5) 顺向坡

主要软弱结构面或岩土层面的倾向与斜坡临空面倾向一致。根据其倾角与坡角的相对大小,其稳定性是不相同的。当坡角β大于软弱面倾角α时,如图2-9a)所示,斜坡稳定性最差,极易发生顺层滑坡,自然界这种滑坡最为常见。当$\alpha>\beta$时,如图2-9b)所示,斜坡稍稳定。但因还有其他结构面存在,特别是向坡外缓倾的结构面相组合,还可能产生崩塌。

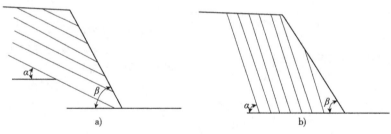

图2-9 顺向坡示意图
a) $\alpha<\beta$; b) $\alpha>\beta$

上述仅为一组软弱结构面的情况,若有二组或二组以上软弱结构面时,则还要看它们的组合情况如何,再对斜坡稳定性的影响进行分析。不利组合情况经常发生的是岩质斜坡的楔形体破坏。楔形体破坏是岩质斜坡工程中常见的破坏形式。

斜坡岩体由岩块和结构面组成,其中结构面的变形与强度性质往往对斜坡岩体的变形和稳定性起着决定性作用。岩体结构面抗剪强度参数是斜坡岩体稳定性分析和加固治理设计的重要参数之一。但若要获得准确的结构面抗剪强度参数却相当困难,目前主要通过原位剪切试验、工程地质比拟法(经验法)、反分析法获得。

一般地,岩体结构面的抗剪强度指标宜根据现场原位试验确实,试验应符合现行国家标准《工程岩体试验方法标准》(GB/T 50266—2013)的规定,当无条件试验时,对于二级、三级边坡工程可按表2-3和反算等方法综合确定。

岩体结构面抗剪强度参数值 表2-3

结构面类型		结构面结合程度	内摩擦角 φ(°)	黏聚力 c(MPa)
硬性结构面	1	结合好	>35	>0.13
	2	结合一般	35~27	0.13~0.09
	3	结合差	27~18	0.09~0.05
软弱结构面	4	结合很差	18~12	0.05~0.02
	5	结合极差(泥化层)	根据地区经验确定	

注:1. 无经验时取表中的低值。
2. 极软岩、软岩取表中的较低值。
3. 岩体结构面连通性差取表中的高值。
4. 岩体结构面浸水时取表中较低值。
5. 临时性边坡可取表中高值。
6. 表中数值已参考结构面的时间效应。

岩体结构面的结合程度可按表2-4确定。

结构面的结合程度 表2-4

结 合 程 度	结构面特征
结合好	张开度<1mm,胶结良好,无充填; 张开度1~3mm,硅质或铁质胶结
结合一般	张开度1~3mm,钙质胶结; 张开度>3mm,表面粗糙,钙质胶结
结合差	张开度1~3mm,表面平直,无胶结; 张开度>3mm,岩屑充填或岩屑夹泥质充填
结合很差,结合极差(泥化层)	表面平直光滑,无胶结; 泥质充填或泥夹岩屑充填,充填物厚度大于起伏差; 分布连续的泥化夹层; 未胶结的或强风化的小型断层破碎带

斜坡岩层的倾角、厚度等对边坡稳定性也产生影响。

(1)岩层倾角对倾倒变形的影响

岩层倾角不同,其弯矩效应不同,对倾倒变形的影响各不相同。在顺层斜坡中,当含有软弱夹层面时,如果软弱面内摩擦角近似等于岩层倾角,当软弱面被开挖临空后,坡体即产生蠕滑现象;如果岩层层面的内摩擦角近似等于岩层倾角,斜坡的变形速度增加最快的阶段并不是在开挖结束后立即发生,而是在开挖结束一段时间以后才会发生;顺层斜坡的变形破坏首先发生在临空面靠近地表部位,产生拉裂隙,然后拉裂隙向下发展,直至发展到滑动面,形成拉裂破坏断面。拉裂面形成后,成为后缘岩体的临空面,引起后缘岩体中应力改变,拉裂变形破坏依次向后发展。

(2)岩层厚度对倾倒变形的影响

在层状反倾斜坡中,层厚是影响倾倒的一个重要因素。从力学原理可知,层厚每增加1m,其刚度以三次方增加,所以层状反倾岩质斜坡中,倾倒破坏的程度与岩层的厚度有着直接的关系。在岩层倾角<40°时,随着层厚的增加,层厚对倾倒的影响趋势不是很明显;但当层

倾角>50°时,随着岩层倾角的增加,由于层厚变化引起的倾倒变形变化明显增强。

2.4.3 地形地貌条件

斜坡形态对斜坡稳定性有直接影响。斜坡形状系指斜坡的高度、宽度、剖面形态、平面形态以及坡面的临空状况等。从区域地形地貌条件看,斜坡变形破坏主要集中发育于山地环境中,尤其在河谷强烈切割的峡谷地带。我国由于挽近地质时期大洋板块和大陆板块相互作用的制约,西部挤压隆起,东部拉张陷落,形成了西高东低的台阶状地形,可明显地划分出三个台阶。处于两个台阶转折地带的边缘山地,山谷狭窄,高耸陡峻,地面高差悬殊,因此斜坡变形破坏现象十分发育。

无论岩土哪个方向的位移,均随着斜坡高度的增加而增加,其中水平方向位移变化对斜坡高度的变化更为敏感。随着高度的增加,斜坡就越易产生相对滑移面,从而促使斜坡变形。

坡底宽度的影响可以用宽高比 W/H 值来表征。随着 W/H 值的减小,坡脚的剪应力增大。实际资料表明,当 $W>0.8H$ 时,这种影响就减弱,以至不发生变化了。所以 W/H 值很小的高山峡谷地带,坡脚剪应力集中现象是非常明显的。尤其当水平构造应力较大时,由于水平挤压力的作用,坡脚应力集中带极强,更易发生斜坡变形破坏。

斜坡平面形态可分为平直形、内凹形和外凸形等。一般地说,内凹形斜坡由于其两侧的支撑作用,应力条件较好,即坡脚的剪应力较小。所以露天采坑的平面形态大多是椭圆形的,且其长轴尽量平行于最大水平地应力方向。

2.4.4 水的影响

水对斜坡稳定性有显著影响。它的影响是多方面的,包括软化作用、冲刷作用、静水压力和动水压力作用,还有浮托力作用等。

1) 水的软化、崩解作用

水的软化作用系指由于水的活动使岩土体强度降低的作用。对岩质斜坡来说,当岩体或其中的软弱夹层亲水性较强,有易溶于水的矿物存在时,浸水后岩石和岩体结构遭到破坏,发生崩解泥化现象,使抗剪强度降低,影响斜坡的稳定。对于土质斜坡来说,遇水后软化现象更加明显,尤其是残积土斜坡、全风化岩及强风化岩斜坡和黄土斜坡。

花岗岩残积土及其风化岩是一类特殊性岩土。花岗岩类岩石在湿热条件下经长期物理、化学风化作用形成并残留于原地,形成厚度不等的风化岩及残积土。花岗岩残积土主要由石英、长石、方解石等粗颗粒矿物和高岭土为主的黏性土矿物组成,未经搬运和分选,其成因决定了其有别于其他土层的特性。残积土吸湿性较好,在水浸泡后,由于吸水膨胀土体内产生不均匀应力以及胶结物的溶解,因而崩解性较好,残积土的工程性能具有明显的软化效应。花岗岩残积土在遇水崩解过程中,其崩解速度大致存在三个发展阶段,即初始阶段的慢速崩解、中期阶段的快速崩解、后期阶段又趋慢速崩解。

由于残积土抗水性能差,遇水易产生软化、崩解现象,其工程性能将迅速变差。因而台风暴雨期间残积土的斜坡、基坑等开挖工程,易产生滑坡、崩塌等地质灾害。

2) 水的冲刷作用

河谷岸坡因水流冲刷而使斜坡变高、变陡,不利于斜坡的稳定。冲刷还可使坡脚和滑动面临空,易导致滑动。水流冲刷也常是岸坡崩塌的原因。此外,大坝下游在高速水流冲刷下形成冲刷坑,其发展的结果会使冲坑斜坡不断崩落,以致危及大坝的安全。

3) 静水压力

作用于斜坡上的静水压力主要有三种不同的情况:一是当斜坡被水淹没时作用在坡面上的静水压力;二是岩质斜坡张裂隙充水时的静水压力;三是作用于滑体底部滑动面(或软弱结构面)上的静水压力。当斜坡被水淹没,而斜坡的表面相对不透水时,坡面上就承受一定的静水压力。由于该静水压力指向坡面且与其正交,所以对斜坡稳定有利。在水库蓄水的条件下,对库岸稳定性计算时应计入此静水压力。

岩质斜坡中的张裂隙(或陡倾节理),如果因降雨或地下水活动使裂隙充水,则裂隙将承受静水压力的作用,如图2-10所示,该裂隙静水压力P_w(取单宽坡体)按下式计算:

$$P_w = \frac{1}{2} H \cdot L \cdot \rho_w \cdot g \tag{2-2}$$

式中:H——为裂隙水的水头高(m);

L——为充水裂隙的长度(m);

ρ_w——为水的密度(kg/m³);

g——为重力加速度(N/kg)。

这一静水压力对斜坡稳定是不利的,由于它的作用使斜坡受到一个向着临空面的侧向推力,易使斜坡发生失稳,甚至出现平推式滑坡。雨季时一些斜坡产生崩塌或滑坡,往往与裂隙静水压力的作用有关。

如果斜坡上部为相对不透水的岩土体,则当降雨入渗、河水位上涨或水库蓄水时,地下水位上升,斜坡内不透水岩土底面将受到静水压力作用,这一浮托力削减该结构面上的有效应力,从而降低了抗滑力,不利于斜坡的稳定,如图2-11所示。显然,地下水位越高,则对斜坡稳定越不利。当河水位或库水位迅速消落时,由于地下水的滞后效应,结构面上存在较大的静水压力,岸坡破坏就比较普遍。

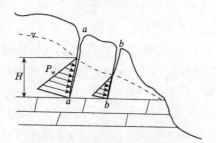

图2-10 斜坡张裂隙中的静水压力
H-裂隙水的水头高(m);P_w-裂隙水静水压力;a、b-裂隙

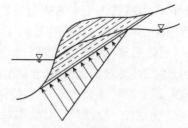

图2-11 静水压力削弱结构面上的有效应力

4) 动水压力

如果斜坡岩土体是透水的,地下水在其中渗流时由于水力梯度作用,就会对斜坡产生动水压力,其方向与渗流方向一致,指向临空面,因而对斜坡稳定是不利的。在河谷地带当洪水过后河水位迅速下降时,岸坡内可产生较大的动水压力,往往使之失稳。同样,当水库水位急剧下降时,库岸也会由于很大的动水压力而致失稳。

此外,地下水运移产生的潜蚀作用也会削弱甚至破坏土体的结构联结,对斜坡稳定性也是有影响的。

5)浮托力

处于水下的透水斜坡,将承受浮托力的作用,使坡体的有效重力减轻,对斜坡稳定不利。一些由松散堆积物组成库岸的水库,当蓄水时岸坡发生变形破坏,原因之一就是浮托力的作用。斜坡内地下水位的抬升,同样使岩土体悬浮减重,孔隙水压力增加,有效应力降低,使斜坡的抗滑阻力减小。

2.4.5 地震的影响

地震对斜坡稳定性的影响较大。强烈地震时由于水平地震力的作用,常引起山崩、滑坡等斜坡破坏现象,国内外都有大量实例。例如,1933年8月25日四川叠溪大地震,引起大滑坡和山崩,摧毁了叠溪镇。滑坡和崩塌体将岷江堵塞形成4亿~5亿 m^3 的堰塞湖。10月9日堵体溃决,湖水急速下泄,造成下游2 500余人死亡,是叠溪镇死亡人数的5倍。1965年智利发生8.4~8.6级地震,曾造成数以千计的滑坡和崩塌。根据2008年5月12日汶川地震震后地质灾害排查和县市地质灾害危险性区划等调查统计,地震产生滑坡3 315处、崩塌2 394处、泥石流619处、不稳定斜坡1 656处。

地震对斜坡稳定性的影响,是因为水平地震力使法向应力削减和下滑力增强,促使斜坡易于滑动,如图2-12所示。

此外,强烈地震的振动,使地震带附近岩土体结构松动,也给斜坡稳定带来潜在威胁。

一些大的或区域性的断层破碎带,尤其是近期强烈活动的断裂带,沿之崩塌、滑坡往往呈线性密集分布。我国川滇山区是南北向地震带的南段,由于地震强烈

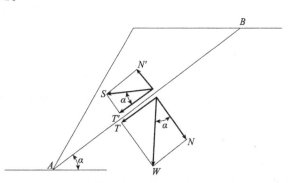

图2-12 水平地震力 S 对斜坡稳定性的影响

活动,岩体结构破坏严重。地貌上又处于第一台阶向第二台阶过渡的边缘山地,地面高差悬殊,谷坡陡峻。因此崩塌、滑坡丛生,常酿成灾害性事件。对2008年5月12日汶川地震灾区大量的次生地质灾害实地考察调查表明,沿着地震断裂带引发了大量的崩塌、滑坡、泥石流等次生地质灾害,地质灾害的发育分布与地震烈度相一致,与断裂带密切相关,将持续多年,并形成崩塌、滑坡→泥石流或崩塌、滑坡→堰塞湖→泥石流灾害链。

2.4.6 人类工程活动的影响

1)坡脚开挖

不当的开挖往往使坡脚结构面或软弱夹层的覆盖层变薄或切穿,减小坡体滑动面的抗滑力,而斜坡的下滑力却没有相应地减小,造成稳定性降低。当结构面或软弱夹层的覆盖层被切穿时,结构面与斜坡面构成不利组合,斜坡产生结构面控制型失稳。

2)坡顶加载

最常见的是在坡顶堆放弃(石)土,坡顶增加荷载,一方面增加了坡体的下滑力;另一方面加大坡顶张拉力和坡脚剪应力的集中程度,使斜坡岩土体破坏、降低强度,因而引起斜坡稳定性的降低。当坡顶堆放物为松散物时,情况更为严重。因为松散物将增加大气降雨的

入渗量,减少大气降雨的地表径流,也会降低斜坡稳定性。

3)地下开挖

主要包括采矿和开挖铁路、公路隧道。地下开挖引起的地表移动和斜坡失稳常与下列情况有关:

(1)受地下开挖位置影响。地下开挖越接近边坡面,地表移动和斜坡失稳越强烈,但其范围却显著减小;近地表的地下采掘往往引起小范围沉降和塌陷,斜坡的变形和破坏是局部的;当地下开挖埋深较大时,地表移动和失稳的范围比较大,失稳往往是整体的。

(2)受地下开挖规模影响。地下开挖规模越大,斜坡的应力场改变越大,在坡顶和坡脚引起的应力集中也越强烈,斜坡稳定性的降低也就越大。

(3)受斜坡地质条件影响。地下开挖对斜坡的影响程度受斜坡地质条件控制,地下采掘工程平行于斜坡走向,开挖活动往往切割斜坡的锁固段,降低了斜坡稳定性,甚至使其失稳。如果地下工程垂直于斜坡走向,地下开挖对斜坡的影响就小得多。

(4)具有先沉陷、后开裂、再滑动的活动规律。地下开挖首先引起地表移动,当地表移动到一定程度时,斜坡坡顶附近拉裂,出现拉裂缝,坡脚附近出现剪切带。当斜坡岩土体破坏较严重时,拉裂缝与剪切破坏带贯通或近于贯通,斜坡滑动面的抗滑力下降,斜坡的稳定性显著降低,甚至失稳。

4)动荷载的影响

按照对岩土强度弱化形式的不同,动荷载包括瞬态动荷载(如爆破、地震)和疲劳动荷载(如波浪荷载、车辆荷载)。前者是由于传递的能量过大致使岩土体受到影响,后者是由于反复不断的作用使得岩土体产生疲劳损伤,从而使岩土体内部结构发生破坏,重者土的抗剪强度因此而丧失,轻者因此降低。动荷载作用下斜坡岩体和节理的力学特性、动荷载作用下应力波在斜坡节理岩体中的传播规律、地震和爆炸动荷载作用下岩体斜坡的安全,是动荷载作用下岩土斜坡的响应及工程安全研究的主要内容。

爆破对带有不稳定结构体的斜坡的影响主要体现在爆破动荷载通过岩体本身结构的不连续面等软弱带而起作用,或者引发本身就欠稳定的岩坡块体产生掉块、局部崩塌、滑坡等破坏;爆破和其他外界动因素共同作用造成斜坡失稳,特别是降雨、洪水、地下水的变化加速促成爆破的诱发破坏;同时爆破震动引起的惯性力导致斜坡整体下滑力加大,斜坡的稳定系数降低,也成为爆破荷载影响斜坡安全的主要原因。

而对于长期循环荷载作用下的岩土斜坡,由于动荷载对斜坡岩土的劣化及其疲劳累积损伤效应,将导致斜坡整体的安全性能降低。在铁路、公路等长期的交通荷载作用下,斜坡岩土体除受到静态力作用外还受到此类循环荷载的长期作用,岩土体对动荷载产生响应,易引发或加剧斜坡失稳。

2.5 斜坡工程地质勘查

勘查的任务就是要查清斜坡岩土体的岩土工程地质条件。对斜坡的勘查重视不够或勘查工作严重不足,会使设计依据不足,导致施工开挖后发生斜坡变形与滑坡,因此需要进行补充勘查,并追加大量投资进行治理,还延误工期。

一般情况下,斜坡包括自然斜坡和人工边坡两种。我国建设部制定的《滑坡崩塌地质灾害易发区城镇工程建设安全管理指南》中,把在工程活动中人为开挖或填筑形成的边坡、高切坡也列为斜坡的一种类型,都将其归属在斜坡之中。因此,下面以《建筑边坡工程技术规范》(GB 50330)相关规定为例,说明斜坡工程地质勘查的要点。

《建筑边坡工程技术规范》(GB 50330)对边坡勘察做出了明确规定。根据规范的基本要求及各类边坡的不同特点,边坡勘察包括以下主要内容:

(1)边坡勘察工作大纲;
(2)边坡工程地质调查测绘;
(3)边坡勘探;
(4)边坡动态监测;
(5)边坡的岩土试验;
(6)边坡的稳定性分析;
(7)边坡勘察报告的编制。

2.5.1 斜坡勘查的主要任务

边坡工程勘查应查明下列主要内容:

(1)边坡场地地形地貌特征。
(2)岩土的类型、成因、性状、覆盖层厚度、基岩面的形态和坡度、岩石风化和完整程度;岩、土体的物理力学性能。
(3)岩体主要结构面(特别是软弱结构面)的类型和等级、产状、发育程度、延伸程度、闭合程度、风化程度、充填状况、充水状况、组合关系、力学属性和与临空面的关系;是否存在外倾不利结构面。
(4)岩土的物理力学性质和软弱结构面的抗剪强度。
(5)气象、水文和水文地质条件。地区气象条件(特别是雨季、暴雨强度),汇水面积、坡面植被,地表水对坡面、坡脚的冲刷情况;地下水的类型、水位、水压、水量、补给和动态变化,岩土的透水性和地下水的出露情况。
(6)不良地质现象的分布、规模和性质。
(7)坡顶邻近建(构)筑物的荷载、结构、基础形式和埋深,地下设施的分布和埋深。

2.5.2 斜坡工程地质调查与测绘

斜坡的工程地质调查测绘是斜坡勘查中最基本、最主要的工作。它将从宏观上、整体上掌握斜坡所在地段的地层岩性、坡体结构和构造格局;判断斜坡是否可能发生整体失稳还是局部变形,以及变形的类型、模式和规模大小;并提出勘探线、点的布设位置、数量和深度,以及是否需要进行动态监测等。

斜坡工程地质调查测绘一般采用普遍适用的工程地质调查测绘方法,但针对斜坡工程的特点,又有其特殊的要求和做法。斜坡工程地质测绘的特点如下:

(1)调查范围顺斜坡走向应超出斜坡范围100~200m,以便于地质条件的对比。垂直边坡走向上(即横断面上)应达到稳定地层,向下应达到当地侵蚀基准面(河底或沟底),以便预测可能发生的变形发展深度。
(2)充分利用当地河岸、沟岸和山坡的基岩露头及人工开挖面(如堑坡、采石场、坑、洞等),调查稳定地层的岩性和产状、构造分布及其与临空面、开挖面之间的关系。
(3)调查由整体到局部,从宏观到微观,点、线、面相结合步步深入,先从整体上掌握整个坡体的结构、构造格局和稳定性,再分段、分层调查各个局部的不同特征,以及已有的和潜在的变形类型和范围,逐一做出评价。

(4)工程地质对比法是调查评价的基础。

具体地说,斜坡工程地质调查测绘一般调查以下内容:

1)自然山坡形态特征和稳定状况的调查

自然山坡的坡形、坡率和坡高,如直线坡、凹形坡、凸形坡、台阶状坡,每一坡段的高度、坡度及横向展布宽度,它们的形成与不同岩性的地层分布、性质和风化程度有什么内在联系。硬岩层常形成陡坡和陡崖,甚至是峡谷,软岩则形成缓坡和宽谷;硬岩峡谷段多出现危岩、崩塌和落石,软岩宽谷段则多滑坡。

2)地层岩性的调查测绘

地层岩性是构成斜坡的物质基础。岩土的成因和性质决定了其能保持的稳定坡率和高度。土层包括各种成因的黏性土、黄土、崩积、洪积、冲积、坡积、残积成因的土,各有其不同的颗粒组成和密实程度、含水率及强度特征,因此有不同的稳定坡率。如膨胀土只能保持十几度的稳定坡,老黄土可保持近垂直的陡坡,新黄土陡于45°就可能变形,崩坡积块石土可形成30°~35°的岩堆和坡积裙;洪积土则随形成时的含水率多少,有的只有几度、十几度(如洪积扇),有的可达20°~30°(如洪积锥);岩层的差别很大,坚硬岩石可形成数十米、上百米的陡坡,而软岩坡高数十米、上百米就会发生变形。

岩层层面和不同成因、不同时代岩层的接触面(如坡积与洪积接触面、风化界面、整合与不整合面)是坡体结构上的软弱面,它们的产状常常控制斜坡(边坡)的稳定。当这些面倾向开挖面并有地下水作用时,常会发生变形;有多层软弱面就可能形成多层、多级滑坡,如岩石顺层滑坡和多层堆积层滑坡。岩石的风化程度不同,具有不同的强度,所能保持的坡高和坡度也不同。

3)构造结构面的调查测绘

对岩质坡体的稳定性起控制作用的除层面外,主要是构造结构面,如节理、裂隙、断层等,因此这项调查测绘是非常重要的。宽度数十米至数百米的区域性断裂带造成岩体碎裂,形成陡坡中的缓坡段,若铁路、公路等线状建筑物平行穿过该带时,常发生线状分布的一连串斜坡变形。如宝鸡天水铁路沿渭河断裂带、成昆铁路沿石棉—普雄断裂带,滑坡、坍塌、崩塌、落石灾害严重,且规模巨大,治理困难。在岩体相对完整的坡段则应重视小构造的作用,小的断层、错动、节理,虽然规模小,但当它们密集分布,倾向开挖面和临空面,或有不利的组合,或下伏于坡脚时,常常造成边坡失稳。特别是那些贯通性、延伸性、隔水性好的构造面更不利于边坡的稳定。崩塌受构造面控制,即使是块状坚硬岩体如花岗岩体中的滑坡也受构造面的控制,曾在310国道宝鸡—天水间遇到一花岗片麻岩沿弧形大节理面的滑坡,在秦岭山区花岗岩高边坡,设计坡率1:0.35,坡高不足40m,开挖半年后因坡脚一小断层(宽2.85m)先引起坍塌,后沿倾向临空的倾角37°的节理面滑坡,裂缝长超过100m,变形影响高达90m。因此,岩质斜坡(边坡)的调查测绘更应注意小构造的调查测绘及其相互切割的对应分析,包括结构面的产状、性质、密度、延伸长度、结构面间的充填物和含水率,以及与开挖面的关系等。

4)地下水的调查

水是斜坡失稳变形的重要因素。除调查斜坡汇水条件外,更应重视地下水出露情况的调查,包括地下水露头(泉水、湿地)位置、形态(线状、点状、是否承压)、流量、水温、水质等,并分析地下水对斜坡稳定性的影响。地下水呈线状出露处，其下的隔水层常是岩性软弱、遇水软化、容易发生变形的部位。

5）坡体结构的调查

坡体结构是坡体内岩、土体及结构的分布和排列顺序、位置、产状及其与临空面（边坡开挖面）之间的关系，它是斜坡稳定或失稳变形的地质基础。在上述地质调查的基础上，应分析斜坡所在坡体结构类型，从而可初步预测斜坡开挖后可能出现的变形类型和发生的部位。

（1）均质、类均质体结构：如黏性土、黄土、堆积土（崩积、坡积、洪积和冰积）和残积土层结构，无明显软弱夹层，其可能的变形类型为坍塌及沿弧形滑面的滑坡，属于土质边坡稳定问题。

（2）近水平层状结构：指土层、半成岩地层和岩层产状近水平（倾角小于10°），一般较稳定，但当存在软弱夹层、层间存在承压地下水作用时，上覆层易沿下伏基岩面产生顺层滑动；当上覆厚层硬岩层、下伏软岩时，既会发生硬岩的崩塌，又会形成错落性（软岩挤出型）滑坡；此外还有切层滑坡。

（3）顺倾层状结构：上层或岩层层面倾向临空面（开挖面），倾角10°~25°，最易形成顺层面和接触面的顺层滑坡。当有软弱岩层或夹层时，倾角10°~30°最易滑动；当有多个软夹层时，会形成多层滑坡，并具牵引扩大特点。当无软夹层时，倾角大于30°也不一定滑动，它取决于层面倾角与层间综合内摩擦角的对比，前者大于后者时才会滑动。这类斜边（边坡）失稳变形最多，应特别重视。

（4）反倾层状结构：岩层面倾向山体内，一般稳定性较好，失稳者少，但有受节理面控制的崩塌。当岩体受构造破碎或下伏软岩时会形成切层滑坡。软质岩层倾角较陡（>70°）时，易发生倾倒变形。

（5）斜交层状结构：指层面倾向山体外或倾向临空面，但其走向与斜坡（边坡）走向斜交，夹角小于35°，常受层面和节理面两者控制发生滑坡和崩塌。当夹角大于35°时，很少发生滑坡变形。

（6）碎裂状结构：指大断层破碎带或多条断层交汇处，或风化岩，岩体十分破碎，又存在倾向临空面的次级小断层，因此，既有坍塌变形，又有沿小构造面的滑坡变形，也可发生类似于均质体的圆弧形滑动，如发生于砂土状强风化岩、碎块状强风化岩中的滑动就是类似于圆弧形滑动。

（7）块状结构：指厚层块状岩体，岩块强度高，如花岗岩、玄武岩等，一般斜坡稳定受风化程度和构造面控制，当有倾向临空面的构造面及其组合，且有地下水作用时，易发生崩塌和滑坡。

6）已有斜坡变形的调查测绘

若斜坡地段已经有一古老的或正在活动的斜坡变形现象，如拉裂、崩塌、滑坡等，应详细调查其类型、规模、分布位置和主要地层等，分析其产生的条件和原因，并对其稳定性做出评价和预测，与拟建边坡进行对比分析。

通过以上的调查测绘，对自然斜坡和拟建边坡的稳定性做出初步评价，对需要通过勘探验证的部位安排必要的勘探和取样。

2.5.3 斜坡工程地质勘探

在地面工程地质调查测绘的基础上，需通过勘探手段进一步对斜坡岩土层的类型、分布、风化界线、结构构造、软弱面和潜在滑动面的形状和埋深，以及地下水的储存条件等予以查明。斜坡（边坡）工程勘探宜采用钻探、坑（井）探和槽探等方法，必要时可辅以硐探和物探方法。

1）勘探点、线的布置

勘探点、线的多少应根据斜坡地质条件和勘查阶段的不同而有区别。勘探线应垂直斜坡（边坡）走向布置，勘探线上勘探点的密度和详细勘查的线、点间距可按表2-5或地区经验确定，且对每一单独斜坡（边坡）段勘探线不宜少于2条，每条勘探线上不应少于2个勘探孔。当遇有软弱夹层或不利结构面时，应适当加密。对初步勘查的勘探线、点间距可适当放宽。

斜坡（边坡）工程详细勘查的勘探线、点间距　　　　　表2-5

斜坡（边坡）工程安全等级	勘探线间距（m）	勘探点间距（m）
一级	≤20	≤15
二级	20~30	15~20
三级	30~40	20~25

建筑边坡的勘探范围应包括不小于岩质边坡高度或不小于1.5倍土质边坡高度，以及可能对建（构）筑物有潜在安全影响的区域。

2）勘探深度

勘探深度取决于地面调查后推测的需要查明的地质界限的深度及可能发生变形的深度，勘探孔深度应穿过最深潜在滑动面并深入稳定层不小于5m。此外，控制性勘探孔的深度应达到当地最低基准面（河沟底或路基面）以下一定深度，以及预计支护结构基底下不小于3m。这样做一方面是防止遗漏最深的滑动面，另一方面是基于设计加固工程查清基础情况的需要。

3）勘探方法的选择

（1）钻探是斜坡（边坡）工程地质勘探的最主要手段。为了查明控制边坡稳定的软弱地层、构造结构面的位置和地下水情况，要求有较高的岩芯采取率，一般不小于85%，以免漏掉软弱夹层，一般可采用无泵反循环钻进方法。

（2）物探是钻探的重要补充。它可以查明整个斜坡（边坡）体内的地层分布，埋藏断层和构造破碎带的位置、风化界限的分布。其造价低、速度快，可减少钻孔数量。

物探线一般沿地形等高线布设以减少地形影响。其探测深度应大于钻探深度。物探多采用面波法和地震法，能较准确划分地层界限。

（3）对特别重要、高大而复杂的边坡，如水利工程边坡，重点部位可布置井探和硐探，它可以更清楚地揭露地层、构造和地下水情况，并可进行试验取样或进行原位试验。

（4）地表覆盖层较厚、基岩露头少的地区，地面调查有困难，可在覆盖层较薄处布置坑探、槽探以查明地下地质条件。

2.6 斜坡稳定性分析

在斜坡场地上进行土木工程建设，斜坡稳定性问题是全局性的，较之具体建筑物的地基稳定性来说更为重要。所以首先要评价斜坡的稳定性，在此基础上进一步评价其建筑适宜性。稳定性评价的结果也可为斜坡场地的整治提供设计依据。

目前斜坡（边坡）稳定性分析评价的方法较多，可以归纳为两类，即定性分析方法和定量分析方法。

定性分析方法主要通过工程地质勘查，对影响斜坡（边坡）稳定性的主要因素、可能的变形破坏模式及失稳的力学机制等进行分析,对已变形地质体的成因及其演化史进行分析,从而给出被评价斜坡(边坡)的稳定性状况及其可能发展趋势的定性说明和解释。目前主要有自然(成因)历史分析法、工程类比法、图解法进行边坡稳定性分析。

定量分析法一直是岩土工程、地质工程的一个重要研究内容,主要有极限平衡分析法,例如 Bishop 法、Morgenstern-Price 法、Spencer 法、Sarma 法等,还有建立在塑性力学上、下限定理基础上的极限分析法,以及根据有限元、边界元、离散元等理论编制软件而进行的数值分析法。

斜坡(边坡)稳定性评价应在充分查明工程地质条件的基础上,根据斜坡岩土类型和地质结构,综合采用工程地质类比法和刚体极限平衡法进行计算。斜坡稳定性分析应遵循以定性分析为基础,以定量计算为重要辅助手段,进行综合评价的原则。根据工程地质条件、可能的破坏模式以及已经出现的变形破坏迹象对斜坡的稳定性状态做出定性判断,并对其稳定性趋势做出估计,是斜坡稳定性分析的重要内容。

因此,在进行斜坡稳定性计算之前,应根据斜坡水文地质、工程地质、岩体结构特征以及已经出现的变形破坏迹象,对斜坡的可能破坏形式和斜坡稳定性状态做出定性判断,确定斜坡破坏的边界范围、斜坡破坏的地质模型,对斜坡破坏趋势作出判断。根据已经出现的变形破坏迹象对斜坡稳定性状态做出定性判断时,应十分重视坡体后缘可能出现的微小拉张裂现象,并结合坡体可能的破坏模式对其成因做细致分析。若坡体侧边出现斜列剪切裂隙,或在坡体中下部出现剪出或隆起变形时,可做出不稳定的判断。

近 20 年来,由于计算机技术在岩土工程中的广泛应用,斜坡稳定性分析中不断采用有限单元法等数值模拟法,在重要的斜坡和工程边坡计算中已取得不少有价值的成果。

2.6.1 定性分析方法

1) 自然历史分析法

自然历史分析法是一种定性评价的方法。主要通过研究斜坡形成的地质历史和所处的自然地理及地质环境、斜坡的地貌和地质结构、发展演化阶段及变形破坏形迹,来分析主要的和次要的影响因素,从而对斜坡稳定性做出初步评价。所以这种方法实际上是通过追溯斜坡发生、发展演化的全过程,而进行斜坡稳定性评价的。它对研究斜坡稳定性的区域性规律尤为适用。

自然历史分析法主要研究内容包括三个方面:①区域地质背景的研究;②促使斜坡变形破坏的主导因素及触发因素的分析;③预测斜坡所处的演化阶段、发展趋势和可能破坏的方式及其后果。勘察研究的手段主要是工程地质调查测绘。

自然历史分析法一般在勘察初期阶段进行,它要求勘察人员具有较好的地质基础。该方法虽是初步、定性的,但这是其他评价方法的基础;没有这种评价方法,其他评价方法将难以进行。

2) 工程地质类比法

类比法就是将所要研究的斜坡或拟设计的人工边坡与已研究过的斜坡或人工边坡进行类比,以评价其稳定性或确定其坡角和坡高。类比时必须全面分析研究工程地质条件和影响斜坡稳定性的各项因素,比较其相似性和差异性。相似性越高,则类比依据越充分,所得结果越可靠。类比的基础是相似,只有相似程度较高才可进行类比。所以类比法一定要充分做好工程地质调查研究工作,而且要有丰富的实践经验。

我国建设、铁道、矿山、水电部门已有不少类比的实例,并提出不同条件下坡高和坡角的经验数据,列入相关的勘察设计规范中。

2.6.2 定量分析方法

在边坡稳定性定性分析的基础上,通过定量计算方法获得边坡稳定系数,并对边坡稳定做出综合判断。边坡稳定系数一般定义为沿潜在滑裂面的抗滑力与滑动力的比值,理论上当该比值大于1时,坡体稳定;等于1时,坡体处于极限平衡状态;小于1时,坡体即发生破坏。

根据斜坡(边坡)类型和可能的破坏形式,确定合适的边坡稳定性计算方法:土质边坡、类土质边坡、极软岩边坡、破碎或极破碎岩质边坡、风化岩边坡一般采用圆弧滑动法计算;对可能产生平面滑动的边坡一般采用平面滑动法进行计算;对可能产生折线滑动的边坡一般采用折线滑动法进行计算;对结构复杂的岩质边坡,可配合采用赤平极射投影法和实体比例投影法分析;当边坡破坏机制复杂时,可结合数值分析法进行分析。几种常用的刚体极限平衡分析方法见表2-6。

几种常用的斜坡(边坡)刚体极限平衡分析方法　　　　　表2-6

分析方法	假设条件	力学分析	适用范围
Bishop 条分法	1. 近似圆弧滑面 2. 考虑条块间侧面力	1. 整体力矩平衡 2. 条间垂向作用力为零	1. 近似圆弧滑面滑坡 2. 垂直条分滑体 3.《建筑边坡工程技术规范》(GB 50330—2013)建议的计算方法
瑞典圆弧条分法 (Fellenius 法)	1. 滑动面为圆弧 2. 不考虑条块间作用力	1. 整体力矩平衡 2. 条间垂向作用力为零	1. 圆弧滑面滑坡 2. 垂直条分滑体 3. 计算简单,误差大,稳定系数偏小,过于安全而造成浪费
Janbu 法	条间作用力作用点位置在距离滑面1/3处	1. 分块力矩平衡 2. 分块力平衡 3. 考虑条间作用力	1. 垂直条分滑体 2. 用于复合滑体
Morgenster-price 法	1. 条间剪切力 τ_n 和法向力 σ_n 存在比例关系 $\tau_n/\sigma_n = \lambda f(x)$($\lambda$ 为常数, $f(x)$ 为函数)	1. 分块力矩平衡 2. 分块力平衡	1. 垂直条分滑体 2. 用于任何形状滑面滑坡
Sarma 法	1. 滑体内部发生剪切 2. 滑体作用有临界水平加速度	分块力平衡	1. 不必垂直条分滑体 2. 用于任意形状滑面滑坡
楔形体法	滑体受结构面控制形成空间楔形滑动	整体力平衡	岩质楔形体滑坡
平面直线法	1. 滑坡为平面滑动 2. 滑体做刚体运动	整体力平衡	平面滑动滑坡
传递系数法	1. 条间作用力合力方向与滑面倾角一致 2. 条间作用力合力为负值时传递给下一条块的力为零	各条块力平衡	1. 折线型滑面滑坡 2. 垂直条分滑体

1) 土坡稳定分析

对于较均一的土质边坡，根据土层的物理力学参数与地下水环境条件，采用圆弧滑动分析方法或条分法进行稳定性验算。对于砂土状强风化岩、碎块状强风化岩等类土质边坡，由于其破坏形式与均质土坡相似，因此也采用圆弧滑动法计算。

(1) 瑞典圆弧条分法

一般而言，黏性土坡由于剪切而破坏的滑动面大多数为一曲面，一般在破坏前坡顶先有拉张裂缝发生，继而沿某一曲面产生整体滑动。如图2-13所示，实线表示一黏性土坡滑动面的曲面，在理论分析时可以近似地将其假设为圆弧，如图中虚线表示。为了简化计算，在黏性土坡的稳定性分析中，常假设滑动面为圆弧面。建立在这一假定上的稳定性分析方法称为圆弧滑动法。这是极限平衡分析方法的一种常用分析方法。

如图2-14所示，一个均质的黏性土坡，它可能沿圆弧面 AC 滑动。土坡失去稳定就是滑动土体绕圆心 O 发生转动。这里把滑动土体当成一个刚体，滑动土体的重力 W 为滑动力，将使土体绕圆心 O 旋转，滑动力矩 $M_S = W \cdot d$（d 为通过滑动土体重心的竖直线与圆心 O 的水平距离）。抗滑力矩 M_R 由两部分组成：①滑动面 AC 上黏聚力产生的抗滑力矩，值为 $T_f \cdot R$；②滑动土体的重力 W 在滑动面上的反力所产生的抗滑力矩。可定义黏性土坡的稳定系数按下式计算：

$$F_s = \frac{抗滑力矩}{滑动力矩} = \frac{M_R}{M_S} \qquad (2-3)$$

此式即为整体圆弧滑动法计算边坡稳定系数的公式。

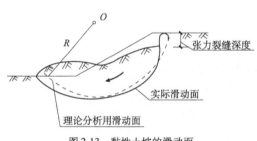

图2-13 黏性土坡的滑动面

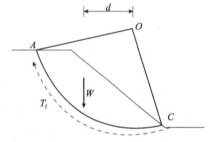

图2-14 整体圆弧滑动受力示意图

将滑动土体竖直分成若干个土条，把土条看成是刚体，分别求出作用于各个土条上的力对圆心的滑动力矩和抗滑力矩，然后按式(2-3)求土坡的稳定系数。

把滑动土体分成若干个土条后，土条的两个侧面分别存在着条块间的作用力，如图2-15所示。作用在条块 i 上的力，除了重力 W_i 外，条块侧面 ac 和 bd 上作用有法向力 F_{hi}、F_{hi+1}、切向力 F_{vi}、F_{vi+1}，法向力的作用点至滑动弧面的距离为 h_i、h_{i+1}。滑弧段 cd 的长度 l_i，其上作用着法向力 F_{Ni} 和切向力 F_{Ti}，F_{Ti} 包括黏聚阻力 $c_i l_i$ 和摩擦阻力 $F_{Ni}\tan\varphi_i$。考虑到条块的宽度不大，F_{Wi} 和 F_{Ni} 可以看成是作用于 cd 弧段的中点。在所有的作用力中，F_{hi}、F_{vi} 在分析前一土条时已经出现，可视为已知量，因此，待定的未知量有 F_{hi+1}、F_{vi+1}、h_{i+1}、F_{Ni} 和 F_{Ti} 这5个。每个土条可以建立三个静力平衡方程，即：

$$\sum F_{Xi} = 0, \sum F_{Zi} = 0, \sum M_i = 0$$

和一个极限平衡方程：

$$F_{Ti} = \frac{(F_{Ni}\tan\varphi_i + c_i l_i)}{F_s}$$

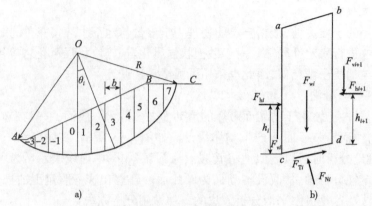

图 2-15 条分法计算图示

如果把滑动土体分成 n 个条块,则 n 个条块之间的分界面就有 $(n-1)$ 个。分界面上的未知量为 $3(n-1)$,滑动面上的未知量为 $2n$ 个,还有待求的安全系数 F_s,未知量总个数为 $(5n-2)$,可以建立的静力平衡方程和极限平衡方程为 $4n$ 个。待求未知量与方程数之差为 $(n-2)$。而一般条分法中的 n 在 10 以上。因此,这是一个高次的超静定问题。为使问题求解,必须进行简化计算。

瑞典圆弧条分法假定滑动面是一个圆弧面,并认为条块间的作用力对土坡的整体稳定性影响不大,故而忽略不计。或者说,假定条块两侧的作用力大小相等,方向相反且作用于同一直线上。如图 2-15 所示,取条块 i 进行分析,由于不考虑条块间的作用力,根据径向力的静力平衡条件,按下式计算:

$$N_i = W_i \cos\theta_i \tag{2-4}$$

根据滑动弧面上的极限平衡条件,按下式计算:

$$T_i = \frac{T_{fi}}{F_s} = \frac{(c_i l_i + N_i \tan\varphi_i)}{F_s} \tag{2-5}$$

式中:T_{fi}——条块 i 在滑动面上的抗剪强度;

F_s——滑动圆弧的稳定系数。

另外,按照滑动土体的整体力矩平衡条件,外力对圆心力矩之和为零。在条块的三个作用力中,法向力 N_i 通过圆心不产生力矩,重力 W_i 产生的滑动力矩,按下式计算:

$$\sum W_i \cdot d_i = \sum W_i \cdot R \cdot \sin\theta_i \tag{2-6}$$

滑动面上抗滑力产生的抗滑力矩,按下式计算:

$$\sum T_i R = \sum \frac{c_i l_i + N_i \tan\varphi_i}{F_s} \cdot R \tag{2-7}$$

滑动土体的整体力矩平衡,即 $\sum M = 0$,按下式计算:

$$\sum W_i \cdot d_i = \sum T_i \cdot R \tag{2-8}$$

将式(2-6)和式(2-7)代入式(2-8),并进行简化,得:

$$F_s = \frac{\sum (c_i l_i + W_i \cos\theta_i \tan\varphi_i)}{\sum (W_i \sin\theta_i)} \tag{2-9}$$

式(2-9)是最简单的条分法计算公式,因为它是由瑞典人费伦纽斯(W. Fellenius)等首先提出的,所以称为瑞典条分法,又称为费伦纽斯条分法。

从分析过程可以看出,瑞典条分法是忽略了土条块之间力的相互影响的一种简化计算方法,它只满足于滑动土体整体的力矩平衡条件,却不满足土条块之间的静力平衡条件。这是它区别于后面将要讲述的其他条分法的主要特点。该方法求解简单,应用的时间很长,以往被广泛应用,积累了丰富的工程经验;但计算误差较大,一般得到的稳定系数偏低,即误差偏于安全,甚至过于安全而造成浪费,《建筑边坡工程技术规范》(GB 50330—2013)未将瑞典条分法列入规范建议的计算方法。

(2) Bishop 条分法

Bishop(A. N. Bishop)于 1955 年提出一个考虑条块间侧面力的土坡稳定性分析方法,称为 Bishop 条分法。此法仍然是圆弧滑动条分法。

如图 2-16 所示,从圆弧滑动体内取出土条 i 进行分析。作用在条块 i 上的力,除了重力 W_i 外,滑动面上有切向力 T_i 和法向力 N_i,条块的侧面分别有法向力 P_i、P_{i+1} 和切向力 H_i、H_{i+1}。假设土条处于静力平衡状态,根据竖向力的平衡条件,按下列公式计算:

$$\sum F_z = 0 \tag{2-10}$$

$$W_i + \Delta H_i = N_i\cos\theta_i + T_i\sin\theta_i \tag{2-11}$$

$$N_i\cos\theta_i = W_i + \Delta H_i - T_i\sin\theta_i \tag{2-12}$$

根据满足土坡稳定系数 F_s 的极限平衡条件,按下式计算:

$$T_i = \frac{(c_i \cdot l_i + N_i \cdot \tan\varphi_i)}{F_s} \tag{2-13}$$

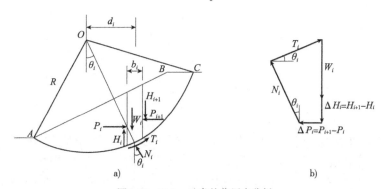

图 2-16 Bishop 法条块作用力分析

将式(2-13)代入式(2-11)与式(2-12),整理后得:

$$N_i = \frac{W_i + \Delta H_i - \frac{c_i l_i}{F_s}\sin\theta_i}{\cos\theta + \frac{\sin\theta_i\tan\varphi_i}{F_s}} = \frac{1}{m_{\theta i}}\left(W_i + \Delta H_i - \frac{c_i l_i}{F_s}\sin\theta_i\right) \tag{2-14}$$

其中

$$m_{\theta i} = \cos\theta + \frac{\sin\theta_i\tan\varphi_i}{F_s} \tag{2-15}$$

考虑整个滑动土体的整体力矩平衡条件,各个土条的作用力对圆心的力矩之和为零。这时条块之间的力 P_i 和 H_i 成对出现,大小相等,方向相反,相互抵消,对圆心不产生力矩。滑动面上的正应力 N_i 通过圆心,也不产生力矩。因此,只有重力 W_i 和滑动面上的切向力 T_i 对圆心产生力矩。将式(2-13)代入式(2-8),得:

$$\sum W_i R\sin\theta_i = \sum \frac{1}{F_s}(c_i l_i + N_i\tan\varphi_i)R \tag{2-16}$$

将式(2-14)的 N_i 值代入上式,简化后得:

$$F_s = \frac{\sum \frac{1}{m_{\theta i}}[c_i b_i + (W_i + \Delta H_i)\tan\varphi_i]}{\sum W_i \sin\theta_i} \qquad (2-17)$$

这就是 Bishop 条分法计算土坡稳定系数 F_s 的一般公式。式中的 $\Delta H_i = H_{i+1} - H_i$,仍然是未知量。如果不引进其他的简化假定,式(2-17)仍然不能求解。Bishop 进一步假定 $\Delta H_i = 0$,实际上也就是认为条块间只有水平作用力 P_i,而不存在切向作用力 H_i。于是式(2-17)进一步简化为:

$$F_s = \frac{\sum \frac{1}{m_{\theta i}}[c_i b_i + W_i \tan\varphi_i]}{\sum W_i \sin\theta_i} \qquad (2-18)$$

此式称为简化的 Bishop 公式。式中的参数 $m_{\theta i}$ 包含有稳定安全系数 F_s,因此,不能直接求出土坡的稳定安全系数 F_s,而需要采用试算的办法,迭代求算 F_s 值。为了便于迭代计算,已编制成 $m_\theta - \theta$ 关系曲线,如图 2-17 所示。

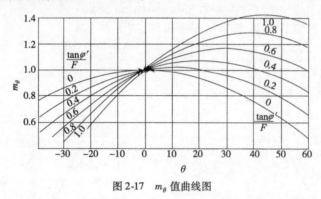

图 2-17 m_θ 值曲线图

试算时,可以先假定 $F_s = 1.0$,由图 2-17 查出各个 θ_i 所相应的 $m_{\theta i}$ 值,并将其代入式(2-18)中,求得边坡的稳定系数 F'_s。若 F'_s 与 F_s 之差大于规定的误差,用 F'_s 查 $m_{\theta i}$,再次计算出稳定系数 F''_s,此如这样反复迭代计算,直至前后两次计算的稳定系数非常接近,满足规定精度的要求为止。通常迭代总是收敛的,一般只要试算 3~4 次,就可以满足迭代精度的要求。

与瑞典条分法相比,简化的 Bishop 法是在不考虑条块间切向力的前提下,满足力的多边形闭合条件,也就是说,隐含着条块间有水平力的作用,虽然在公式中水平作用力并未出现。所以它的特点是:①满足整体力矩平衡条件;②满足各个条块力的多边形闭合条件,但不满足条块的力矩平衡条件;③假设条块间作用力只有法向力没有切向力;④满足极限平衡条件。由于考虑了条块间水平力的作用,得到的稳定安全系数较瑞典条分法略高一些。很多工程计算表明,Bishop 法与严格的极限平衡分析法,即满足全部静力平衡条件的方法(如下述的简布法)相比,结果甚为接近。由于计算过程不太复杂,精度也比较高,所以,该方法是目前工程中常用的一种方法。

(3)普遍条分法(简布法,N. Janbu)

普遍条分法的特点是假定条块间水平作用力的位置。在这一假定前提下,每个土条块都满足全部的静力平衡条件和极限平衡条件,滑动土体的整体力矩平衡条件也自然得到满足。而且,它适用于任何滑动面,而不必规定滑动面是一个圆弧面,所以称为普遍条分法。

它是由简布提出的,又称为简布法。

如图 2-18 所示,从图 2-18a)滑动土体 ABC 中取任意条块 i 进行静力分析。作用在条块上的力及其作用点见图 2-18b)所示。按照静力平衡条件:

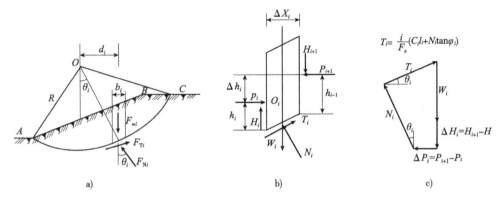

图 2-18 简布法条块作用力分析

$\sum F_z = 0$,得下列公式计算:

$$W_i + \Delta H_i = N_i \cos\theta_i + T_i \sin\theta_i \tag{2-19}$$

$$N_i \cos\theta_i = W_i + \Delta H_i - T_i \sin\theta_i \tag{2-20}$$

或 $\sum F_x = 0$,按下式计算:

$$\Delta P_i = T_i \cos\theta_i - N_i \sin\theta_i \tag{2-21}$$

将式(2-20)代入式(2-21)整理后得:

$$\Delta P_i = T_i \left(\cos\theta_i + \frac{\sin^2\theta_i}{\cos\theta_i} \right) - (W_i + \Delta H_i)\tan\theta_i \tag{2-22}$$

根据极限平衡条件,考虑土坡稳定系数 F_s:

$$T_i = \frac{1}{F_s}(c_i l_i + N_i \tan\varphi_i) \tag{2-23}$$

由式(2-20)得:

$$N_i = \frac{1}{\cos\theta_i}(W_i + \Delta H_i - T_i \sin\theta_i) \tag{2-24}$$

代入式(2-23),整理后得:

$$T_i = \frac{\dfrac{1}{F_s}\left[c_i l_i + \dfrac{1}{\cos\theta_i}(W_i + \Delta H_i \tan\varphi_i)\right]}{1 + \dfrac{\tan\theta_i \tan\varphi_i}{F_s}} \tag{2-25}$$

将式(2-25)代入式(2-22),得:

$$\Delta P_i = \frac{1}{F_s} \cdot \frac{\sec^2\theta_i}{1 + \dfrac{\tan\theta_i \tan\varphi_i}{F_s}}[c_i l_i \cos\theta_i + (W_i + \Delta H_i)\tan\theta_i] - (W_i + \Delta H_i)\tan\theta_i \tag{2-26}$$

如图 2-19 所示,表示作用在土条条块侧面的法向力 P,显然有 $P_1 = \Delta P_1$, $P_2 = P_1 + \Delta P_2 = \Delta P_1 + \Delta P_2$,依此类推,有:

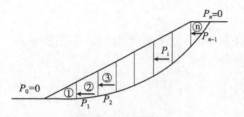

图2-19 条块侧面法向力

$$P_i = \sum_{j=1}^{i} \Delta P_j \quad (2\text{-}27)$$

若全部土条条块的总数为 n，则有：

$$P_n = \sum_{i=1}^{n} \Delta P_i = 0 \quad (2\text{-}28)$$

将式(2-26)代入式(2-28)，得：

$$\sum \frac{1}{F_s} \cdot \frac{\sec^2\theta_i}{1 + \dfrac{\tan\theta_i \cdot \tan\varphi_i}{F_s}} [c_i l_i \cos\theta_i + (W_i + \Delta H_i)\tan\varphi_i] - \sum (W_i + \Delta H_i)\tan\theta_i = 0 \quad (2\text{-}29)$$

整理后得：

$$F_s = \frac{\sum [c_i l_i \cos\theta_i + (W_i + \Delta H_i)\tan\varphi_i] \dfrac{\sec^2\theta_i}{1 + \text{tg}\theta_i \tan\varphi_i}}{\sum (W_i + \Delta H_i)\tan\theta_i}$$

$$= \frac{\sum [c_i b_i + (W_i + \Delta H_i)\tan\varphi_i] \dfrac{1}{m_{\theta i}}}{\sum (W_i + \Delta H_i)\sin\theta_i} \quad (2\text{-}30)$$

比较 Bishop 公式(2-17)和简布式(2-30)，可以看出两者很相似，但分母有差别，Bishop 公式是根据滑动面为圆弧面，滑动土体满足整体力矩平衡条件推导出的。简布公式则是利用力的多边形闭合和极限平衡条件，最后从 $\sum \Delta P_i = 0$ 得出。显然这些条件适用于任何形式的滑动面而不仅仅局限于圆弧面，在式(2-30)中，ΔH_i 仍然是待定的未知量。Bishop 没有解出 ΔH_i，而让 $\Delta H_i = 0$，从而成为简化的 Bishop 公式。而简布法则是利用条块的力矩平衡条件，因而整个滑动土体的整体力矩平衡也自然得到满足。将作用在条块上的力对条块滑弧段中点 O_i 取矩[图2-18b)]，并让 $\sum M_{oi} = 0$。重力 W_i 和滑弧段上的力 N_i 和 T_i 均通过 O_i，不产生力矩。条块间力的作用点位置已确定，故有：

$$H_i \frac{\Delta X_i}{2} + (H_i + \Delta H_i)\frac{\Delta X_i}{2} - (P_i + \Delta P_i)\left(h_i + \Delta h_i - \frac{1}{2}\Delta X_i \tan\theta_i\right) + P_i\left(h_i - \frac{1}{2}\Delta X_i \tan\theta_i\right) = 0$$

$$(2\text{-}31)$$

略去高阶微量整理后得：

$$H_i \Delta X_i - P_i \Delta h_i - \Delta P_i h_i = 0$$

$$H_i = P_i \frac{\Delta h_i}{\Delta X_i} + \Delta P_i \frac{h_i}{\Delta X_i} \quad (2\text{-}32)$$

$$\Delta H_i = H_{i+1} - H_i \quad (2\text{-}33)$$

式(2-32)表示土条间切向力与法向力之间的关系。

对存在地下水渗流作用的边坡，稳定性分析应按下列方法考虑地下水的作用。

(1)水下部分岩土体重度取浮重度；

(2)第 i 计算条块岩土体所受的动水压力 P_{wi} 按下式计算：

$$P_{wi} = \gamma_w V_i \sin\frac{1}{2}(a_i + \theta_i) \quad (2\text{-}34)$$

式中：γ_w——水的重度(kN/m^3)；

V_i——第 i 计算条块单位宽度岩土体的水下体积(m^3/m)；

θ_i、α_i——第 i 计算条块底面倾角和地下水位面倾角(°)。

(3)动水压力作用的角度为计算条块底面和地下水位面倾角的平均值,指向低水头方向。

斜坡地下水动水压力的严格计算应以流网为基础;但是,绘制流网通常是较困难的。考虑到用斜坡中地下水位线与计算条块底面倾角的平均值作为地下水动水压力的作用方向具有可操作性,且可能造成的误差不会太大,因此可以采用上述计算方法。

2)岩坡稳定分析

对岩质斜坡稳定性验算应根据结构面情况确定,如无外倾结构面可直接按平面滑动面进行验算。如有不利结构面,还应对结构面进行验算,但在验算时强度参数指标应取结构面的 c、φ 值。下面分别就平面破坏和楔形破坏的稳定性介绍验算过程。

(1)平面滑动法

采用平面滑动法时,边坡稳定性系数可按下式计算:

假设边坡上的变形岩体为单一的层状结构,如图 2-20 所示,岩体在自重作用下的稳定性系数 F_s,按下列公式计算:

$$F_s = \frac{W\cos\alpha\tan\varphi + cL}{W\sin\alpha} \tag{2-35}$$

$$W = \frac{\gamma}{2}hL\cos\alpha \tag{2-36}$$

式中:W——变形岩体的重力(kN);
  h——滑动面上变形岩体的高度(m);
  α——滑动面的倾角(°);
  L——滑动面的长度(m);
  γ——岩体的重度(kN/m³);
  c、φ——滑动面的黏聚力(kPa)和内摩擦角(°)。

对于无不利结构面的岩质边坡,c、φ 值取岩体的 c、φ 值;对于结构面的验算取结构面的 c、φ 值;根据两者比较,以稳定性系数最小者控制设计。

由式(2-35)可以求得直立边坡的极限变形体高度,如图 2-21 所示,设单一倾斜结构面的直立边坡,设稳定性系数为 $F_s=1$,按下式计算:

$$H_v = h_v = \frac{2c}{\gamma\cos^2\alpha(\tan\alpha - \tan\varphi)} \tag{2-37}$$

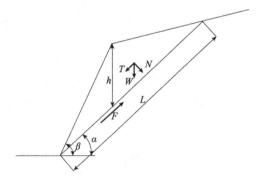

图 2-20 岩质边坡平面滑动面验算图示

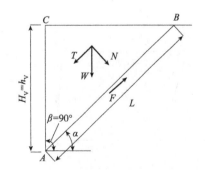

图 2-21 直立岩质边坡演算图示

倾斜边坡求算变形体高度的公式与直立边坡完全一样，所不同的是直立边坡的极限高度（H_v）恒等于变形体高度（h_v），而倾斜边坡 $H_v \neq h_v$，如图2-22所示。其岩体的极限稳定坡角 β_v，可根据已求得的 $h_v(H_v)$ 的数值通过作图求得，也可按下述公式来求取，如图2-23所示。

$$H = h \frac{1}{1 - m\tan\alpha} \tag{2-38}$$

式中：H——边坡高度（m）；
  h——变形岩体的高度（m）；
  m——边坡坡率，$m = \tan\beta$；
  β——边坡的坡角（°）。

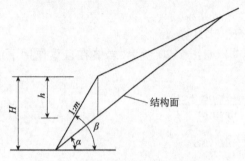

图2-22 坡高、坡角与极限高度的关系

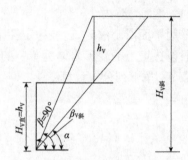

图2-23 受结构面控制的边坡

当确定边坡坡角为 β 或坡率为 m 时，则可用式（2-37）求极限边坡高度 H；反之，当坡高为 H 时，则边坡保持极限稳定状态的最大边坡坡角的正切，按下式计算：

$$\tan\beta = \frac{H}{H-h}\tan\alpha \tag{2-39}$$

或

$$m = \cot\beta = \frac{H-h}{H}\cot\alpha \tag{2-40}$$

(2) 楔形岩体滑动稳定计算

当楔形岩体由两组结构面所切割构成，两个结构面为预测的滑动面，边坡为直立平顶的边坡时如图2-24所示，可按下列公式计算：

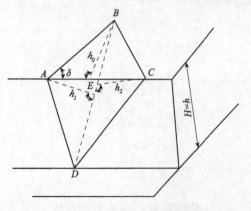

图2-24 边坡楔形破坏示意图

楔形体的体积：

$$V_{ABCD} = \frac{1}{3}\triangle ABC \cdot h \tag{2-41}$$

$$\triangle ABC = \frac{1}{3}\overline{AC} \cdot h_0 \tag{2-42}$$

楔形体的重力：

$$W = \frac{\gamma h}{6}\overline{AC} \cdot h_0 \tag{2-43}$$

两个结构面的面积：

$$\triangle ABD = \frac{1}{2}\overline{BD} \cdot h_1 \tag{2-44}$$

$$\triangle BCD = \frac{1}{2}\overline{BD} \cdot h_2 \tag{2-45}$$

又令 $BD = L$,设两结构面的 φ 值相等,c_1 和 c_2 分别为两结构面的单位黏聚力,且断面是三角形,按"仿平面"问题来处理,则岩体的稳定系数为:

$$F_s = \frac{W\cos\alpha\tan\varphi + c_1\triangle ABD + c_2\triangle BCD}{W\sin\alpha} = \frac{\tan\varphi}{\tan\alpha} + \frac{3L(c_1h_1 + c_2h_2)}{\gamma\overline{AC}h_0\cos\alpha(\tan\alpha - \tan\varphi)} \tag{2-46}$$

当 $F_s = 1$,即在极限平衡条件下,按下式计算:

$$H_v = h_v = \frac{3L(c_1h_1 + c_2h_2)}{\gamma\overline{AC}h_0\cos\alpha(\tan\alpha - \tan\varphi)} \tag{2-47}$$

式中,L、$\overline{AC}$ 及 h_0、h_1、h_2 等数据可依三角关系求得。

式(2-46)和式(2-47)是边坡由两组结构面所构成的楔形岩体滑动,求稳定系数及极限变形高度的普遍公式。虽然它由直立平顶边坡推导求得,但也适用于倾斜边坡,既适用于两个结构面为预测的滑动面,也适用于一个面为预测的滑动面,另一个面为直立面,该面垂直于滑动面,即两个面的交角等于90°的特例。

以上只是考虑了边坡上岩体的重力作用。实际上,除重力作用外,还有地下水、地震及其他作用力等。因此在分析边坡稳定性时,还应注意各种附加力作用的影响,以及由于水的作用使滑动面或充填物的力学强度降低而导致边坡发生变形的可能性。

(3)具有张节理和静水压力的边坡稳定性验算

存在于斜坡(边坡)的张节理,对斜坡(边坡)的稳定性有很大的影响。特别是在暴雨情况下,由于张节理底部排水不畅,张节理可能临时充水达一定高度,沿张节理及滑动面产生静水压力,使滑动力突然增大,这往往是暴雨后容易产生滑动的重要原因。张节理的位置,有两种情况:一是张节理在坡顶上;另一是张节理在坡上。此时作如下假定:

①滑动面及张节理的走向平行坡面;
②张节理是直立的,深度为 Z,其中充水深度为 Z_W;
③沿张节理的底进入滑动面并沿滑动面渗透,在大气压下沿坡面的滑动面出露处流出。

在张节理中和沿滑动面由于存在着地下水而引起的水压分布如图2-25所示。

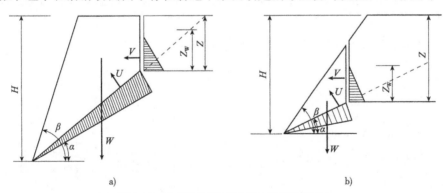

图2-25 具有张节理和静水压力的斜坡(边坡)
a)张节理在坡顶上;b)张节理在坡面上

④W(滑动块的重力)、U(滑动面上水压所产生的浮托力)和 V(张节理中的水压力)三力均通过滑体重心来作用,也就是假定没有使岩块旋转的力矩,所以破坏仅是滑动。
⑤考虑单位长度的岩块,并假定有节理面存在,所以破坏的侧面边界对滑动没有阻力。

稳定系数等于总抗滑力与总滑动力之比，按下式计算：

$$F_s = \frac{(W\cos\alpha - U - V\sin\alpha)\tan\varphi + cL}{W\sin\alpha - V\cos\alpha} \tag{2-48}$$

式中各参数由图 2-25 可得：

$$L = (H - Z)\csc\alpha \tag{2-49}$$

$$U = \frac{1}{2}\gamma_w Z_W(H - Z)\csc\alpha \tag{2-50}$$

$$V = \frac{1}{2}\gamma_w Z_W^2 \tag{2-51}$$

当张节理在坡顶上时：

$$W = \frac{1}{2}\gamma H^2\left\{\left[1 - \left(\frac{Z}{H}\right)^2\right]\cot\alpha - \cot\beta\right\} \tag{2-52}$$

当张节理在坡面上时：

$$W = \frac{1}{2}\gamma H^2\left[\left(1 - \frac{Z}{H}\right)^2\cot\alpha(\cot\alpha\cot\beta - 1)\right] \tag{2-53}$$

式中：γ、γ_w——岩体、水的重度（kN/m^3）；
　　　W——张节理以下部分的岩块重力（kN）（张节理以上部分重力不计）。

(4) Sarma 法

Sarma 法是极限平衡分析方法的最新发展，是一种对岩质边坡尤为适用的定量评价方法。该法是 Sarma 博士在 1979 年提出的，其后在世界上得到广泛的应用。方法的基本思路是：除非边坡岩土体是沿一个理想的平面或圆弧面滑动，才可以作为一个完整的刚体运动，否则，岩土体必须先破裂成多块可相对滑动的块体，才可能滑动。亦即在滑体内部要发生剪切破坏。

该法的独特优点是：它可以用来评价各种类型边坡的稳定性；计算时同时考虑滑体底面和侧面的抗剪强度参数，而且各滑块可具有不同的 c、φ 值；滑块的两侧可以任意倾斜，并不仅限于竖直边界，因而能分析具有各种滑坡结构特征的稳定性；由于引入了临界水平加速度判据，因此该方法还可以用来分析地震对斜坡稳定性的影响。总之，该方法比较全面客观地反映了斜坡的实际情况，计算结果较符合客观实际。

Sarma 法的滑块力学模型及几何尺寸如图 2-26 所示。其平衡条件为：

$$K = \frac{AE}{PE} \tag{2-54}$$

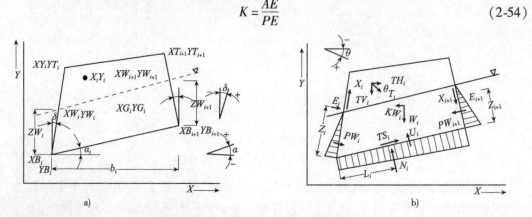

图 2-26　第 i 块滑块几何形状和受力特征

其中:

$$AE = a_n + a_{n-1}e_n + a_{n-2}e_ne_{n-1} + \cdots a_1e_ne_{n-1}\cdots e_3e_2 \tag{2-55}$$

$$PE = p_n + p_{n-1}e_n + p_{n-2}e_ne_{n-1} + \cdots p_1e_ne_{n-1}\cdots e_3e_2 \tag{2-56}$$

$$\alpha_i = Q_i[W_i + TV_i\sin(\varphi_{bi} - \alpha_i) - TH_i\cos(\varphi_{bi} - \alpha_i)] + R_i\cos\varphi_{bi} + S_{i+1}\sin(\varphi_{bi} - \alpha_i - \delta_{i+1}) - S_i\sin(\varphi_{bi} - \alpha_i - \delta_{i+1}) \tag{2-57}$$

$$e_i = Q_i\frac{[\cos(\varphi_{bi} - \alpha_i + \varphi_i - \delta_i)]}{\cos\varphi_{bi}} \tag{2-58}$$

$$Q_i = \frac{\cos\varphi_{si+1}}{\cos(\varphi_{bi} - \alpha_i + \varphi_{si+1} - \delta_{i+1})} \tag{2-59}$$

$$S_i = c_{si+1}d_{i+1} - PW\tan\varphi_{si+1} \tag{2-60}$$

$$R_i = \frac{c_{bi}}{\cos\alpha_i} - U_i\tan\varphi_{bi} \tag{2-61}$$

式中:c_{bi}、φ_{bi}——条块底面黏聚力和内摩擦角;

c_{si+1}、φ_{si+1}——分别为条块两侧黏聚力和内摩擦角。

由式(2-54)可以求解滑体处于极限平衡时的临界水平加速度。而静态稳定系数通过下列途径获得:取不同的稳定系数 F 值,迭代变更条块底面和侧面上的剪切强度值,即以 c_{bi}/F、$\tan\varphi_{bi}/F$、c_{si+1}/F 和 $\tan\varphi_{si+1}/F$ 代入式(2-53)直至 $K=0$,这样所求得的 F 值即为所分析剖面的稳定系数,但必须满足每个条块上的有效正应力为正值,才是可接受的成果。

将上述有关参数代入相关公式,即可求得计算剖面各滑动面所构成的滑体在某受力条件下的稳定性系数。

(5)赤平极射投影分析

边坡稳定分析的图解法是一种定性的或半定量的评价方法。一般采用图表计算法和图解分析法。图解分析法以赤平极射投影为基础,通过对斜坡岩体结构面的大量调查统计,掌握优势软弱结构面的产状特征,据以分析它们对斜坡稳定性的影响。现就单一软弱面情况分析斜坡的稳定性。

对于单一软弱结构面,顺向坡且软弱面倾角 α 小于坡角 β 时,赤平投影表现为坡面与弱面在同一侧,但坡面投影弧在弱面投影弧的内侧[图 2-27b)],弱面在坡面上临空,岩体易于滑动。但当顺向坡面 $\alpha>\beta$ 时,则是比较稳定的[图 2-27c)]。逆向坡时软弱面倾向坡内,赤平投影表现为坡面与弱面相对[图 2-27a)],这种斜坡一般是稳定的。斜交坡的情况需视弱面倾向与坡面倾向之间的夹角 γ 而定,若 $\gamma>40°$,斜坡是比较稳定的[图 2-27d)];反之,若 $\gamma<40°$,则斜坡不太稳定[图 2-27e)]。

存在二组或三组软弱面互相交切的斜坡情况比较复杂,但也可用赤平极射投影图来分析判断斜坡的稳定性。

3)土-岩混合边坡稳定分析

(1)土-岩混合边坡

土-岩混合边坡是一类复杂特殊的边坡,上部由土和岩石全风化层组成,下部由岩石组成。其可能破坏形式存在多种,如上覆土体沿土岩分界面滑移、土体沿内部产生圆弧滑动;边坡沿软弱结构面整体滑移,以及上部土体产生圆弧滑动下部沿结构面滑动。对该类边坡应结合边坡的实际条件,分析可能的破坏模式,必要时应分别对各种可能的多种滑动面组合进行稳定性计算分析,取最小稳定系数作为边坡稳定性系数。

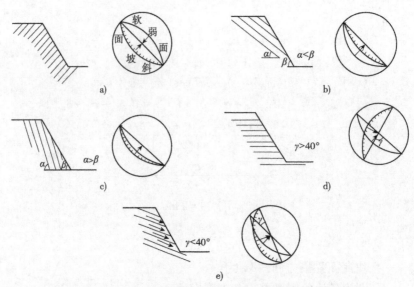

图 2-27　单一软弱面斜坡的赤平投影及稳定情况（齿弧为坡面投影弧）
a) 逆向坡；b) 软弱面倾角 α 小于坡角 β 的顺向坡；c) 软弱面倾角 α 大于坡角 β 的顺向坡；d) 弱面与坡面的倾向夹角 γ 大于 40° 的斜交坡；e) 软弱面与坡角的倾向夹角 γ 小于 40° 的斜交坡

土-岩混合（上土下岩）这类二元结构边坡，常沿土石交界面滑动。当土层与岩体交界面倾向不利且达到一定角度时，在地下水作用下，易于发生沿交界面的滑动；尤其是下伏岩体不透水，当下伏岩体中发育有不利结构面时，若倾角较大或者含泥质充填，则易于发生滑动，且往往牵引带动上部土体。此时，滑动面前缘一般为平直的结构面，后缘则为圆弧状或近于直线，构成折线型滑动，如图 2-28 所示。

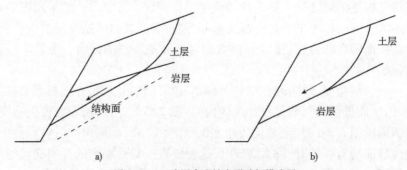

图 2-28　土-岩混合边坡变形破坏模式图
a) 岩体结构面控制的变形；b) 沿土岩交界面滑动

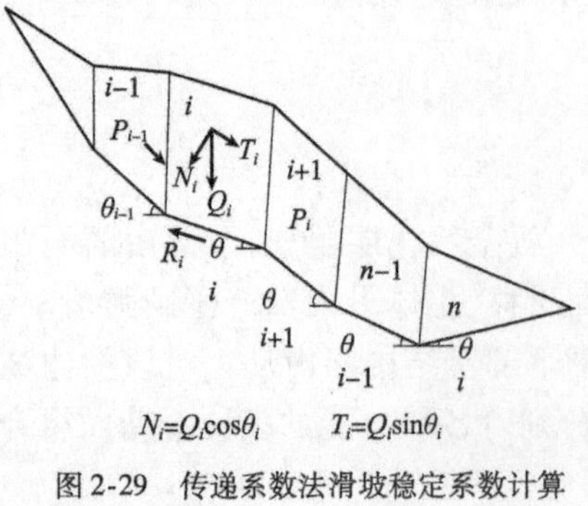

土-岩混合边坡稳定分析的特点是土层与岩层即相互独立又相互关联，不宜将两者单独孤立分析。对土-岩混合边坡稳定性分析可对坡体上部土和强风化层采用圆弧滑动法分析、下部岩体依据结构面组合确定危险面，总体采用传递系数法进行稳定性分析。

（2）不平衡推力法（或称剩余推力法、传递系数法）

边坡可能产生折线滑动，滑动面为折线形时，如图 2-29 所示，边坡稳定性系数可按下列不平衡推力法公式计算：

$N_i = Q_i \cos\theta_i$　　$T_i = Q_i \sin\theta_i$

图 2-29　传递系数法滑坡稳定系数计算

$$F_s = \frac{\sum_{i=1}^{n-1}(R_i \prod_{j=i}^{n-1}\psi_j) + R_n}{\sum_{i=1}^{n-1}(T_i \prod_{j=i}^{n-1}\psi_j) + T_n} \quad (2\text{-}62)$$

$$\psi_j = \cos(\theta_i - \theta_{i+1}) - \sin(\theta_i - \theta_{i+1})\tan\varphi_{i+1} \quad (2\text{-}63)$$

$$R_i = N_i \tan\varphi_i + c_i L_i \quad (2\text{-}64)$$

式中：F_s——边坡稳定性系数；

θ_i——第 i 块段滑动面与水平面的夹角(°)；

R_i——作用于第 i 块段的抗滑力(kN/m)；

N_i——第 i 块段滑动面的法向分力(kN/m)；

φ_i——第 i 块段土的内摩擦角(°)；

c_i——第 i 块段土的黏聚力(kPa)；

L_i——第 i 块段滑动面长度(m)；

T_i——作用于第 i 块段滑动面上的滑动分力(kN/m)，出现与滑动方向相反的滑动分力时，T_i 应取负值；

ψ_j——第 i 块段的剩余下滑力传递至 $i+1$ 块段时的传递系数($j=i$)。

稳定系数 F_s 应符合下式要求：

$$F_s \geq F_{st} \quad (2\text{-}65)$$

式中：F_{st}——边坡稳定安全系数，根据研究程度及其对工程的影响确定。

当滑坡体内地下水已形成统一水面时，应计入浮托力和动水压力。

对存在多个滑动面的边坡，应分别对各种可能的滑动面组合进行稳定性计算分析，并取最小稳定性系数作为边坡稳定性系数。对多级滑动面的边坡，应分别对各级滑动面进行稳定性计算分析。

采用不平衡推力传递系数法计算时应注意如下可能出现的问题：

①当滑面形状不规则，局部凸起而使滑体较薄时，宜考虑从凸起部位剪出的可能性，可进行分段计算。

②由于不平衡推力传递系数法的计算稳定系数实际上是滑坡最前部条块的稳定系数，若最前部条块划分过小，在后部传递力不大时，边坡稳定系数将显著地受该条块形状和滑面角度影响而不能客观地反映边坡整体稳定性状态。因此，在计算条块划分时，不宜将最下部条块分得太小。

③当滑体前部滑面较缓，或出现反倾段时，自后部传递来的下滑力和抗滑力较小，而前部条块下滑力可能出现负值而使边坡稳定系数为负值，此时应视边坡为稳定状态；当最前部条块稳定系数不能较好地反映边坡整体稳定性时，可采用倒数第二条块的稳定性系数，或最前部2个条块稳定系数的平均值。

2.7 斜坡稳定性评价

边坡稳定系数 F_s 一般定义为沿假定滑裂面的抗滑力与滑动力的比值，理论上当该比值大于1时，坡体稳定；等于1时，坡体处于极限平衡状态；小于1时，边坡即发生破坏。但是由于研究对象岩土体的复杂性、参数选取和滑面的不确定性、计算模型的局限性、边界条件的简化等众多因素,可能出现计算结果与工程实际不相符的现象。因此,为了边坡安全需要引入安全储备的概念。即在边坡稳定系数等于1的基础上引入一定的安全储备,定义为边坡稳定安全系数 F_{st}。稳定安全系数是工程设计时人为确定的一定安全储备,并不是反映边坡现状的安全状态。要反映边坡现状的安全状态,使用边坡"稳定系数 F_s"这一术语较好。

边坡稳定系数因所采用的计算方法不同,计算结果存在一定差别,通常圆弧法计算结果较平面滑动法和折线滑动法偏低。因此,在依据计算稳定系数评价边坡稳定性状态时,评价标准应根据所采用的计算方法分类取值。

根据《建筑边坡工程技术规范》(GB 50330—2013),边坡工程稳定性验算时,其计算的稳定系数 F_s 应符合表2-7规定的稳定安全系数 F_{st} 的要求,否则应对边坡进行加固处理。对地质条件很复杂或破坏后果极严重的边坡工程,其稳定安全系数 F_{st} 宜适当提高。

边坡稳定安全系数 F_{st} 表2-7

边坡类型及工况		边坡工程安全等级		
		一级边坡	二级边坡	三级边坡
永久边坡	一般工况	1.35	1.30	1.25
	地震工况	1.15	1.10	1.05
临时边坡		1.25	1.20	1.15

边坡稳定状态可根据边坡稳定性系数按表2-8确定。

边坡稳定状态划分 表2-8

边坡稳定系数 F_s	$F_s < 1.00$	$1.00 \leq F_s < 1.05$	$1.05 \leq F_s < F_{st}$	$F_s \geq F_{st}$
边坡稳定状态	不稳定	欠稳定	基本稳定	稳定

2.8 斜坡加固工程技术

2.8.1 斜坡加固的基本原则

斜坡(边坡)变形破坏的防治应贯彻"以防为主,及时治理"的原则。为此先要进行岩土工程勘察,查清边坡工程地质条件和影响边坡稳定性的各项因素,并查明边坡变形破坏模式和规模、目前稳定状态及发展趋势。在此基础上,针对工程重要性,因地制宜地采取各种防治措施。

边坡加固设计应使边坡具有安全性、适用性和耐久性,也就是边坡及其支护结构在规定的时间内,在规定的条件下,保持自身整体稳定的能力。其中安全性要求边坡及其支护结构在正常施工和正常使用时能承受可能出现的各种荷载作用,以及在偶然时间发生作用时及发生后应能保持必需的整体稳定性;适用性要求边坡及其支护结构在正常使用时能满足预定的使用要求,如作为建筑物环境的边坡能保证主体建筑物的正常使用;耐久性要求边坡及其支护结构在正常维护下,随着时间的变化,仍能保持自身整体稳定,同时不会因边坡的变形而影响主体建筑物的正常使用。

由于边坡岩土介质的复杂性、可变性和不确定性,岩土工程地质参数难以准确确定,加之设计理论和设计方法带有经验性和类比性,因此边坡工程的设计往往难以一次定型,需要根据施工中反馈的信息和监控资料不断校核、补充和完善设计,这是目前边坡工程处治设计中较为科学的动态设计方法。这种设计法要求提出特殊的施工方案和监控方案,以保证在施工过程中能获取对原设计进行校核、补充和完善的有效资料和数据。

对高边坡工程设计中应有"固脚强腰"的设计思路。所谓"固脚"就是在边坡治理工程设计中对高边坡的坡脚进行加固处理。首先,坡脚是边坡的应力集中区,由于边坡开挖、放陡坡率等原因,坡脚的高应力区往往不可避免,开挖后地下水也向坡脚集中排泄,软化坡脚岩土体,而该区的风化作用相对而言比较强;其次,对于软硬岩互层地段,特别是顺层地段,且出现上硬下软时,由于软硬岩在强度、应力、应变、抗风化等各方面存在着差异,考虑岩体内力传递与释放的时间效应,当边坡较高,坡体出现沿其内部软弱面压剪破坏的趋势较大,往往坡脚处易出现由于压力与剪切集中导致的破坏,从而危及整个坡体的稳定,为此对该类型边坡考虑"固脚"非常关键;再次,对顺层地段,控制边坡变形失稳的软弱面由于风化或构造等的作用常出现多层现象,边坡开挖临空卸荷等使得坡体内的隐裂面等进一步张开,在长期内、外应力作用下控制坡体变形的结构面有随时间逐渐向深部发展的趋势;最后,设计与施工等的人为影响因素也应考虑,由于施工的方法、顺序以及设计对最不利工况的把握等都可能对坡脚产生不利的影响。因此,边坡工程对边坡坡脚的处理应多加注意。

所谓"强腰"原则,是指当边坡高度较高时,坡体中存在多层、多级剪出的可能性增大。特别是当组成坡体的岩土体岩性存在较大差异时,其岩土体的物理力学性质也会存在较大差异,且这种差异随时间的变化不同步。反映在坡体变形上,即可能出现多级失稳破坏现象。因此边坡工程设计工作中不仅要考虑边坡沿已存在的软弱面的失稳,同时应考虑软岩在可控设计期限内,其强度衰减弱化带来的岩性自身的抗压、抗剪强度不足,导致边坡的多级破坏。因此边坡工程设计工作应根据边坡实际情况,适当考虑在坡体中部的强化加固,对高边坡的坡体应力调整、变形约束等效果明显。

常用的防治边坡变形破坏的措施主要有支挡工程、削方减载(坡率法)、排水、坡面防护工程等,见表2-9。

常用的边坡加固工程措施　　表2-9

支挡工程	坡率法	排水	坡面防护工程
加固工程 挡土墙 锚杆挡墙 土钉墙 普通抗滑桩 锚索抗滑桩 普通桩板墙 锚索桩板墙 锚索(杆) 锚索(杆)框架 锚索墩 锚杆挂网喷混凝土	按一定的坡率分台阶削方减载	地表排水: (1)截水天沟(截洪沟); (2)边坡内排水沟; 地下排水: (1)截水盲沟; (2)泄水盲(隧)洞; (3)仰斜排水孔; (4)支撑盲沟; (5)边坡渗沟	浆砌片石护坡 拱形骨架护坡 柔性防护网 绿色植物防护 锚杆骨架护坡

根据场地岩土工程地质条件和环境条件、边坡高度及边坡工程安全等级等因素,《建筑边坡工程技术规范》(GB 50330—2013)提出了边坡支护结构常用的形式及其适用条件,按表2-10确定。

边坡支护结构常用形式　　　　表 2-10

支护结构 \ 条件	边坡环境条件	边坡高度 H(m)	边坡工程安全等级	说　明
重力式挡墙	场地允许,坡顶无重要建(构)筑物	土质边坡:$H≤10$ 岩质边坡:$H≤12$	一、二、三级	不利于控制边坡变形。土方开挖后边坡稳定较差时不应采用
悬臂式挡墙、扶壁式挡墙	填方区	悬臂式挡墙:$H≤6$ 扶壁式挡墙:$H≤10$	一、二、三级	适用于土质边坡
桩板式挡墙		悬臂式 $H≤15$ 锚拉式 $H≤25$	一、二、三级	桩嵌固段土质较差时不宜采用,当对挡墙变形要求较高时宜采用锚拉式桩板挡墙
板肋式或格构式锚杆挡墙		土质边坡:$H≤15$ 岩质边坡:$H≤30$	一、二、三级	坡高较大或稳定性较差时宜采用逆作法施工。对挡墙变形有较高要求的边坡,宜采用预应力锚杆
排桩式锚杆挡墙	坡顶建(构)筑物需要保护,场地狭窄	土质边坡:$H≤15$ 岩质边坡:$H≤30$	一、二、三级	有利于对边坡变形控制。适用于稳定性较差的土质边坡、有外倾软弱结构面的岩质边坡、垂直开挖施工尚不能保证稳定的边坡
岩石锚喷支护		Ⅰ类岩质边坡:$H≤30$	一、二、三级	适用于岩质边坡
		Ⅱ类岩质边坡:$H≤30$	二、三级	
		Ⅲ类岩质边坡:$H≤15$	二、三级	
坡率法	坡顶无重要建(构)筑物,场地有放坡条件	土质边坡:$H≤10$ 岩质边坡:$H≤25$	一、二、三级	不良地质段,地下水发育区、流塑状土时不应采用

2.8.2 支挡工程

支挡工程是防治斜坡变形破坏最主要的一类工程措施。它可以改善斜坡的力学平衡条件,以达到抵抗其变形破坏的目的。常用的加固(支挡)工程结构包括挡土墙、抗滑桩、预应力锚索(锚杆)等支撑和锚固结构。

1)挡土墙

挡土墙是目前广泛采用的一种边坡支挡工程。它位于边坡的前缘,借助于自身的重力以支挡坡体土压力,且与排水措施联合使用。挡墙的优点是结构比较简单,可以就地取材,施工方法简单,而且能够较快地起到稳定边坡的作用。但一定要把挡墙的基础设置于最低滑动面之下的稳定地层中,墙体中应预留泄水孔,并与墙后的盲沟连接起来,如图2-30所示。

挡土墙设计一般采用库仑土压力理论,当墙体向外变形,墙后土体达到主动土压力状态时,假定土中主动土压滑动面为平面并按滑动土层的极限平衡条件来求算主动土压力。在侧向土压力作用下,重力式挡土墙的稳定性主要靠墙身的自重来维持。

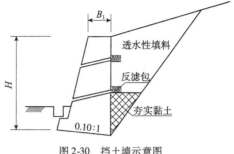

图2-30 挡土墙示意图

按建筑材料不同,有浆砌挡土墙、片石混凝土挡土墙或钢筋混凝土挡土墙等;按结构形式分为重力式和衡重式两种。重力式挡土墙适用于一般地区、浸水地区、地震地区的边坡支挡工程,地基承载力较低或地质条件较复杂时适当控制墙高;衡重式挡土墙主要用于地面横坡较陡的路肩墙和路堤墙,也可用于拦挡落石的路堑墙。

长期以来,重力式挡土墙在支挡工程中一直占有主导地位,但由于其截面大,圬工数量多,施工进度慢,在地形困难、石料缺乏地区应用不便,其缺点也是明显的。加固(支挡)工程结构是由于不同的岩土工程需要而不断发展的,岩土工程技术人员为了在某些特殊地形或特殊地质条件下保证边坡的稳定,往往要设计一些新的结构形式,逐步发展为采用支撑、土筋复合结构以及锚固技术等多种新型、轻型支挡新技术。例如悬臂式、扶壁式、锚杆式、加筋土式、锚定板式等新型的挡土墙。这些新型加固(支挡)工程结构具有结构轻、施工快捷、便于预制和机械化施工、节省材料和劳动力、造价低等优点,很快在各类岩土工程中得到广泛应用。

下面介绍几种新型的挡土墙。

(1)卸荷板式挡土墙。卸荷板式挡土墙是衡重式挡墙的改进型结构形式,在衡重式挡土墙的墙背设置一定长度的水平卸荷板,在地基承载力较高的情况下,卸荷板式挡墙由于卸荷板的作用,使卸荷板上的填料作为墙体重力,而卸荷板又减少了衡重式挡土墙下墙的土压力,增加全墙的抗倾覆稳定性,可节省墙体圬工,从而节省工程造价,其使用范围为墙高大于6m、小于12m的路肩墙,如图2-31所示。

(2)土钉墙。土钉墙(soil nail wall)为设置在坡体中的加筋杆件(即土钉或锚杆)与其周围土体牢固黏结形成的复合体,以及面层所构成的类似重力挡土墙的支护结构,如图2-32所示。土钉墙墙面坡度不宜大于1:0.1,土钉必须和面层有效连接,应设置通长压筋、承压板或加强钢筋等构造措施,承压板或井字形钢筋应与土钉螺栓连接或钢筋焊接连接。

图2-31 卸荷板式挡土墙示意图　　　图2-32 土钉墙示意图

土钉墙技术已在基坑支护、边坡加固中得到广泛运用。土钉墙可用于一般地区及破碎软弱岩质边坡加固工程,在地下水较发育或边坡土质破碎时不宜采用。单级土钉墙高宜控制在 12m 以内,多组土钉墙上、下墙之间应设置平台,每级墙高不宜大于 10m,总高度宜控制在 20m 以内。

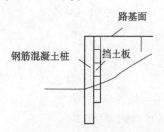

图 2-33 桩板式挡土墙示意图

(3)桩板式挡土墙。桩板式挡土墙是一种在桩之间设挡板或土钉等其他结构来稳定土体的挡土结构,如图 2-33 所示。桩板式挡土墙可用于一般地区、浸水地区和地震区的边坡支挡,也可用于滑坡等的支挡工程;桩的悬臂长度不宜大于 15m,桩间距宜为 4~8m。

2)锚固

在边坡工程中,当潜在的滑体沿剪切滑动面的下滑力超过抗滑力时,将会出现沿剪切面的滑移和破坏。在坚硬的岩体中,剪切面多发生在断层、节理、裂隙等软弱结构面上。在土层中,砂性土的滑面多为平面,黏性土的滑面一般为圆弧状;有时也会出现沿上覆土层和下卧基岩间的界面滑动。为了保持边坡的稳定,一种办法是采用大量削坡直至达到稳定的边坡角;另一种办法是设置支挡结构。在许多情况下单纯采用削坡或挡土墙往往是不经济的或难以实现的,这时可采用锚杆(索)加固边坡。

锚固技术作为一种优越的岩土体加固技术手段,越来越广泛地应用于各种工程领域,且适用范围和使用规模仍在不断扩大。岩土锚固技术是把一种受拉杆件埋入地层,一端固定于地基或边坡的岩层或土层中,利用地层自身锚固力,以提高岩土自身的强度和自稳能力的一门工程技术。由于这种技术大大减轻结构物的自重、节约工程材料并确保工程的安全和稳定,具有显著的经济效益和社会效益,因而在工程中得到极其广泛的应用。岩土锚固的基本原理就是利用锚杆(索)周围岩土的抗剪强度来传递结构物的拉力以保持地层开挖面的自身稳定,由于锚杆(索)的使用,它可以提供作用于结构物上以承受外荷的抗力;可以使锚固地层产生压应力区并对加固地层起到加筋作用;可以增强地层的强度,改善地层的力学性能;可以使结构与地层连锁在一起,形成一种共同工作的复合体,使其能有效地承受拉力和剪力。在岩土锚固中通常将锚杆和锚索统称为锚杆。如图 2-34 所示。

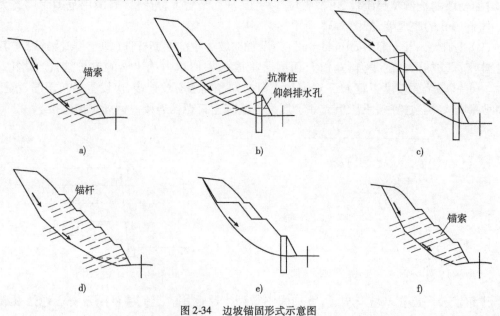

图 2-34 边坡锚固形式示意图

锚杆是一种将拉力传至稳定岩层或土层的结构体系,主要由锚头、自由段和锚固段组成,如图 2-35 所示。

(1)锚头:锚杆外端用于锚固或锁定锚杆拉力的部件,由垫墩、垫板、锚具、保护帽和外端锚筋组成。

(2)锚固段:锚杆远端将拉力传递给稳定地层的部分,锚固深度和长度应按照实际情况计算获取,要求能够承受最大设计拉力。

(3)自由段:将锚头拉力传至锚固段的中间区段,由锚拉筋、防腐构造和注浆体组成。

(4)锚杆配件:为了保证锚杆受力合理、施工方便而设置的部件,如定位支架、导向帽、架线环、束线环、注浆塞等。如图 2-36 所示。

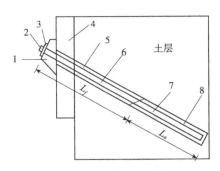

图 2-35 锚杆结构示意图

1-台座;2-锚具;3-承压板;4-支挡结构;5-钻孔;6-自由隔离层;7-钢筋;8-注浆体;L_f-自由段长度;L_a-锚固段长度

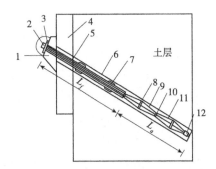

图 2-36 锚索结构示意图

1-台座;2-锚具;3-承压板;4-支挡结构;5-自由隔离层;6-钻孔;7-对中支架;8-隔离架;9-钢绞线;10-架线环;11-注浆体;12-导向帽;L_f-自由段长度;L_a-锚固段长度

锚杆的分类方法较多,通常可以按应用对象、是否预先施加应力、锚固机理,以及按锚固形态进行分类。

按应用对象可分为岩石锚杆(索)和土层锚杆(索)。岩石锚杆是指锚固段锚固于各类岩层中的锚杆,而自由段可以位于岩层或土层中;土层锚杆是指锚固于各类土层中的锚杆,其构造、设计、施工与岩石锚杆有共同点也有其特殊性。

按是否预先施加应力分为预应力锚杆(索)和非预应力锚杆(索)。非预应力锚杆是指锚杆锚固后不施加外力,锚杆处于被动受载状态;非预应力锚杆通常采用Ⅱ、Ⅲ级螺纹钢筋,锚头较简单,如板肋式锚杆挡墙、锚板护坡等结构中通常采用非预应力锚杆,锚头最简单的做法就是将锚筋做成直角弯钩并浇筑于面板或肋梁中。预应力锚杆是指锚杆锚固后施加一定的外力,使锚杆处于主动受载状态。预应力锚杆在锚固工程中占有重要地位,图 2-35 和图 2-36 是典型的预应力锚杆(索)结构示意图。预应力锚杆的设计与施工比非预应力锚杆复杂,其锚筋一般采用精轧螺纹钢筋或钢绞线。预应力锚索由锚固段、自由段及锚头组成,如图 2-37 所示,通过对锚索施加预应力以加固岩土体使其达到稳定状态或改善结构内部的受力状态。预应力锚索采用高强度、低松弛钢绞线制作,可用于土质、岩质地层的边坡及地基加固,其锚固段应置于稳定地层中。锚索也常与抗滑桩结合组成锚索桩,以减小抗滑桩的锚固段长度及桩身截面。预应力锚索与不同类型的反力结构

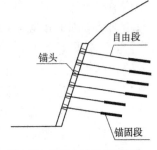

图 2-37 预应力锚索支护边坡

结合组成不同的预应力锚索结构,如预应力锚索与钢筋混凝土框架结合组成锚索框架,与钢筋混凝土梁结合组成锚索地梁,与钢筋混凝土墩结合组成锚索墩等。

采用锚杆(索)加固边坡,能够提供足够的抗滑力,并能提高潜在滑移面上的抗剪强度,有效地阻止坡体位移,这是一般支挡结构所不具备的力学作用。在土层中,边坡安设锚杆(索)后所提高的安全系数可用下列条分法公式计算(图2-38):

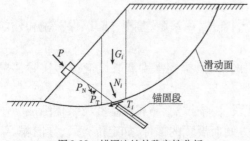

图2-38 锚固边坡的稳定性分析

$$F_s = \frac{f(\sum_{i=1}^{n} N_i + P_N) + \sum_{i=1}^{n} c_i L_i}{\sum_{i=1}^{n} T_i + P_T} \tag{2-66}$$

式中:N_i——作用在第i条滑面上的法向力;
T_i——作用在第i条滑面上的切向力;
c_i——第i条滑面上的黏聚力;
L_i——第i条滑面长度;
P_N——锚杆锚固力沿滑面法向的分力;
P_T——锚杆锚固力沿滑面切向的分力;
f——滑动面摩擦系数。

在岩体中,由于岩体产状及软硬程度存在差异,岩质边坡可能出现不同的失稳和破坏模式,如滑移、倾倒、转动破坏等。锚杆的安设部位、倾角为抵抗边坡失稳与破坏最有利的方向,一般锚杆轴线应当与岩体主结构面或潜在的滑移面呈大角度相交,如图2-39所示。

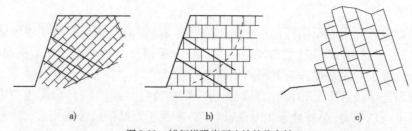

图2-39 锚杆增强岩石边坡的稳定性
a)锚杆平衡滑动力;b)锚杆抵抗滑动破坏;c)锚杆抵抗倾倒破坏

锚固是处置岩质边坡的有效措施。岩体强度受结构面控制,结构面的抗滑力与作用于结构面的正应力大小密切相关。发挥边坡岩体自身强度的有效方法是通过预应力锚杆(索)来增加结构面的正应力,从而使可能失稳的岩体保持稳定。

进行锚固设计时,要做锚固力和单根锚杆(索)抗拔力的验算。在同时满足抵抗变形体对锚杆(索)系统产生总剪切力和总拉力的前提条件下,布置锚杆(索)。如图2-40所示,锚杆的布置主要决定于斜坡的破坏模式,从整个斜坡上的均匀布置到坡脚高应力区里的集中布置。通常以均匀布置较好,锚杆间距一般不小于1.5~2.0m。间距过小会发生相互间的干扰,出现所谓"群锚效应"问题。如工程需要设置更近些,可采用不同倾斜角或不同锚固长度的方法布设,如图2-41所示。

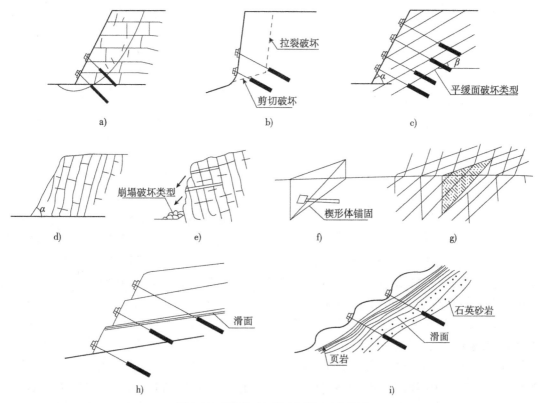

图 2-40 斜坡的破坏模式与锚固系统示例

a)切层破坏;b)拉裂—剪切破坏;c)顺层滑移破坏;d)、e)崩塌破坏;f)、g)楔形体破坏;h)沿软弱夹层滑移破坏;i)沿软弱地层滑移破坏

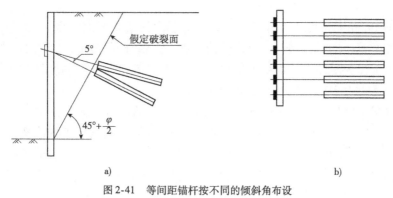

图 2-41 等间距锚杆按不同的倾斜角布设

a)立视图;b)平视图

(在不受结构面影响下破裂角为 $45°+\varphi/2$)

3)抗滑桩

边坡加固工程中的抗滑桩是通过桩身将上部承受的岩土推力传给桩下部的稳定岩土体,依靠桩下部的侧向阻力来承担边坡岩土的下推力,而使边坡保持平衡或稳定,如图 2-42 所示。抗滑桩与一般桩基类似,但主要是承担水平荷载。

(1)抗滑桩的平面布置。抗滑桩的平面布置指的是桩的平面位置和桩间距。一般根据边坡的地层性质、推力大小、滑动面坡度、滑动面深度、施工条件、桩型和桩截面大小,以及可能的锚固深度和锚固段的地质条件等因素综合考虑决定。

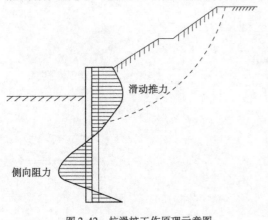

图 2-42 抗滑桩工作原理示意图

对一般边坡工程,根据主体工程的布置和使用要求而确定布桩位置。对滑坡治理工程,抗滑桩原则布置在滑体的下部,即在滑动面平缓、滑体厚度较小、锚固段地质条件较好的地方,同时也要考虑到施工的方便。对地质条件简单的中小型滑坡,一般在滑体前缘布设一排抗滑桩,桩排方向应与滑体垂直或接近垂直。对于轴向很长的多级滑动或推力很大的滑坡,可考虑将抗滑桩布置成两排或多排,进行分级处治,分级承担滑坡推力;也可考虑在抗滑地带集中布置 2~3 排、平面上呈品字形或梅花形的抗滑桩或抗滑排架。对滑坡推力特别大的滑坡,可考虑采用抗滑排架或群桩承台。对于轴向很长的具有复合滑动面的滑体,应根据滑面情况和坡面情况分段设立抗滑桩,或采用抗滑桩与其他抗滑结构组合布置方案。

(2)抗滑桩的间距。抗滑桩的间距受滑坡推力大小、桩型及断面尺寸、桩的长度和锚固深度、锚固段地层强度、滑坡体的密实度和强度、施工条件等诸多因素的影响,目前尚无较成熟的计算方法。合适的桩间距应该使桩间滑体具有足够的稳定性,在下滑力作用下不致从桩间挤出。可按在能形成土拱的条件下,两桩间土体与两侧被桩所阻止滑动的土体的摩阻力不少于桩所承受的滑坡推力来估计,一般采用的间距(中心距)为 3~6m。当桩间采用了结构连接来阻止桩间楔形土体的挤出,则桩间距完全决定于抗滑桩的抗滑力和桩间滑体的下滑力。

当抗滑桩集中布置成 2~3 排排桩或排架时,排间距(中心距)可采用桩截面宽度的 2~5 倍。

(3)桩的锚固深度。桩埋入滑面以下稳定地层内的适宜锚固深度,与该地层的强度、桩所承受的滑坡推力、桩的相对刚度,以及桩前滑面以上滑体对桩的反力等因素有关。原则上由桩的锚固段传递到滑面以下地层的侧向压应力不得大于该地层的容许侧向抗压强度,桩基底的压应力不得大于地基的容许承载力来确定。

锚固深度是抗滑桩发挥抵抗滑体推力的赖以生存的前提和条件。锚固深度不足,抗滑桩不足以抵抗滑体推力,容易引起桩的失效;但锚固过深则又造成工程浪费,并增加了施工难度。可采取缩小桩的间距,减少每根桩所承受的滑坡推力,或增加桩的相对刚度等措施来适当减少锚固深度。根据经验,对于土层或软质岩层,锚固深度取 1/3~1/2 桩长比较合适,对于完整、较坚硬的岩层可取 1/4 桩长。

2.8.3 坡率法

坡率法也指削方减载,是指控制边坡高度和坡度,使边坡对所有可能的潜在滑动面的下滑力和阻滑力处于安全的平衡状态,无须对边坡整体进行加固而自身稳定的一种人工边坡设计方法,工程中又称为削坡(或刷坡),如图 2-43 所示。坡率法是一种比较经济、施工方便的方法,一般

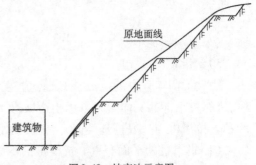

图 2-43 坡率法示意图

的简单岩土边坡(非滑坡),如果不受场地限制,总可以满足边坡稳定的要求。当工程场地有放坡条件,且无不良地质作用时宜优先采用坡率法。

坡率法适用于整体稳定条件下的岩层和土层,在地下水位低且放坡开挖时不会对相邻建筑物产生不利影响的条件下使用。有条件时可结合坡顶刷坡卸载和坡脚回填压脚的方法。如图2-44、图2-45所示。

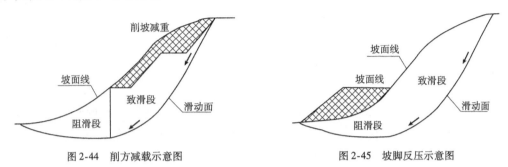

图2-44 削方减载示意图　　　　　图2-45 坡脚反压示意图

坡率法可与支挡结构联合应用,形成边坡的组合支护。例如当不具备整个边坡放坡时,上段可采用坡率法,下段可采用土钉墙、喷锚、挡土墙等支护结构以稳定边坡。

在坡高范围内,不同的岩土层,可采用不同的坡率放坡。边坡设计应注意边坡环境的防护整治,斜坡(边坡)截排水系统应根据地形地貌条件因势利导保持畅通。考虑到边坡的永久性,坡面应采取防护措施,防止水土流失、岩层风化及环境恶化造成边坡稳定性降低。

在进行坡率法设计之前必须查明边坡的工程地质条件,包括边坡岩土性质、各种软弱结构面的产状、地质构造、岩土风化程度、地下水、地表水、当地地质条件相似的自然山坡或人工边坡坡度。

坡率法设计边坡主要是在保证边坡稳定的条件下确定边坡的形状和坡度。其设计内容包括确定边坡的形状、确定边坡的坡度、设计坡面防护和削坡后边坡稳定性验算。

边坡坡度的确定可以根据工程地质和水文地质条件、边坡的高度、施工方法等因素,对照当地自然极限斜坡或人工边坡的坡度确定;对于土质均匀的边坡,可采用稳定性验算法进行确定。当挖方边坡较高时,可根据不同的土、岩石性质和稳定要求开挖成折线式或台阶式边坡,台阶式边坡中部应设置边坡平台,边坡平台的宽度不宜小于2m。

边坡的防护主要是针对容易风化剥落或破碎程度较为严重的坡面,应当考虑坡面的防护措施,以防止各种自然应力对边坡的破坏作用,保证边坡的稳定性。设计中应注意边坡的防护与边坡环境美化相结合。

采用坡率法的边坡,原则上都应进行稳定性验算,但对于工程地质及水文地质条件简单的土质边坡和整体无外倾结构面的岩质边坡,在有成熟的地区经验时,可参照地区经验确定。对于有外倾软弱结构面的岩质边坡、坡顶边缘附近有较大荷载的边坡、土质较软的边坡、边坡高度超过一定范围的边坡,边坡坡率应通过稳定性分析计算确定。

对于土质边坡,在确定坡率时应根据边坡的高度、土的湿度、密实程度、地下水的情况、土的成因类型及生成时代等因素,并参考同类土的稳定坡率进行确定。当无经验,且土质均匀良好、地下水贫乏、无不良地质现象和地质环境条件简单时,可按表2-11确定。表中碎石土的充填物为坚硬或硬塑状态的黏性土;对于砂土或充填物为砂土的碎石土,其边坡坡率允许值应按自然休止角确定。

土质边坡坡率允许值 表 2-11

边坡土体类别	状 态	坡率允许值(高宽比)	
		坡高小于 5m	坡高 5~10m
碎石土	密实	1:0.35~1:0.50	1:0.5~1:0.75
	中密	1:0.50~1:0.75	1:0.75~1:1.00
	稍密	1:0.75~1:1.00	1:1.00~1:1.25
黏性土	坚硬	1:0.75~1:1.00	1:1.00~1:1.25
	硬塑	1:1.00~1:1.25	1:1.25~1:1.50

对于岩质边坡,在坡体整体稳定的条件下,要选择合理的允许坡率,应根据岩性、地质构造、岩石风化破碎程度、边坡高度、地下水及地面水等因素,结合实际经验按照工程类比的原则,并参考该地区已有的稳定边坡的坡率综合分析确定。当无外倾结构面时,可按表 2-12 确定。

岩质边坡坡率允许值 表 2-12

边坡岩体类型	风化程度	坡率允许值(高宽比)(H 为边坡高度)		
		$H<8m$	$8m \leqslant H<15m$	$15m \leqslant H<25m$
Ⅰ类	微风化	1:0.00~1:0.10	1:0.10~1:0.15	1:0.15~1:0.25
	中等风化	1:0.10~1:0.15	1:0.15~1:0.25	1:0.25~1:0.35
Ⅱ类	微风化	1:0.10~1:0.15	1:0.15~1:0.25	1:0.25~1:0.35
	中等风化	1:0.15~1:0.25	1:0.25~1:0.35	1:0.35~1:0.50
Ⅲ类	微风化	1:0.25~1:0.35	1:0.35~1:0.50	—
	中等风化	1:0.35~1:0.50	1:0.50~1:0.75	—
Ⅳ类	中等风化	1:0.50~1:0.75	1:0.75~1:1.00	—
	强风化或极软岩	1:0.75~1:1.00	—	—

若边坡所在地层具有明显的倾斜结构面(如层面、节理面、断层面和其他软弱面),且倾向边坡外侧,则此结构面的倾斜坡度及其面上的黏聚力和摩擦力的大小将影响边坡的稳定性。此时应通过稳定性计算来确定边坡的坡率,必要时应采取其他相应的加固措施。

在进行稳定性计算时,岩体结构面的抗剪强度指标宜根据现场原位试验确定。当无条件进行试验时,对于二级、三级边坡工程可按表 2-13 和反算分析等方法综合确定。表中数据是根据相当数量的现场试验,沿软弱面施加剪力所得的岩体软弱面峰值抗剪强度资料而综合得出的。对极软岩、软岩取表中较低值;连通性差的岩体结构面取高值;岩体结构面浸水时取较低值;对临时性边坡可取高值。

岩体结构面抗剪强度有关参数 表 2-13

结构面类型		结构面结合程度	内摩擦角 $\varphi(°)$	黏聚力 c(MPa)
硬性结构面	1	结合好	>35	>0.13
	2	结合一般	35~27	0.13~0.09
	3	结合差	27~18	0.09~0.05
软弱结构面	4	结合很差	18~12	0.05~0.02
	5	结合极差(泥化层)	根据地区经验确定	

岩体结构面的结合程度对抗剪强度参数影响较大，一般可按表 2-14 确定。

岩体结构面的结合程度　　　　　　　　　表 2-14

结构面结合程度	结构面特征
结合好	张开度小于 1mm，胶结良好，无充填； 张开度 1~3mm，硅质或铁质胶结
结合一般	张开度 1~3mm，钙质胶结； 张开度大于 3mm，表面粗糙，钙质胶结
结合差	张开度 1~3mm，表面平直，无胶结； 张开度大于 3mm，岩屑充填或岩屑夹泥质充填
结合很差、结合极差（泥化层）	表面平直光滑，无胶结； 泥质充填或泥夹岩屑充填，充填物厚度大于起伏差； 分布连续的泥化夹层； 未胶结的或强风化的小型断层破碎带

2.8.4 地表及地下排水

水是边坡失稳的主要诱发因素之一。排水工程分为地表排水和地下排水两大类型。对于地表水采用多种形式的截水沟、排水沟、急流槽来拦截和引排；对地下水则用平孔排水、截水渗沟、盲沟、纵向或横向渗沟、支撑渗水沟、汇水隧洞、渗井、砂井等排水措施来疏干和引排。通过这些排水措施，使水不再进入或停留在坡体范围内，并排除和疏干其中已有的水，以增强边坡的稳定性。

1）排除地表水

排除地表水是边坡处置不可缺少的措施，而且是首先应当采取的措施。大气降雨渗入地层，水浸湿土壤，使土壤重度增大，而强度降低；如果汇聚成为径流，可以引起地面的冲刷；渗入地下，又成为地下水的补给来源。通过排除地表水，可以拦截、引离边坡范围外的地表水，使其不致进入坡体；将降落或出露在边坡范围内的雨水及泉水尽速排除，使其不致渗入坡体。

选择地表水排水工程，应根据地形地貌和地形条件，利用自然沟谷，在边坡体内外修筑环形截水沟、排水沟和树枝状、网状排水系统，以迅速引排坡面雨水。于边坡体范围内在边坡平台设排水沟、坡面设树枝状排水沟、急流槽等，如图 2-46 所示。

为有效排除地表水，排水沟渠应用片石或混凝土砌筑。

2）排除地下水

疏干边坡体内以及截断和引出边坡附近的地下水，常常是整治边坡的根本措施。排除地下水可降低边坡岩土体的含水率或孔隙水压力，边坡土体干燥，从而提高其强度指标，降低土层的重度，并可降低甚至消除地下水的水压力，以提高坡体的稳定性。

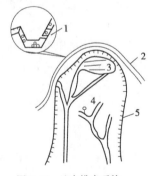

图 2-46　地表排水系统
1-泄水孔；2-截水沟；3-湿地；
4-泉；5-滑坡周界

根据地下水的补给、径流、排泄条件以及含水层性质，可使用不同的排水措施。一般浅层地下水可以使用截水渗沟、盲沟；深层地下水则用盲洞、长水平钻孔等。水平钻孔可以上倾 5°~10°，如图 2-47 所示。

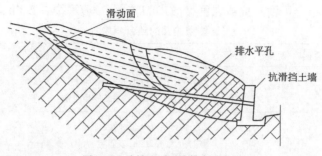

图 2-47 边坡地下平孔排水示意图

2.8.5 坡面防护工程

坡面防护就是采用一定的工程措施使松散的、不规则的坡面得到稳固、美化,防止降雨水流对斜坡的冲刷,也可以防止坡面的风化。在边坡的上部,坡体相对平缓,在经过下部支挡,中部锚固以后,滑坡体得到了有效控制,坡顶部分只要将坡面加以防护即可。常用的方法有格构防护、生物防护和柔性网防护等措施。

格构防护是最常见的方法,就是在整理过的坡面上使用菱形格构、正方形格构、拱形格构等将坡面加以固定,适宜植物生长的地方可在格构内培土植草。格构材料有钢筋混凝土结构,有块石结构,也有混凝土预制件。

生物防护大多数是配合格构支护使用的,就是在稳定的坡面、锚固框架内、在格构防护内种植适合于生长的草木,达到稳固坡面,美化环境的作用。对边坡实施防护工程,安全有效是第一位的,同时也应考虑与周边环境相协调。

对岩质边坡,为了防止易风化岩石所组成的边坡表面的风化剥落,可采用喷射混凝土、灰浆抹面和砌片石等护坡措施。

2.8.6 组合结构支护措施

对高度较大、地质条件复杂的边坡,用单一的边坡处置措施常常达不到治理效果,而需要对各种措施进行合理配置,各种支挡结构联合使用,采用削方、支挡、锚固、排水的边坡综合处置措施。一段边坡可以采用不同支护结构的组合形式,如上段为坡率法,下段为锚杆挡墙。锚杆在边坡加固中通常与其他支挡结构联合使用。目前在高边坡处置方面采用较多的工程结构组合形式如下。

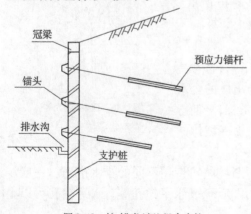

图 2-48 桩-锚索(杆)组合支护

1)桩-锚组合结构

锚杆与钢筋混凝土桩联合使用,构成钢筋混凝土排桩结合锚杆组合结构。排桩可以是钻孔灌注桩、挖孔桩或劲性混凝土桩,锚杆可以是预应力或非预应力锚杆,预应力锚杆材料多采用钢绞线(预应力锚索)、精轧螺纹钢(预应力锚杆)。锚杆的数量根据边坡的高度及推力荷载可采用桩顶单锚点做法和桩身多锚点做法。如图 2-48 所示。

高边坡加固工程采用"分级开挖,逐层加

固"的原则,一般下部采用抗滑桩(或预应力锚索桩),上部采用预应力锚索。当施工开挖最后一级边坡时,此时高边坡处于最危险状态,坡脚应力集中面最大,如因施工脱节,或机械化大拉槽施工,或护面墙跳槽开挖、砌筑工期过长等,都可能引起高边坡的失稳破坏,并破坏已有加固工程。为此,最合理的搭配是"桩-锚"组合结构,即当施工剩余最后一级边坡时,先施工抗滑桩,再进行桩前开挖,可预防大变形的产生。此种组合结构尤其适合高大边坡和多层、多级滑动的路堑边坡,如图2-49所示。

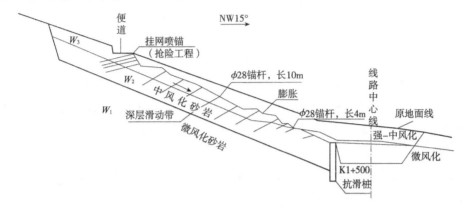

图2-49 "桩-锚"结合治理高陡边坡

2) 锚索(杆)-框架组合结构

锚杆与钢筋混凝土格构联合使用,形成钢筋混凝土格架式锚杆挡墙。锚杆锚点设在格构结点上,锚杆可以是预应力锚杆(索)或非预应力锚杆(索)。这种支挡结构特别适用于高陡岩石边坡或直立岩石切坡,以阻止岩石边坡因卸荷而失稳,如图2-50所示。

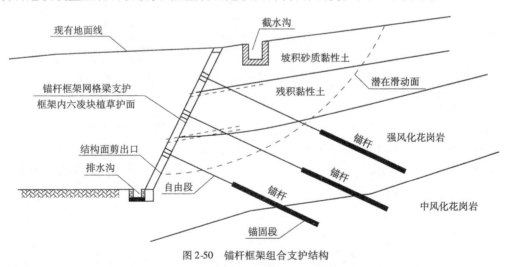

图2-50 锚杆框架组合支护结构

3) 肋板-锚杆组合结构

锚杆与钢筋混凝土板肋联合使用形成钢筋混凝土板肋式锚杆挡墙,如图2-51所示。

这种结构主要用于直立开挖的Ⅲ、Ⅳ类岩石边坡或土质边坡支护,一般采用自上而下的逆做法施工。

此外,锚杆与钢筋混凝土板肋、锚定板联合使用形成锚定板挡墙,这种结构主要用于填方形成的高陡土质边坡,如图2-52所示。

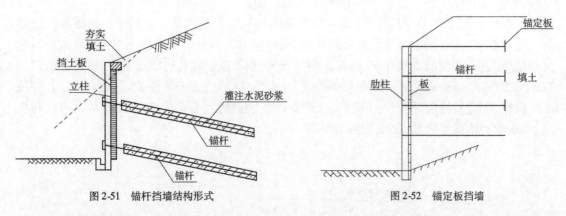

图 2-51 锚杆挡墙结构形式　　　　图 2-52 锚定板挡墙

锚杆与钢筋混凝土面板联合使用形成锚板支护结构,适用于岩质边坡。锚杆在边坡支护中主要承担岩石压力,限制边坡侧向位移,而面板则用于限制岩石单块塌落并保护岩体表面防止风化。锚板可根据岩石类别采用现浇板或挂网喷射混凝土层。

4) 墙-锚组合结构

墙-锚组合结构,即在坡脚处以挡墙、护面墙进行防护,挡墙以上各级坡面采用预应力锚索框架(地梁)或长锚杆框架加固,如图 2-53 所示。

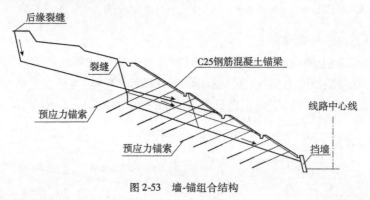

图 2-53 墙-锚组合结构

5) 桩-桩组合结构

当边坡不高、滑体较长、滑坡推力较大,滑坡有可能从边坡的"半腰"剪出时,一般采用桩-桩组合结构,即由上而下,在滑坡体上布置两排抗滑桩,上排桩抵挡后级滑坡推力,下排桩稳定前级滑坡;如有浅层边坡滑动时可采用预应力锚索框架(地梁)或长锚杆框架进行综合加固,其典型断面如图 2-54 所示。

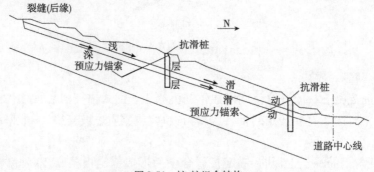

图 2-54 桩-桩组合结构

6) 削方-锚(桩)组合结构

由上陡下缓、软硬相间岩层组成的顺倾、反倾和近水平层状高陡边坡,或边坡存在老错落、老滑坡,开挖后边坡可能产生挤出型或旋转型滑动。由于此类滑坡推力主要来自坡体后部,一般采用后部顺层削方减重可大大减小滑坡推力,前部利用预应力锚索框架(地梁)或抗滑桩支挡,如图 2-55 所示。如贵州三凯高速公路对门坡顺层岩石滑坡的治理工程,削方减重后滑坡推力平均减小 27%。

7) 桩基托梁挡土墙

桩基托梁挡土墙是一种由桩基、托梁及挡土墙组成的复合结构来稳定土体的挡土结构。桩基托梁挡土墙一般用在地基承载力不满足要求的地段;当地面陡峻或地表覆盖层为松散体时,采用桩基础将基底置于稳定地层,挡土墙墙高控制在 11m 以下,托梁底一般置于原地面,如图 2-56 所示。

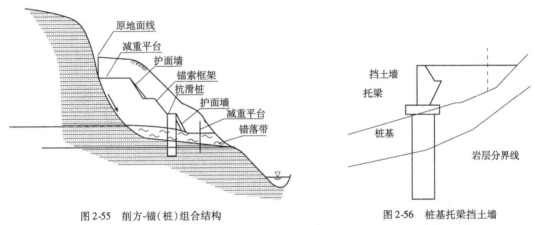

图 2-55 削方-锚(桩)组合结构　　　　图 2-56 桩基托梁挡土墙

2.9　已有斜坡的调查评估与安全维护

所谓已有斜坡,是指天然斜坡和已经存在的人工斜坡。已有斜坡的耐久性及其服役寿命问题有可能为斜坡工程的安全使用带来威胁。由于历史原因,目前我国极少有城镇对其管辖区域内影响工程建设及公众安全的斜坡进行过系统的调查,因此拥有的资料不齐全,已有斜坡是否安全,风险程度如何等底数不清。而造成重大人身伤亡及经济损失的滑坡、崩塌地质灾害很多发生在已建成的斜坡上,其主要原因有斜坡建造的安全度不足、斜坡年久失修、后期的人为因素改变了斜坡的环境条件、斜坡岩土风化等。对已有斜坡没有系统的跟踪管理,缺乏斜坡使用期间有效的检查、维护和管理是斜坡建成后发生破坏、造成重大人身伤亡及经济损失的根本原因。要对已有斜坡进行有效的管理,最基本的是掌握每一个斜坡的详细资料,因此,已有斜坡的调查与稳定性评估是滑坡、崩塌地质灾害防治和安全管理的基础工作。

2.9.1　已有斜坡的调查

已有斜坡的调查应按照由面到点的顺序进行,即先根据最新的地形图、航空影像、卫星影像、地质图等资料进行斜坡识别,收集整理已有斜坡的工程资料。结合当地的已有勘察成果和工程经验,确定可能发生滑坡、崩塌地质灾害且灾害发生后对公众的生命及财产安全构成威胁的斜坡,对其进行登记造册,而后逐一进行现场调查,并进行必要的工程地质测绘或勘察,以获取必要的地质资料和周围环境(如市政管线、建筑物等情况)资料。对已有人工斜坡除收集斜坡的地理位置、大小、形状、照片、工程地质条件、水文地质条件、周围环境等资料外,还应收集斜坡的勘察设计图纸、建造年代、竣工资料、检查维修记录等资料,并应进行必要的现场校核。对于资料收集不全或没有基础资料的人工斜坡,应进行必要的勘察。根据调查收集的资料及勘察资料,为每一个斜坡建立档案,逐步建立斜坡管理信息系统。

2.9.2 已有斜坡工程的勘察

对于没有基础资料或基础资料不全,无法进行斜坡稳定性评价的已有斜坡,应进行勘察工作。斜坡体的勘察工作可参照新建斜坡工程的勘察,还应重点查明已有斜坡工程支挡结构的结构形式、基础埋深、几何尺寸、斜坡护面及排水系统情况、支挡系统的损坏情况等,全面掌握支挡系统的结构构造和当前工作状态。综合斜坡体与支挡系统的勘察成果,对已有斜坡进行稳定性评价,需要时提出采取必要措施的建议。

对已有斜坡支挡系统的勘察,可采用井探、坑探、槽探、物探、钻探取芯等手段。勘察时应尽量减小对已有斜坡坡体及支挡系统的扰动和破坏。探井、探坑、探槽等在勘探后应及时封填密实;对支挡结构钻探取芯后应及时回填钻孔,并采取适当措施,使支挡结构不因钻探取芯而降低强度和安全度;勘察工作中破坏的护面及排水系统应及时修复。

2.9.3 已有斜坡的稳定性评价

在已有斜坡调查、勘察成果的基础上,根据资料对已有斜坡进行稳定性评价,提出评价报告。稳定性评价可采用定性及定量两种方式。除高度不大、规模小、破坏后果轻微的斜坡可只采用定性评价外,对一般斜坡均应采取定性与定量相结合的方式进行综合评价。

定性评价的主要方法有经验法、工程地质类比法、统计法等;定量评价一般采用极限平衡法,有经验的地区可采用数值法、概率分析方法等。

进行定量计算时,首先应根据斜坡水文地质、工程地质、岩土体结构特征等确定斜坡可能破坏的边界及破坏模式,然后根据实际情况选择相应的参数指标及计算方法。对于土质斜坡和规模较大的碎裂结构岩质斜坡可采用圆弧滑动面法计算;对可能产生平面滑动的斜坡可采用平面滑动面法计算;对可能产生折线滑动的斜坡可采用折线滑动面法计算;对结构复杂的岩质斜坡可采用赤平极射投影法和实体比例投影法分析计算,也可采用数值计算法计算。根据实际情况,必要时还应考虑地震影响和地下水孔隙水压力、渗透压力的影响。

人工斜坡的稳定性验算,其稳定安全系数应根据斜坡的重要性(包括斜坡高度、破坏后果等)、破坏方式及所采用的计算方法,根据现行有关规范确定。

2.9.4 斜坡治理计划

根据已有斜坡稳定性评价结果,结合危险斜坡破坏可能产生的后果,以及社会及公众承受风险的能力,对已有斜坡进行风险评估。所谓风险可以理解为发生不幸事件的或然率与最终导致某种严重后果的或然率两者的乘积。按照风险的高低,将危险斜坡进行排序,综合考虑政府及社会的经济承受能力、斜坡加固工程对社会秩序的影响程度、有资质单位的工程承担能力等因素,合理制订危险斜坡的治理计划。

2.9.5 斜坡的安全维护

(1)斜坡安全维护的要求

定期检查和妥善维修斜坡,可以保障斜坡表面排水系统和斜坡护面等设施状况良好,维持斜坡的稳定性,降低发生滑坡、崩塌地质灾害的机会。对斜坡进行良好的维护,能有效地减少斜坡因安全状况恶化而需进行加固治理的工程费用。

斜坡安全维护包括斜坡的检查、维修和加固,涉及政府有关管理部门、斜坡责任人、相关技术单位和公众,是一个社会性的工作,需要各方面的共同努力才能真正做好。斜坡安全管理机构应在当地政府的统一领导下,协同有关部门确定斜坡安全维护的责任人,即斜坡责任人。

工程设计人员在移交岩土工程开发、治理项目设计资料时,应提供《斜坡安全使用及维护须知》。斜坡责任人有责任和义务对其责任范围内的斜坡及支护结构进行妥善维护,应明确专人负责实施检查、维修及必要的加固工程。发现斜坡护面、排水系统有损坏、堵塞等情况应及时维修。发现斜坡及周围出现不安全迹象或存在威胁斜坡安全的不利因素时,应采取相应的整改、加固措施或进一步的勘察、治理等必要措施。

(2)斜坡的安全检查

斜坡的安全检查分常规检查和专业检查两类,常规检查每年宜两次,分别在当地的雨季前后进行,或根据当地情况由斜坡安全管理机构确定时限,检查人员应具备滑坡、崩塌和斜坡维护的基本知识。专业检查宜每3至5年进行一次,或根据当地情况由斜坡安全管理机构确定时限,当斜坡出现安全问题时,也应适时进行专业检查,专业检查应由工程技术人员进行。

常规检查:

常规检查主要检查斜坡的坡面及坡体排水设施、护面及斜坡周围的状况,其目的是确保斜坡安全性不会恶化,以及鉴定斜坡的风险程度是否在增高。检查人员应结合《斜坡安全使用及维护须知》制订检查纲要,明确检查重点。检查工作应及时,记录应详实,检查时必须核查上一次检查所提出建议的执行情况,检查中发现需进行维修的内容应在检查记录中明确提出处理意见,若发现斜坡及周围有异常现象或存在检查人员认为对斜坡安全有影响但又不能确定的因素时,应及时向斜坡责任人汇报,斜坡责任人应及时与有关部门联系,采取相应的跟进行动。检查记录应妥善存档保管以备查询和检查。

常规检查的主要内容:

①通道

所有的坡级、沟渠和排水廊道都应设置通道以便检查和维修。所有新建斜坡工程的设计应包括设置适当的通道。为避免闲人闯入及破坏,通道应安装锁闸。常规检查应记录是否有良好的维修通道,公众是否不易进入通道,检查人员是否能到达坡顶、坡脚及坡级等。

②监测设备

应检查所有安装在斜坡上的监测设备及工作环境,以确保其在制造商规定的条件下运行。应汇总所有监测结果,判断读数是否可以接受,提出是否需要新增监测设备的建议。如监测设备的读数显示斜坡实际情况比设计考虑的情况严重,应分析其原因。

③斜坡表面

应检查不透水坡面状况、坡面植被状况、人工支护状况、坡脚护拦及坡脚挡墙状况,检查斜坡周围环境地表开裂状况等。检查是否有显示斜坡破坏的位移迹象,详细记录裂缝的位置、长度、宽度以及相对位移,对于新裂缝应在合适的地点设置监测器或仪表量测点。检查植被覆盖的斜坡表面是否有冲蚀痕迹,记录冲蚀痕迹的位置、深度及范围。检查斜坡上及附近的渗流迹象,记录来自渗流源、排水孔以及水平排水斜管的水流情况,在可能的情况下,检查能显示内部冲蚀的固体物质运动情况。

岩石斜坡当节理表现为张性时,应设置监测器或仪表量测点监测其渐进位移,密集节理的岩石可能表现出整体恶化,每次检查时拍摄岩面的彩色照片有助于评估斜坡情况的恶化范围。

④支挡结构

检查支挡结构是否有明显位移,近期有无结构沉降、裂缝及倾斜,排水孔是否通畅,排水能力是否足够,支挡结构是否受植被的不良影响。

⑤排水系统

检查地面排水系统的水流情况,记录排水系统损坏、开裂、淤塞及正在恶化的位置和范围;当周围有建设工程时,应调查建设工程的情况,并分析判断是否可能对斜坡的排水系统造成影响。

观测记录坡体内的水平排水斜管的流量,并建立与当地降雨量及流量的关系,当记录到的流量增加时,应检查排水管附近是否有管线设施漏水的迹象;如测压计的读数显示地下水位上升,但同时排水管的流量减少,即意味着水平排水斜管的有效性正在降低,应建议进行改善排水系统的措施或增设排水管。

检查排水廊道结构的损坏迹象,记录流入水流的位置和流速,将其与总的排水量进行比较,当水流量增加,但并非直接由降雨引起时,应检查流入廊道水的位置,以找出是否有污水管及输水管渗漏的迹象。

⑥管线设施

雨水管、污水管和输水管道是最可能影响斜坡稳定性的管线设施,其他管线如电话线槽、电缆线槽和废弃管道也可能将水引入斜坡,从而降低斜坡的稳定性,应检查所有管线设施的渗漏或水流迹象,如怀疑在斜坡附近的输水管道和污水管有渗漏,应检查输水管道和污水管。

专业检查应考虑周围环境的变化对斜坡的影响,检查可能导致斜坡破坏的任何成因,评估斜坡及支挡结构的整体状况,查寻竣工后可能产生的不稳定情况,复核常规检查结果。根据实际情况,制订专业检查的实施方案,专业检查完成后,应提供斜坡安全性评价及建议。专业检查的有关资料应作为斜坡档案资料的一部分提交斜坡安全管理机构并纳入斜坡数据资料库统一管理。

(3)斜坡的维修加固

①斜坡护面的维修

斜坡护面的维修主要是防止水的渗入。应除去坡面不适宜的植物,修补或更换因树根作用受损坏的刚性护面。由块石加水泥砂浆铺砌的护面,其裂缝通常沿着块石间的接缝处发展,应清理和修补受到影响的接缝。应剥除受地下水流潜蚀的刚性斜坡护面,并查明和切断水流源,或者用水平排水斜管将水流引出地面,再铺好护面。应修整受到冲蚀的草植被斜坡,如有需要可用填土。填土应水平成层并压实,必要时,应将受冲蚀区整平和分坡级,避免在过高的垂直坡面上填土。在岩石斜坡做局部护面以防止水进入张开的节理,必要时为利于渗流的导出,应设置排水孔。

②排水系统的维修

应清除地表排水系统和水平排水斜管排水口的堵塞物、排水管内的淤积物,以及清洗或更换内部滤层。如果排水系统可能受到源于附近工程场地冲土的堵塞,应采取设置拦污栅、沉砂池、集水坑等防护措施。如排水廊道出现损坏迹象,应修缮。大型修补工程不应在雨季进行,若需重建某段沟渠时,应在旱季进行。

③斜坡的加固

斜坡的加固工程应遵循相应的规定进行,小型的加固工程应由岩土工程设计人员提供加固方案,由有经验的技术人员负责组织和监督实施,竣工报告应妥善存档保管以备检查。大、中型的加固工程应按有关要求进行设计和施工,必要时进行详细勘察。所有设计方案、施工方案应得到斜坡安全管理机构的批准,所有竣工资料应交斜坡安全管理机构存档备案。

思 考 题

1. 斜边(边坡)与滑坡的概念有何不同?
2. 斜坡变形破坏的方式有哪些?
3. 斜坡变形破坏的类型有哪些?
4. 影响斜坡变形破坏的主要因素有哪些?
5. 斜坡变形破坏的主要处置措施有哪些?
6. 斜坡(边坡)稳定分析的主要方法有哪些?
7. 斜坡(边坡)加固中可采取哪些组合支护措施?

第3章 滑坡及其防治

3.1 滑坡基本概念

3.1.1 滑坡的含义

滑坡系指斜坡上的岩土体,受降雨、地下水活动、河流冲刷、地震及人工切坡等因素影响,在重力作用下沿着一定的软弱面或者软弱带,整体或者分散顺坡向下滑动的地质现象。滑体在向下滑动时始终与下伏滑床保持接触,其水平移动分量一般大于垂直移动分量。

出于不同的研究目的,不同的研究者对滑坡有不同的定义。但总的讲来,基本上都或多或少包括了以下一些主要内容:滑坡的物质组成,具有可能滑动的空间,有一个相对稳定的滑动界面(滑面),有一定的水平位移,是一种外动力作用下的地质现象等。因此,将滑坡定义为"斜坡上的岩土体沿某一界面发生剪切破坏向坡下运动的地质现象"是比较恰当的。

斜坡(边坡)失稳会形成滑坡。由于设计或施工不当,或因地质条件的特殊复杂性难以预计,边坡坡体相对于另一部分坡体产生相对位移以至丧失原有稳定性,从而形成滑坡。人为活动引起的滑坡数量已大大超过了自然产生的滑坡,所以很多滑坡是人为因素(如开挖坡脚、坡顶堆载、灌溉等)引起的。

3.1.2 滑坡的形态

滑坡在平面上的边界和形态特征与滑坡的规模、类型及所处的发育阶段有关。一个发育完全的滑坡,一般包括:滑坡体、滑动带、滑动面、滑坡床、滑坡壁、滑坡台阶、滑坡舌、滑坡周界、封闭洼地、主滑线(滑坡轴)、滑坡裂隙(拉张裂隙、剪切裂隙、扇状裂隙、鼓胀裂隙)。由此可见,一个完整的滑坡应该包括以上11个组成部分。当然,在实际的滑坡现象中,有时候我们很难分清楚各个部分明显的边界。滑坡的平面形态如图3-1所示。

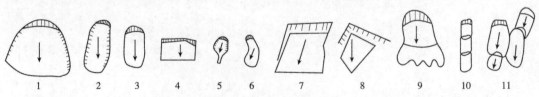

图 3-1 滑坡的平面形态

1-圈椅形;2-舌形;3-椭圆形;4-长椅形;5-倒梨形;6-牛角形;7-平行四边形;8-菱形;9-树叶形;10-叠瓦形;11-复合形

一个发育完全的滑坡,其要素一般如图3-2、图3-3、图3-4所示,以及表3-1所示。

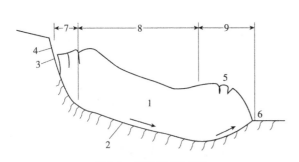
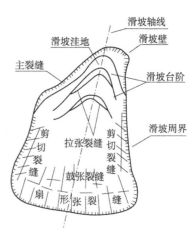

图 3-2 滑坡断面示意图　　　　　　图 3-3 滑坡要素平面分布示意图
1-滑坡体;2-滑动带;3-滑坡主裂缝;4-滑坡壁;5-鼓胀裂缝;
6-滑坡舌;7-牵引段;8-主滑段;9-抗滑段

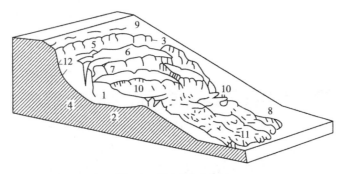

图 3-4 滑坡形态示意图

1-滑坡体;2-滑动面;3-滑坡周界;4-滑坡床;5-滑坡壁;6-滑坡台地;7-滑坡台坎;8-滑坡舌;9-后缘张裂缝;
10-鼓胀裂缝;11-扇形张裂缝;12-滑坡洼地

滑坡主要要素及含义一览表　　　　　表 3-1

滑坡要素	含　义
滑坡体	滑坡发生后,脱离岩土母体的滑动部分
滑动面(带)	滑坡体相对下伏岩土体下滑的连续破裂界面(带)
滑坡周界	滑坡体与其周围不动体在平面上的分界线,它决定了滑坡的范围
滑坡床	滑体以下固定不动的岩土体,它基本上未变形,保持了原有的岩土体结构
滑坡壁	滑坡体位移后,滑体后部和母体脱离开的分界面,暴露在外面的陡壁部分,平面上多呈圈椅状
滑坡台阶(坎)	滑坡体上由于各段滑动的速度差异所形成的错台
滑坡舌	滑坡体前部脱离滑床形如舌状的部分,又称滑坡前缘或滑坡头;在滑坡前部,形如舌状伸入沟谷或河流,甚至越过河对岸
滑坡鼓丘	滑坡体向下滑动时,因滑坡床起伏不平而受阻,在地表形成的隆起丘状地形

续上表

滑坡要素		含 义
滑坡洼地		滑坡体与滑坡壁或两级滑坡体间被拉开形成反坡地形的沟槽状低洼封闭地形,当地表水在此汇集或地下水出露,则积水成潭
滑坡轴线		滑坡体上滑动速度最快的部分的纵向连线。它代表单个滑坡体滑动的方向,位于滑坡体推力最大、滑坡床凹槽最深的纵断面上。可为直线或曲线
裂缝	拉张裂缝	分布于滑坡体的后部或两级滑坡体间,受拉力作用而形成的张开裂缝,呈弧形,与滑坡壁大致平行。滑坡体后缘成为滑坡周界的一条贯通裂缝,称主裂缝
	剪切裂缝	分布在滑坡体的中前部的两侧,因滑坡体下滑与相邻的不动母体间的相对位移,形成剪力区并出现剪裂缝。它与滑动方向大致平行,其两侧常伴有羽毛状裂隙
	鼓胀裂缝	分布在滑坡体的中前部,因滑坡体下滑受阻土体隆起,形成张开裂缝。裂缝延伸方向与滑动方向垂直
	扇形张裂缝	分布在滑坡体的前部,尤以滑坡舌部为多。因滑坡前部向两侧扩散,张裂缝成扇形排列

3.1.3 滑坡发育阶段及其特征

一般说来,处于自然条件下的岩土体在长期的内外动力作用下,其应力、应变将随时间而发生变化,当变形发展到一定的阶段,岩土体发生破坏。变形破坏过程包括:第一蠕变阶段(AB 段),也称蠕滑阶段,应变率 ε 随时间迅速递减;第二蠕变阶段(BC 段),也称稳滑阶段,应变率 ε 保持常量;第三蠕变阶段(CD 段),也称加速滑动阶段,应变率由 C 点开始迅速增加,达到 D 点,岩土体即发生破坏,这一变形阶段的时间较短。如图 3-5 所示。

与此相类似,滑坡的发生也要经历不同阶段,各阶段的变形特征各不相同,表现出滑坡的地表位移、速率、裂缝分布,各种伴生现象各不相同。滑坡的变形过程可划分为初始变形阶段(弱变形阶段)、强变形阶段、滑动阶段、停滑阶段,如图 3-6 所示。

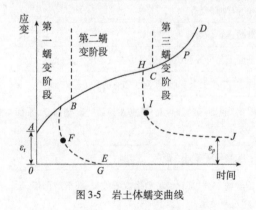

图 3-5 岩土体蠕变曲线

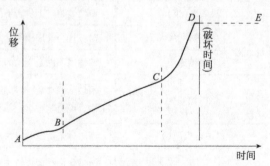

图 3-6 滑坡变形阶段性曲线
AB-初始变形阶段;*BC*-强变形阶段;*CD*-滑动阶段;
DE-停滑阶段

滑坡发育阶段划分及其特征见表 3-2。

表 3-2

滑坡发育阶段

演变阶段	特征描述					稳定状态	稳定系数
	滑动带及滑动面	滑坡前缘	滑坡后缘	滑坡两侧	滑坡体		
弱变形阶段	主滑段滑动带在蠕动变形,但滑体尚未沿滑动带位移	前缘无明显变化,未发现新的泉点	后缘地表或建(构)筑物出现一条或数条与地形等高线大体平行的拉张裂缝,裂缝断续分布	两侧无明显裂缝,边界不明显	无明显异常,偶见滑坡体上树木倾斜	基本稳定	$1.05 < F_s < F_{st}$
强变形阶段	主滑段滑动带大部分已形成,部分探井及钻孔可发现滑带有擦痕、擦镜及搓揉现象,滑体局部沿滑动带位移	前缘常有隆起,有放射状裂缝或垂直等高线的压致拉裂缝,有时有局部坍塌现象或出现湿地或有泉水溢出	后缘张拉裂缝与滑坡壁贯通,建(构)筑物拉张裂缝多而宽且贯通,外侧下错	两侧出现雁行羽状剪切裂缝	有裂缝少量沉陷等异常现象,可见滑坡体上树木倾斜	欠稳定	$1.00 < F_s < 1.05$
滑动阶段	整个滑坡已全面形成,滑带土特征明显且具新鲜,滑带土有镜面、擦痕及搓揉现象,滑带土含水率常较高	前缘并经常剪出,剪出口附近常明显有一个或多个泉点,有时形成了滑坡舌,滑坡舌常伸出,鼓胀及放射状裂隙增加并常伴有坍塌	后缘张裂缝与滑坡两侧羽状裂缝连通,常出现多级沉陷或陡坎,滑坡壁明显	羽状张裂缝与滑坡后缘张裂缝连通,周界明显	有差异运动形成的纵向裂缝,中、后部水塘、水田渗漏,滑坡体上不少树木倾斜,滑体整体位移	不稳定	$F_s < 1.00$
停滑阶段	滑体不再沿滑带位移,滑带土含水率降低,进入固结阶段	前缘滑舌伸出,覆盖于原阻挡体而鼓起,前缘湿地或鼓丘不再发展	后缘裂缝不再增多,不再扩大,滑坡壁明显	羽状裂缝不再扩大,不再增多甚至闭合	滑体变形不再发展,原始地形总体变化不显著,裂缝多增至闭合	欠稳定~稳定	$1.00 < F_s \sim F_{st} > F_{st}$

注:F_{st}——滑坡稳定性安全系数。

3.2 滑坡成因

3.2.1 滑坡活动的空间规律

滑坡的空间分布规律主要与地质因素和气候等因素有关。通常下列地带是滑坡易发和多发地区：

(1)易滑(坡)岩、土分布区。松散覆盖层、风化岩与残积土层、黄土、泥岩、页岩、煤系地层、易风化的凝灰岩、片岩、板岩、千枚岩等岩土的存在为滑坡形成提供了物质基础。

(2)地质构造带之中，如断裂带、地震带等。通常地震烈度大于7度的地区中，坡度大于25°的坡体在地震中极易发生滑坡；断裂带中岩体破碎、裂隙发育，则非常利于滑坡的形成。

(3)暴雨多发区或异常的强降雨地区、台风暴雨多发等极端气候区。在这些地区中，异常的降雨为滑坡发生提供了诱发因素。

(4)江、河、湖(水库)、海、沟的岸坡地带，地形高差大的峡谷地区，山区铁路、公路、工程建筑物的边坡地段等。这些地带为滑坡形成提供了地形地貌条件。

(5)上述地带的叠加区域，就形成了滑坡的密集发育区。如我国从太行山到秦岭，经鄂西、四川、云南到藏东一带就是这种典型地区，滑坡发育密度极大，危害非常严重。

3.2.2 滑坡活动的时间规律

滑坡的活动时间主要与诱发滑坡的各种外界因素有关，如降雨、地震、冻融、海啸、风暴潮及人类工程活动等。大致有如下规律：

1)同时性

有些滑坡受诱发因素的作用后，立即活动。如强烈地震、台风暴雨、海啸、风暴潮等发生时和不合理的人类活动，如开挖、爆破等，都会有大量的滑坡出现。

2)滞后性

有些滑坡发生时间稍晚于诱发作用因素的时间。如降雨、融雪、海啸、风暴潮及人类活动之后。这种滞后性规律在降雨诱发型滑坡中表现最为明显，该类滑坡多发生在暴雨、大雨和长时间的连续降雨之后，滞后时间的长短与滑坡体的岩性、结构及降雨量的大小有关。一般地，滑坡体越松散、裂隙越发育、降雨量越大，则滞后时间越短。

此外，人工开挖坡脚之后，堆载及水库蓄、泄水之后发生的滑坡也属于此类。由人为活动因素诱发的滑坡的滞后时间的长短与人类活动的强度大小及滑坡的原先稳定程度有关。人类活动强度越大，滑坡体的稳定程度越低，则滞后时间越短。

3.2.3 滑坡主要影响因素

1)滑坡地质环境条件

(1)地形地貌。只有处于一定地貌部位、具备一定坡度的斜坡才可能发生滑坡。一般江、河、湖(水库)、海、沟的岸坡，前缘开阔的山坡、铁路、公路和工程建筑物边坡等都是易发生滑坡的地貌部位。坡度大于25°、小于45°、下陡中缓上陡、上部成环状的坡形是产生滑坡的有利地形。

(2)岩土体类型。岩土体是产生滑坡的物质基础。通常，各类岩土都有可能构成滑体,其中结构松软、抗剪强度和抗风化能力较低,在水的作用下其性质易发生变化的岩土所构成的斜坡易发生滑坡。

(3)地质构造及岩土结构(面)。斜坡岩土被各种构造面切割分离成不连续状态时,具备向下滑动的条件。同时,构造面又为降雨等进入斜坡提供了通道。因此各种节理、裂隙、层理面、岩性界面、断层发育的斜坡,特别是当平行和垂直斜坡的陡倾构造面及顺坡缓倾的构造面发育时,最易发生滑坡。

(4)地下水作用。地下水活动在滑坡形成中起着重要的作用。主要表现在:软化岩土,降低岩土体抗剪强度,产生动水压力和孔隙水压力,潜蚀岩土,增大岩土重度,对透水岩石产生浮托力等。尤其是对滑动带的软化作用和降低强度作用最突出。

2)滑坡诱发因素

(1)降雨是滑坡发生的重要因素。降雨对滑坡的影响很大,不少滑坡具有"大雨大滑、小雨小滑、无雨不滑"的特点。大气降雨渗入山体斜坡上,导致斜坡岩土层饱和,增加坡体岩土重力,增大下滑力;浸泡软化易滑地层,使岩土层的抗剪强度大幅度降低;水充满裂隙时形成静水压力,出现水头差时形成动水压力;干湿交替导致岩土体风化开裂,抗剪强度劣化,并使更多的水进入坡体导致斜坡失稳。

此外,人为造成地表水向斜坡大量下渗,水渠和水池的漫溢和渗漏,工业生产用水和废水的排放及农业灌溉等,均易使水流渗入坡体,从而促使或诱发滑坡的发生。

(2)沟谷、河流、湖泊、海洋水流冲刷岸坡,掏蚀坡脚,削弱坡脚支撑力,当下滑力大于抗滑力时,岸坡就会滑动。

(3)人为工程活动破坏坡体平衡作用。违反自然规律、破坏斜坡稳定条件的人类工程活动都会诱发滑坡。例如:

①人为破坏斜坡的稳定。如开挖斜坡坡脚,在斜坡上部填土、弃土、兴建大型建筑物及不适当地加载等。

修建铁路、公路、依山建房、建厂等工程,常因使坡体下部失去支撑而发生下滑。一些铁路、公路因修建时大量爆破、强行开挖,事后陆续在边坡上发生了滑坡,给道路施工、运营带来危害。厂矿废渣的不合理堆弃,常触发滑坡的发生。

②兴建水利工程,改变原地表水排泄条件。坡体因漏水和渗透作用而易产生滑动,水库的水位上下急剧变动,加大了坡体的动水压力,也可使斜坡和岸坡诱发滑坡发生。

③工程大爆破及机械振动的松动作用也会引起斜坡滑动。

④在山坡上乱砍滥伐,使坡体失去保护,有利于雨水等水体的入渗从而诱发滑坡。

(4)地震动的作用。地震的强烈作用使斜坡承受的惯性力发生改变,使斜坡岩土的内部结构发生破坏和变化,原有的结构面张裂、松弛,造成地表形变和裂隙增加,降低岩土的力学强度;地震可引起土层中水位及孔隙水压力变化,砂土液化,抗剪强度降低,动荷载增大,促使斜坡岩土体产生滑动。另外,一次强烈地震的发生往往伴随着许多余震,在地震力的反复震动冲击下,斜坡岩土体就更容易发生变形,最后就会发展成滑坡。

2008年5月12日汶川特大地震中出现的山体崩塌(滚石)、滑坡、泥石流、堰塞湖等地质灾害是这次地震中最为严重的次生灾害,对灾区生命财产安全构成了严重的威胁。据不完全统计,汶川地震触发了15 000处滑坡、崩塌和泥石流,巨大滑坡、崩塌、泥石流造成了铁路、桥梁、电力、通信等大量基础设施被破坏,导致延误最佳的抢险时间。

此外,如果人类工程活动与不利的自然作用互相结合,则就更容易促进滑坡的发生。

3.3 滑坡类型

滑坡形成于不同的地质环境,并表现为各种不同的形式和特征。滑坡分类的目的就在于对滑坡作用的各种环境和现象特征以及产生滑坡的各种因素进行概括,以便正确反映滑坡作用的某些规律。在实际工作中,可利用科学的滑坡分类去指导滑坡的防治工作,初步判断产生滑坡的可能性,预测斜坡的稳定性并制定相应的防治措施。

目前滑坡的分类方案很多,各方案所侧重的分类原则不同。有的根据滑动面与层面的关系,有的根据滑坡的动力学特征,有的根据规模、滑动面深浅,有的根据岩土类型,有的根据斜坡结构,还有根据滑动面形状甚至根据滑坡时代等进行分类。由于这些分类方案各有优缺点,所以仍沿用至今。

《滑坡防治工程设计与施工技术规范》(DZ/T 0219—2006)中,按照滑坡体的物质组成和结构形式等主要因素,以及按照滑体厚度、运移方式、成因属性、稳定程度、形成年代和规模等其他因素,对滑坡进行分类。

3.3.1 滑坡类型按主要因素划分

根据滑坡体的物质组成和结构形式等主要因素,可按表3-3确定滑坡分类。

滑坡主要类型分类　　　　　　　　　表3-3

类型	亚类	特征描述
土质滑坡	堆积体滑坡	由前期滑坡、崩塌形成的土、石堆积体,沿下伏层面或体内滑动
	残坡积层滑坡	由基岩风化壳、残坡积土等构成,通常为浅表层滑动
	人工填土滑坡	由人工堆填弃渣构成,次生滑坡
岩质滑坡	近水平层状滑坡	由基岩构成,沿缓倾岩层或裂隙滑动,滑动面倾角≤10°
	顺层滑坡	由基岩构成,沿顺坡岩层、软弱结构面滑动
	切层滑坡	由基岩构成,常沿倾向山外的软弱面滑动。滑动面与岩层层面相切,且滑动面倾角大于岩层倾角
	逆层滑坡	由基岩构成,沿倾向坡外的软弱面滑动,岩层倾向山内,滑动面与岩层层面相反
	楔形体滑坡	在花岗岩、凝灰岩、厚层灰岩等整体结构岩体中,沿多组弱面切割成的楔形体滑动

3.3.2 滑坡类型按其他因素划分

根据滑体厚度、运移方式、成因属性、稳定程度、运动速度、形成年代和规模等其他因素,可按表3-4确定滑坡分类。

滑坡其他因素分类　　　　　　　　　表3-4

有关因素	名称类别	特征说明
滑体厚度	浅层滑坡	滑坡体厚度在10m以内
	中层滑坡	滑坡体厚度在10~25m之间
	深层滑坡	滑坡体厚度在25~50m之间
	超深层滑坡	滑坡体厚度超过50m

续上表

有关因素	名称类别	特 征 说 明
运动形式	推移式滑坡	上部岩土层滑动,挤压下部产生变形,滑动速度较快,滑体表面波状起伏,多见于有堆积物分布的斜坡地段
	牵引式滑坡	下部先滑,使上部岩土体失去支撑而变形滑动。一般速度较慢,多具上小下大的塔式外貌,横向张性裂隙发育,表面多呈阶梯状或陡坎状
发生原因	工程滑坡	由于施工或加载等人类工程活动引起滑坡。还可细分为:(1)工程新滑坡,由于开挖坡体或建筑物加载所形成的滑坡;(2)工程复活古滑坡,原已存在的滑坡,由于工程扰动引起复活的滑坡
	自然滑坡	由于自然地质作用产生的滑坡。按其发生的相对时代可分为古滑坡、老滑坡、新滑坡
现今稳定程度	活动滑坡	发生后仍继续活动的滑坡,后壁及两侧有新鲜擦痕,滑体内有开裂、鼓起或前缘有挤出等变形迹象
	不活动滑坡	发生后已停止发展,一般情况下不可能重新活动,坡体上植被较盛,常有老建筑
发生年代	新滑坡	现今正在发生滑动的滑坡
	老滑坡	全新世以来发生滑动,现今整体稳定的滑坡
	古滑坡	全新世以前发生滑动的滑坡,现今整体稳定的滑坡
滑体体积	小型滑坡	$< 10 \times 10^4 m^3$
	中型滑坡	$10 \times 10^4 m^3 \sim 100 \times 10^4 m^3$
	大型滑坡	$100 \times 10^4 m^3 \sim 1\,000 \times 10^4 m^3$
	特大型滑坡	$1\,000 \times 10^4 m^3 \sim 10\,000 \times 10^4 m^3$
	巨型滑坡	$> 10\,000 \times 10^4 m^3$
滑动速度	蠕动型滑坡	凭肉眼难以看见其运动,只能通过仪器监测才能发现的滑坡
	慢速滑坡	每天滑动数厘米至数十厘米,凭肉眼可直接观察到滑坡的活动
	中速滑坡	每小时滑动数十厘米至数米的滑坡
	高速滑坡	每秒滑动数米至数十米的滑坡

此外,各地根据滑坡发育的规模、地质环境特点,对滑坡体积又进一步细分。如按照《福建省县(市)地质灾害详细调查技术要求》,小型滑坡又细分为小(一)、小(二)、小(三)型。

3.4 滑坡调查

3.4.1 滑坡调查主要内容

(1)滑坡调查的范围应包括滑坡区及其邻近地段,一般包括滑坡后壁外一定距离(滑坡滑动会影响和危害的区域),滑坡体两侧自然沟谷和滑坡舌前缘一定距离或江、河、湖水边。

(2)注意查明滑坡的发生与地层结构、岩性、断裂构造(岩体滑坡尤为重要)、地貌及其演变、水文地质条件、地震和人为活动因素的关系,找出引起滑坡或滑坡复活的主导因素。

(3)调查滑坡体上各种裂缝的分布特征,发生的先后顺序、切割和组合关系,分清裂缝的力学属性,如拉张、剪切、鼓胀裂缝等,借以作为滑坡体平面上分块、分条和纵剖面分段的依据,分析滑坡的形成机制。

(4)通过裂缝的调查,借以分析判断滑动面的深度和倾角大小。滑坡体上裂缝纵横,往往是滑动面埋藏不深的反映。裂缝单一或仅见边界裂缝,则滑动面埋深可能较大;如果基础埋深不大的挡土墙开裂,则滑动面往往不会很深;如果斜坡已有明显位移,而挡土墙等依然完好,则滑动面埋深较深。滑坡壁上的平缓擦痕的倾角,与该处滑动面倾角接近一致,滑坡体的剪切裂缝两壁也会出现缓倾角擦痕,同样是下部滑动面倾角的反映。

(5)对岩体滑坡应注意调查缓倾角的层理面、层间错动面、不整合面、假整合面、断层面、节理面和片理面、断层面等,若这些结构面的倾向与坡向一致,且其倾角小于斜坡前缘临空面倾角,则很可能发展成为滑动面。对土体滑坡,则首先应注意土层与岩层的接触面构成的滑带形态特征及控制因素,其次应注意土体内部岩性差异界面,以及风化残留的节理裂隙面。

(6)调查滑动体上或其邻近的建(构)筑物(包括支挡和排水构筑物)的裂缝,但应注意区分滑坡引起的裂缝与施工裂缝、填方地基不均匀沉降或密实性沉降裂缝、自重与非自重黄土湿陷裂缝、膨胀土裂缝、温度裂缝和冻胀裂缝的差异,避免误判。

(7)调查滑带水和地下水情况,泉水出露地点及流量,地表水自然排泄沟渠的分布和断面,湿地的分布和变迁情况等。

(8)围绕判断是首次滑动的新生滑坡还是再次滑动的古(老)滑坡进行调查。

(9)当地整治滑坡的经验和教训。

(10)调查滑坡已经造成的损失,滑坡进一步发展的影响范围及潜在损失。

3.4.2 滑坡的野外判断及识别方法

在野外,可以根据滑坡体的一些外表迹象和特征,从宏观角度粗略判断它的稳定性。

1)不稳定的滑坡体常具有的迹象

(1)滑坡体表面总体坡度较陡,而且延伸很长,坡面高低不平;

(2)有滑坡平台、面积不大,且有向下缓倾和未夷平现象;

(3)滑坡表面有泉水、湿地,且有新生冲沟;

(4)滑坡表面有不均匀沉陷的局部平台,参差不齐;

(5)滑坡前缘土石松散,小型坍塌时有发生,并面临河水冲刷的危险;

(6)滑坡体上无巨大直立树木。

2)已稳定的老滑坡体的特征

(1)滑坡后壁较高,长满了树木,找不到擦痕,且十分稳定;

(2)滑坡平台宽大且已夷平,土体密实,有沉陷现象;

(3)滑坡前缘的斜坡较陡,土体密实,长满树木,无松散崩塌现象。前缘迎河部分有被河水冲刷过的现象;

(4)目前的河水远离滑坡的舌部,甚至在舌部外已有漫滩、阶地分布;

(5)滑坡体两侧的自然冲刷沟切割很深,甚至已达基岩;

(6)滑坡体舌部的坡脚有清晰的泉水流出等。

对古(老)滑坡可利用一些标志加以识别,见表3-5。

古(老)滑坡的识别标志　　　　　　　　　　　　　　　　　表 3-5

识别标志	内　　容	等　级
形态特征	(1)圈椅状地形	B
	(2)双沟同源地貌	B
	(3)坡体后缘出现洼地	C
	(4)大平台地形(与外围不一致、非河流阶地、非构造平台或风化差异平台)	C
	(5)不正常河流弯道	C
	(6)反倾向台面地形	C
	(7)小台阶与平台相间	C
	(8)马刀树或醉汉林	C
	(9)坡体前方、侧边出现擦痕面、镜面(非构造成因)	A
	(10)浅部表层坍滑广泛	C
地层变动	(11)明显的地层产状变动(排除了别的原因)	B
	(12)地层架空、松散、破碎	C
	(13)大段孤立岩体掩覆在新地层之上	A
	(14)大段变形岩体位于土状堆积物之中	B
	(15)变形、变位岩体被新地层掩覆	C
	(16)山体后部洼地内出现局部湖相地层	B
	(17)变形、变位岩体上掩覆湖相地层	C
	(18)上游方出现湖相地层	C
变形等	(19)古墓、古建筑变形	C
	(20)构成坡体的岩土结构零乱、强度低	B
	(21)开挖后坡体易坍滑	C
	(22)斜坡前部地下水呈线状出露、湿地	C
	(23)古树等被掩埋	C
历史记载访问材料	(24)发生过滑坡的记载和口述	A
	(25)发生过变形的记载和口述	C

注：属 A 级标志，可单独判别为属古、老滑坡；二个 B 级标志或一个 B 级、二个 C 级，或 4 个 C 级标志可判别为古、老滑坡。迹象越多，则判别的可靠性越高。

3.5　滑坡工程地质勘查

3.5.1　概述

滑坡工程地质勘查宜按滑坡治理设计阶段循序渐进地进行，按不同设计阶段要求，查清滑坡的成因、类型、规模、范围、稳定状态、滑动面(带)特征、主滑方向及危害性，提出防治方案，供设计参考。

工程地质勘查宜分为可行性研究勘查、初步设计勘查、施工图设计勘查(详细勘查)及施工补充勘查四个阶段。对于规模较小的或现有资料表明滑体及其周边地质条件较简单的滑坡,可根据实际情况将可行性研究勘查、初步设计勘查合并为一个勘查阶段。

滑坡工程地质勘查应充分搜集分析现有资料,并进行实地踏勘,重视工程地质测绘、工程勘探、岩土物理力学参数测试、资料综合分析和报告、图件编制过程中的每个环节,保证地质资料准确可靠。

应根据勘查阶段、区域及滑坡地质条件的复杂程度、滑坡类型、勘查手段的适宜性,经济、合理地开展综合勘查工作。

3.5.2 工程地质测绘

1) 工程地质测绘资料准备

工程地质测绘前,应充分收集地形图、区域地质资料、遥感影像、气象、水文、地震、降雨等资料,前人滑坡调查和监测资料,以及当地防治滑坡的经验。

2) 地形地貌和滑坡活动迹象的调查内容

(1) 岸坡受河道冲刷、淤积变化情况及历史变迁;

(2) 地面坡度、相对高度,台阶位置、数量、宽度、阶坎高度,反坡、洼地、植被、醉汉林和马刀树的分布;

(3) 滑坡边界形状,后缘主断壁走向、坡角、高度、有无擦痕及擦痕的产状,前缘形态、临空面特征,滑动带出露位置(剪出口)、地面裂缝性质、分布位置、形状特征、延伸长度、充填情况,裂缝产生的时间及变化情况;

(4) 滑坡发生、发展的历史及相关因素,地貌演变、地表水渗漏、弃渣堆放情况,坡面、房屋、水渠、道路、古墓等的变形、位移、裂缝位置、状态,井、泉、水塘的突然干枯或浑浊现象。

3) 滑坡及其周边的地质环境条件测绘的内容

(1) 滑坡体物质组成及类型、颗粒成分、结构特征、密实程度、软弱夹层及滑体物质来源;

(2) 滑体周边的地层岩性、产状、厚度、风化状态、岸坡结构、软硬岩层的组合与分布,软弱破碎带的展布及特征,以及层间错动带的分布,含水情况;

(3) 区内褶皱、断层、节理的性质、产状、组合延伸状态、发育程度;

(4) 可能形成滑动面(带)的层位、位置及主滑方向。

4) 滑坡水文地质条件测绘的内容

(1) 滑坡及周边沟系发育特征,径流条件,地表水、大气降水与地下水的补排关系;

(2) 井、泉、水塘、湿地位置,井、泉的类型、流量及季节性变化情况;

(3) 含水层的分布、性质、厚度,岩土体的透水性,地下水的水位、水质及其变化,地下水的径流、补给及排泄条件。

5) 滑坡灾害调查的内容

(1) 人员伤亡情况;

(2) 直接和间接经济损失;

(3) 地质环境破坏情况;

(4) 社会影响。

6) 滑坡评价及地质点设置

对评价滑坡形成过程及稳定性有重要意义的地质现象,如裂缝、鼓丘、滑坡平台、滑动面

(带)、前缘剪出口等,应重点观察描述,并采用扩大比例尺表示,注释实际数据。地质点间距应以保证地质界线在图上的精度为原则,结合滑坡防治工程的重要性可适当加密或减少。在地质界线被覆盖或不明显地段,要有足够数量的人工露头,尤其是滑坡边界、剪出口附近应配合必要的坑(槽)探。当地形底图比例尺为1:5 000时,地质点应采用经纬仪测定;当比例尺小于1:5 000时,有重要意义的地质点除应采用经纬仪测定外,其余可根据地形地貌测定地质点。

3.5.3 勘探与测试

在充分分析现有地质资料及工程地质测绘成果的基础上,有针对性的布置综合勘探工作。其主要目的是:①查明滑体厚度、物质组成、结构特性、空间分布特征,特别是滑动面埋深、空间分布,滑动面(带)厚度、性质;②查明地下水类型、埋深、空间分布及动态变化;③结合勘探进行水文地质测试,在钻孔中采取岩土样进行物理力学试验,布置长期监测点,必要时可利用钻孔进行有关物探测量。

勘探方法以工程地质钻探为主,探井、探槽、探硐及地球物理勘探为辅,配合地面测绘开展必要的坑(槽)探。

勘探线和勘探点布置的主要技术要求:

(1)勘探线的布置视勘查阶段和滑体规模大小而定,沿滑动方向布置一定数量的纵向勘探线,其中主轴线方向为控制性纵向勘探线,在主轴线两侧至少各布置1条辅助纵向勘探线;垂直滑动方向,以纵勘探线上的勘探孔(竖井)为基础,根据实际情况布置适量的横勘探线,在滑坡体转折处和可能采取防治措施的地段也应布置横勘探线。

(2)控制性纵勘探线上的勘探点不得少于3个,点间距控制在20～60m,一般不超过40m。其余勘探线上勘探点的数量、点间距应根据勘查阶段及实际情况而定,纵横勘探线端点均应超过滑坡周界一定距离。

(3)勘探孔的深度应穿过最下一层滑动面(带),进入稳定岩土层,控制性勘探孔必须深入最下一层滑动面(带)以下5～10m,其他一般性勘探孔应达到滑动面(带)以下5m。此外,控制性勘探孔的深度应达到当地最低基准面(河沟底或路基面)以下一定深度,以及预计支护结构基底下不小于3m。这样做一方面是防止遗漏最深的滑动面,另一方面是由于设计加固工程查清地基情况的需要。若遇重大地质缺陷,应适当加深勘探孔的深度。

(4)滑坡钻探应重点关注滑动面,应符合下列要求:

①地下水位以上土层应采用干法钻进;

②地下水位以下土层可采用冲洗法钻进;

③滑带及其上下5m宜采用双管单动钻进;

④水文地质试验孔或长观孔应采用跟管钻进;

⑤严重缩孔或塌孔时应采取跟管或泥浆护壁。

⑥在钻探过程中,应做好岩芯编录、摄像和钻进记录工作,发现地下水时,视情况做好分层止水,测定初见和稳定水位;在滑带及其上下5m,回次钻进不得大于0.3m,并应及时检查岩芯,确定滑动面(带)位置。

(5)坑(槽)探与平硐或竖井勘探应符合下列要求:

①大型及特大型滑坡,平硐或竖井的数量不得少于2个;中型滑坡,平硐或竖井数量不得少于1个;小型滑坡可以不布置平硐或竖井。平硐或竖井断面面积以4m²为宜,平硐或竖

井应穿过所需探明的滑动面(带)3~5m。

②做好坑(槽)及平硐或竖井展示图和工程地质编录,特别注意软弱夹层、破裂结构面、岩土结构面和滑动面(带)的位置和特征的编录,并进行数字摄影摄像。

③坑(槽)及平硐或竖井,应按要求配合进行滑动面(带)抗剪强度的原位试验,同时在预定层位按要求采取岩、土、水样。

(6)地球物理勘探应符合下列要求:

①以电阻率法为主,配合地震与面波勘探。

②地球物理勘探线原则上应与主要勘探线重合。

③沿滑坡主滑方向平行布置至少3条纵向剖面。

④根据实际情况布置2~3条横向剖面。

⑤各剖面测深应达到滑动面以下。

⑥根据所测剖面视电阻率及地震波速的差异,做出详细物探剖面。应特别注意低电阻率及低速带的埋深、产状及分布特征。

⑦结合工程地质测绘及物探成果,确定钻孔、平硐、坑(槽)探的位置、规模及大致孔深,并以此作为钻孔设计的依据。

⑧在已取得钻探、平硐、坑(槽)探资料的条件下,编制物探-地质剖面。

(7)滑坡岩土测试应符合下列要求:

①满足滑坡稳定性评价及治理设计需要为目的。

②应取代表性的岩、土、水样,进行物理力学特性试验及水化学分析。

③中型以上的滑坡,按要求进行原位抗剪强度试验和现场水文地质测试。

④基本物理性质指标:滑带土的天然含水率和饱和含水率、天然重度、土粒密度、孔隙比;滑带土的塑限、液限;滑带土颗粒成分、矿物成分及微观结构;滑坡体或潜在滑移体各类工程地质岩土的土石比、土体密度孔隙比、天然含水率和饱和含水率、天然重度和饱和重度;中等以上的滑坡应进行滑坡体各岩土层的大重度试验。小型滑坡可根据实际情况考虑。必要时应进行滑带土绝对年龄测定。

⑤滑动带应取原状土样进行试验,当无法采取原状土样时,可保持天然含水率的扰动土样做重塑样试验;滑带土的c、φ值测试采用与滑坡受力条件相似的室内天然快剪、饱和快剪或固结快剪、饱和固结快剪、环剪试验,获得峰值抗剪强度及残余抗剪强度。

⑥进行滑坡堆积体或潜滑移体各类工程地质岩土的室内原状样常规三轴压缩试验,直剪试验与压缩试验,确定土的c、φ值,压缩模量及其他强度与变形指标。

⑦各岩土层单项室内物理力学试验不得少于6组;中型以上滑坡对其滑动面(带)宜进行2~4组原位大型抗剪强度试验。基岩不同岩组常规物理力学试验,各3组。

⑧进行地下水及地表水化学简分析及混凝土侵蚀试验,3~5组。

⑨中型以上的滑坡应根据实际情况进行注(抽)水试验不少于2组,以获得堆积体含水层的渗透系数。

3.5.4 滑坡治理可行性研究勘查

滑坡可行性研究阶段勘查,目的是论证滑坡的存在,评估滑坡防治的必要性和可行性,并提出滑坡防治意见。

可行性研究阶段工程地质勘查,应搜集当地社会与经济环境、区域水文地质、地貌、气象、地震、遥感图像、前人勘查研究成果及当地滑坡治理经验等资料。

工程地质测绘比例尺的选用：大型、特大型滑坡1∶5 000；中、小型滑坡1∶2 000。可行性研究勘查阶段工程地质测绘范围应包括滑坡堆积体或潜在滑移体区域、后缘、危害区及滑坡堆积体或潜在滑移体汇水区。

调查与测绘区内地层、构造、岩性、岸坡结构、不良地质作用和地下水等滑坡产生的地质背景和形成条件，初步确定研究的地质体是否为滑坡，并圈定滑坡边界。

进行必要的勘探及测试工作，了解滑坡体厚度、滑带埋深、物质组成、结构特征及岩土体的物理力学性质指标。充分利用钻孔进行取样及原位测试工作，在滑坡体及周边主要的岩土层中取样，进行室内测试。

可行性研究阶段工程地质勘查成果资料编制，一般包括工程地质勘查文字报告及附图件。

（1）工程地质勘查报告：简要阐明当地社会与经济环境、区域地理地质环境、滑坡产生的地质背景和形成条件、水文地质条件、滑坡体基本特征、岩土体物理力学性质指标等要素；初步分析滑坡形成机制和影响因素，评价滑坡稳定性；对滑坡的危害性、防治的可行性进行评估，并提出防治或避让搬迁、监测预警的处置意见及下一步工作建议。

（2）附图：滑坡工程地质平面图，滑坡工程地质纵、横剖面图。

3.5.5 滑坡治理初步设计勘查

滑坡治理初步设计阶段勘查，其目的是查明滑坡防治工程类型、场地布设，为优化治理工程方案提供工程地质和岩土力学依据。在充分分析、利用可行性研究勘查成果的基础上，展开初步阶段工程地质测绘、勘探、测试工作。

初步设计勘查阶段工程地质测绘范围必须包括滑坡堆积体或潜在滑移体区域、后缘与危害区，并可根据实际情况适当扩大范围。对大型、特大型滑坡，工程地质测绘比例尺选用1∶2 000；对中、小型滑坡，选用1∶1 000。

初步设计阶段滑坡勘探工程和测试主要包括下列内容：

（1）查明滑体厚度、物质组成、结构特性、空间分布特征，特别是滑动面埋深、空间分布，滑动带厚度、性质；查明含水层类型、埋深、厚度、透水性以及空间分布特征；结合勘探进行钻孔原位测试，采取原状岩土样，按需要布置长期监测点。

（2）视滑坡规模大小，沿主滑动方向布置纵向勘探线，纵向勘探线间距应满足要求，单个滑坡纵向勘探线应布置3条，横向勘探线垂直滑动方向布置。每条纵勘探线上勘探点不得少于3个，且控制性钻孔不得少于钻孔总数的1/3。

（3）采取岩土试样应结合地貌单元、滑坡体物质结构和工程性质布置，其数量可占勘探点总数的1/4~1/2。

（4）有地下水时应查明地下水的分布层数，含水层的组成和厚度，各层地下水的初见和稳定水位、流量等，并取样做水质分析。

（5）必要时进行滑坡动态监测。

初步设计阶段的工程地质勘查成果资料编制，应包括以下内容：

（1）工程地质勘查报告。阐明区域地理地质环境、滑坡产生的地质背景和形成条件，滑坡体空间形态特征、物质组成与结构；滑坡变形破坏特征及危害，滑坡区地表水系与水文地质条件，分析滑坡形成机制。提供滑坡治理工程设计所必需的滑体、滑带土及滑床岩土体的物理力学性质指标,计算并综合评价滑坡稳定性,分析滑坡的变形、破坏演化发展趋势,提出滑坡防治对策、方案及下一步工作建议。

(2)附图。包括:①工程地质平面图;②滑坡纵、横地质剖面图;③有代表性的钻孔柱状图和坑槽探展示图。必要时还应提供:①滑床基岩顶板等高线图;②滑坡体地下水流场图;③滑坡体变形及稳定分区图。

3.5.6 滑坡治理施工图设计勘查

施工图设计勘查应在充分分析、利用初步设计勘查成果的基础上,对滑坡治理工程场地展开有针对性的工程地质测绘、勘探、测试工作,其目的是为滑坡治理工程设计、施工提供详细的工程地质资料和岩土体物理力学性质指标参数;对治理工程措施、结构形式、埋置深度及工程施工等提出建议。

详细勘查阶段原则上不再进行大面积平面测绘工作。根据设计要求,可进行施工区范围比例尺为1:500的工程地质测绘。

详细勘查阶段滑坡勘探工程和测试主要包括下列内容:

(1)根据治理工程类型、工程布置,沿抗滑工程轴线布置勘探线;对于已存在勘探线的,加密勘探点。勘探线上钻孔间距和深度应满足滑坡治理工程设计需要,一般要求20m一个钻孔,且控制性钻孔不得少于勘探线上钻孔总数的1/2。

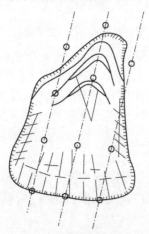

图3-7 滑坡勘探点平面布置示意图

一般沿滑坡主滑断面布置勘探点如图3-7所示,对于复杂滑坡,还需在主滑断面两侧和垂直主滑断面的方向分别布置具有代表性的纵(或横)断面。一般情况下,断面中部滑动面(带)变化较小,勘探点间距可大些;断面两头变化较大,勘探点应适当加密。如滑坡纵向有明显的分级现象时,则每级都须布置适当数量的钻孔,以了解其性质;同时,还应考虑整治工程所需资料的收集。为判定滑坡上部山体的稳定性和进行地层对比分析的需要,有时在滑坡体外尚需布置勘探点。

(2)详细查明滑体厚度、物质组成、结构特性、空间分布特征,特别是滑动面埋深,空间分布,滑动带厚度、性质;查明含水层类型、埋深、厚度、透水性以及空间分布特征;结合勘探进行钻孔原位测试,采取原状岩土样,按需要布置长期监测点。

如以支挡为主,则应满足验算和设计支挡建筑物所需资料为准;如果考虑以排水疏干为主要措施,则应在排水构筑物(如排水隧洞检查井)的位置上,增补少量勘探点(钻孔)。

(3)根据设计要求,补充必要的岩土试样室内试验和原位测试。

详细勘查阶段的工程地质勘查成果资料编制,应包括以下内容:

(1)工程地质勘查报告。详细阐明滑体物质组成与结构,滑坡变形破坏特征、诱发因素及其危害,进一步确定滑体及滑带土物理力学性质指标,验算滑坡稳定性与滑坡推力,对治理工程措施、结构形式、埋置深度、布置及工程施工等提出建议。

(2)附图。包括:①滑坡防治区工程地质平面图;②滑坡纵、横地质剖面图(含抗滑工程轴线地质剖面图);③有代表性的钻孔柱状图或坑(槽)探展示图。

3.6 滑带土抗剪强度参数的测试和选择

3.6.1 滑带土计算参数的测试

为进行滑坡稳定性分析,并对工程设计提供依据及参数,必须做好有关测试工作。最主要的是对软弱地层,特别是滑带土做物理力学试验。

滑带土的抗剪强度直接影响滑坡稳定性验算和防治工程的设计,因此测定滑带土的 c、φ 值应根据滑坡的性质、组成滑带土的岩性、结构和滑坡目前的运动状态,选择尽量符合实际情况的剪切试验(或测试)方法。滑带土的剪切试验方法大致有:原状土快剪、原状土固结快剪、浸水饱和土固结快剪、原状土滑面重合剪、重塑土的多次剪、环剪和野外大面积剪切测试、钻孔原位剪切试验等。究竟宜采取何种方法,应从滑坡的性质、组成滑带土的岩性、结构、滑坡目前的运动状态来选择,可按表 3-6 确定。

不同情况下选择剪切试验方法的建议　　　　表 3-6

滑坡的运动状态或滑带土的岩性结构	宜采用剪切试验的方法	说　明
目前正处于运动阶段的滑坡,滑动带为黏性土或残积土	宜采用残余剪或多次快剪求滑带土的残余抗剪强度,因为滑坡滑动使滑带土的结构遭受破坏,强度逐渐衰减	试验方法的选择,必须以能否真实地模拟滑坡的性质为原则。如已经产生的滑坡,则宜采用多次剪;至于采用几次剪为准,则视滑坡变形大小而定,可以使用 2~6 次中的任一次结果,并不一定采用最后的残余强度值;在重塑土多次剪切时,增加一个考虑今后含水率变化时,最不利含水状态的剪切试验
滑带土为软塑-流塑状态的滑坡泥	采用浸水饱和快剪为宜。因为此时上部土层所构成的垂直荷载没有成为滑带土内颗粒间的有效应力	
滑带土饱和度不大,且具有明显的滑动面	可采用滑面重合剪	
滑动带为含角砾土或岩层接触面	最好采用野外大面积剪切试验	
还未产生滑坡的自然斜坡,当其潜在滑动带为不透水且有相当饱和度的黏土层	采用固结快剪或三轴剪切试验为宜,饱和土体采用浸水饱和快剪	

对上述性质进行准确的测试工作仅靠勘探中采取岩土样品在实验室内进行实验往往是不够的,实验室一般使用小尺寸试件,不能完全确切地反映天然状态下的岩土性质,特别是对难以采取原状结构样品的岩土体,因而有必要在现场进行原位测试,测定滑坡岩土体在原位状态下的力学性质及其他指标,以弥补实验室测试的不足。原位测试亦称现场试验、野外试验。

原位测试(in-situ-test)是在滑坡工程地质勘查现场,没有脱离原来的地质环境,在不扰动或基本不扰动土层的情况下对土层、滑动带进行测试,以获得所测土层的物理力学性质指标。测试过程中保持天然状态,试样不脱离原来的环境,在保持原始应力状态、天然结构和含水率的情况下进行试验,这和通过现场采样送往试验室进行室内试验有根本区别。

原位测试的优点:

(1)原位测试可在勘查工程场地进行测试,不用取样,涉及的土体积比室内试验样品要大得多,因而更能反映土的宏观结构(如裂隙、夹层)对土的性质的影响。岩土体处于天然状态下,利用原地切割的较大尺寸的试件或直接在钻孔进行各种测试取得可靠的岩土体物理、力学、水理性质指标。

(2)综合反映客观实际。野外试件的尺寸较大,能包含较多的结构面,更能反映天然岩土体的不均匀性和不连续性等工程地质性质。

(3)避免取样的困难。遇粒径很粗,颗粒不均,结构相差悬殊的土体,或风化程度不一的碎裂岩体和软弱夹层等时,很难选取代表性的试样。在这种情况下,野外试验更具优越性。

(4)完成室内无法测定的试验内容。由于岩土体的某些性质与地质环境有关,如裂隙岩体的空隙性、透水性、天然应力状态等,必须在勘察现场进行试验,而实验室无法进行。

原位测试也存在一些缺点,如难以控制测试中的边界条件;一般试验周期长,在人力、物力和时间上耗费较大,成本高。

钻孔原位剪切试验、野外大面积剪切试验属于现场原位试验。

原位剪切试验从尺寸效应、应力状态上,大型原位剪切试验结果均较室内试验结果具有较大优势和可信度。原位剪切试验对滑带土抗剪强度指标的选取具有重要参考价值,对重点治理工程、超大型滑坡工程勘查治理设计,宜结合室内试验指标和原位剪切试验指标综合确定。

3.6.2 滑坡计算参数选取

滑坡稳定性计算中,滑面倾角 α 和滑面长度 L 均可从断面上直接量取,滑块重力由断面面积乘以滑体重度,也容易取得,但滑带土的抗剪强度参数 c,φ 值最难确定和选取。

1)滑坡不同发育阶段及不同部位滑带土的强度特征

(1)滑带土剪切破坏的基本形式。多数滑坡的滑带土为黏性土,在剪切破坏过程中,其剪应力 τ 随剪切变形 ε 的变化,像普通黏性土一样。如图3-8所示,OA 段为弹性变形段,AB 段为弹塑性变形段,至 B 点达到土的最大强度(峰值强度)。过 B 点以后,随着剪切变形的增加,抗剪强度迅速降低,这是由于剪切过程中土体结构破坏,吸水膨胀软化所致。因此,C 点的强度相当于结构破坏后的重塑土正常固结的峰值强度。CD 段为剪切面上土的团粒和颗粒产生定向排列的阶段,至 D 点达到相应垂直压力下的最佳定向,强度降至残余强度 τ_r。DE 段强度不再降低。

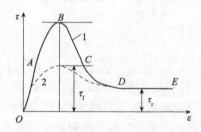

图3-8 黏性土剪切曲线
1-超固结的剪切变形曲线;2-正常固结土的剪切变形曲线
A-弹性极限;B-强度极限;C-完全软化点;D-残余强度起始点;E-残余强度稳定点

(2)不同部位的滑带土在滑坡的不同发育阶段具有不同的强度。滑坡的种类很多,就一般最常见的块体滑坡而言,大体上如图3-9所示,分为主滑段、牵引段和抗滑段三个地段及其构成相应的滑带。其发生的机理是:一定地质条件下的斜坡,由于外界因素的作用,主滑带不能保持平衡而失稳,产生蠕动;牵引段因前方失去支撑力而产生主动破坏,破坏后牵引段连同主滑段一起推挤抗滑地段;一旦抗滑地段形成新滑面并贯通时,滑坡即开始整体滑动。随着作用因素的变化,滑坡可由等速缓慢移动而进入加速剧滑阶段,经较大距离的滑移后,滑坡又渐趋稳定,滑带开始固结,滑体沉实、压密。

据此可按表 3-7 确定不同部位的滑带土在不同滑动阶段的强度。本表是对首次滑动的新滑坡而言的,对于古老滑坡的复活,可能在滑动刚开始就达到了滑带土相应的残余强度。至于牵引地段滑带土强度的变化,或是张开的裂缝,内无充填物者,如岩石顺层滑坡的后缘张裂缝,强度无变化;若有充填物者,应考虑充填物与前后裂缝壁的摩擦强度。

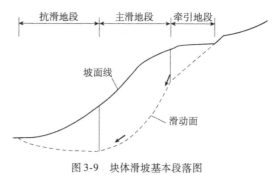

图 3-9 块体滑坡基本段落图

不同部位的滑带土在不同滑动阶段强度的变化　　　　表 3-7

阶段划分	强度范围		
	主滑地段	牵引地段	抗滑地段
弱变形阶段 (蠕动阶段)	已越过峰值强度	某些部分越过峰值	未破坏
强变形阶段 (挤压变形阶段)	向软化点强度过渡	已全部越过峰值强度	开始受力,局部越过峰值强度而破坏
滑动阶段	残余强度	残余强度	已越过峰值强度,向软化点强度和残余强度过渡
停滑阶段 (固结阶段)	地下水排出,抗剪强度有适当恢复		

2)取得抗剪强度参数的方法

(1)室内试验及原位测试法。室内试验及原位测试法主要通过仪器测试来获得滑坡计算所需的抗剪强度参数。任何仪器测定方法都是对滑坡的实际受力和运动状态的一种近似的模拟。试验结果的可靠性取决于试验仪器和方法对实际模拟的程度。由于常规的土工试验仪器和方法不能很好地模拟滑坡,故人们先后创造了滑面重合剪、多次直剪法、反复直剪法、现场大型直剪、环剪仪大位移剪和三轴切面剪等仪器和测试方法。各种方法各有特点及其适用条件,应根据实际情况进行选择。

原位大剪试验,即在滑坡现场上的试坑或探洞(井)中挖出的滑带,沿着滑动方向进行现场大面积剪切试验。该法对滑坡的扰动少,符合滑坡的实际状态。但这种方法一般只能在滑坡的前、后缘或边缘,滑带埋藏较浅处进行,在洞或井中进行试验毕竟工程大、花费多。而且由于试样的均质性较差,常常要多个试样(4~6 个)才能得到一条较理想的强度曲线。

滑面重合剪是在现场滑带中取包含有滑动面的试样,在直剪仪上把天然滑面放在上、下盒之间,沿实际滑动方向进行剪切。从符合滑坡实际情况来说,它仅次于现场大型直剪试验,但取样、制样、保存、试验都要求高,操作困难,限制了其广泛应用。

多次直剪主要用于求滑带土随剪切次数的增加抗剪强度降低的规律和残余强度。由于设备简单、操作方便,在国内已广泛被采用。其优点是可用重塑土进行试验,土样均匀,规律性较好。要求是土样的密度和含水率要与实际滑带土相一致。其缺点是每次剪切后要卸去垂直荷载,人工把试样推断再行重合剪切,改变了试样的受力状态,试样易歪斜和发生剪切面积变化。多次直剪每次剪切都顺原来的擦痕沟槽,这与实际滑坡是不符的,因此其试验值比实际滑坡稍偏低。此外,当土样含水率较高时,易从上下盒缝间挤出,影响试验效果。

反复直剪克服了多次直剪每次卸荷和人为推断试样的缺点,在往复多次剪切中达到残余强度。土颗粒和团粒在剪切面上定向排列上,这种方法可以达到,但与滑坡滑动过程是不同的。在直剪试验中,试样的剪切变形是不能任意增大的,为了克服这种缺点,Skempton(1985)首先提出用反复剪切的办法来增大累积的剪切变形量,如图3-10所示。

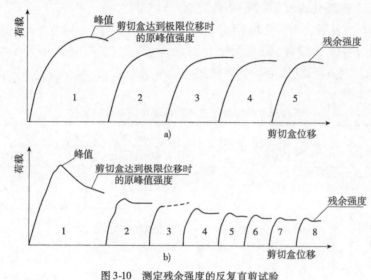

图3-10 测定残余强度的反复直剪试验
a)土颗粒紊动情况;b)土颗粒定向排列,出现剪切面

目前国内不少单位用面积为32.2cm²、高为2cm的试样,置放在电动应变式直剪仪中进行剪切试验。由于残余强度是通过慢速剪切方法测定的,所以试样需在每一级法向应力下固结稳定,再以0.0024mm/min的速率剪切,使试样中孔隙水压力消散殆尽。当剪切位移达8mm时(此时连续的剪切面已初步形成),触及限位开关,使马达反转,即可将剪力盒返退到原来位置;然后又继续剪切,如此往复,直到每级荷重下的强度降低到比较稳定的残余值为止。整个试验过程需要往返重复若干次数。其试验成果整理和计算方法与直剪试验基本相同。

反复剪切试验的缺点是:每当剪力盒被推回到原来的位置并再次向前剪切时,往往又出现一个小的峰值,这是由于整个剪切过程不够连续,需要暂停并再次开始。除此之外反复剪试验还兼有直剪试验的固有不足,如剪切面人为确定、应力应变不均匀、剪切面积不断发生变化等。

环剪试验用环状试样的旋转剪切,可进行大位移剪切试验,以研究抗剪强度随剪切距离增加而降低的过程。环剪试验属于直接扭剪试验(Torsional direct shear tests)的一种。直接扭剪试验按试样制备的不同可分为实心圆柱扭剪试验和空心扭剪试验两大类,而环剪试验就属于空心扭剪试验。任何种类扭剪试验设备的明显优点是在扭剪面上的面积没有变化,而且土样的剪切位移可以为无限大,因此可以研究大变形下土体的抗剪能力。而这正是研究边坡、滑坡等不良地质现象的关键。

三轴剪切试验,利用常规三轴仪测定土的残余强度是一种较新的试验方法。试验过程如下:将原状或扰动的圆柱形试样,用细钢丝锯预先切出一个剪切面,使其与水平成(45°+ $\varphi/2$)的夹角,其中 φ 为预估内摩擦角。然后把切开的两半试样沿剪切面方向定向摩擦数次,使剪切面上的黏土颗粒呈定向排列,继之把两半试样合拢对好,按三轴试验程序安装试样和测定。在围压 σ_3 一定的情况下,逐渐施加轴向应力。当轴向压缩百分表指针每前进 0.2mm 记录量力环百分表读数一次,当量力环百分表读数达到最大值后,指针开始不断后退,至一稳定数值,此时即表示已经达到残余强度,试验停止。

以往的试验证明,三轴剪切试验测得土的残余抗剪强度指标 c_r 和 φ_r 与反复剪切试验结果基本一致;而与环剪试验结果相比,三轴剪切试验所得的 φ_r 值偏低,而 c_r 值两种方法测定的结果相近。对于砂性较大的黏土,因其透水性能好,在多次反复直剪试验过程中含水率变化较大,因而抗剪强度值往往一次比一次大,不易得到稳定的残余值,其残余强度也就不易取得。相对来说,用三轴剪切试验则较易得到残余强度指标 c_r 和 φ_r 值。

应当指出,滑坡的主滑、牵引和抗滑地段滑带的受力状态是不同的,主滑地段一般为纯剪切破坏,而牵引地段为张扭性的主动破坏,抗滑地段则为压扭性的被动破坏。因此,在试验方法上也应有所区别。

(2)反算法(反分析法)。反算法的基本原理是视滑坡将要滑动而尚未滑动的瞬间为极限平衡状态,即稳定系数 $F_s = 1$,列出极限平衡方程进行求解 c 值或 φ 值。其必要条件是恢复滑动前的滑坡断面。具体做法有以下几种:

①一个断面的反算。对于圆弧形滑动面,如图 3-11 所示,可用下列方程求解:

$$c = \frac{F_s \sum W_i \sin\alpha_i - \tan\varphi \sum W_i \cos\alpha_i}{L} \quad (3\text{-}1)$$

$$\varphi = \arctan\left(\frac{F_s \sum W_i \sin\alpha_i - cL}{\sum W_i \cos\alpha_i}\right) \quad (3\text{-}2)$$

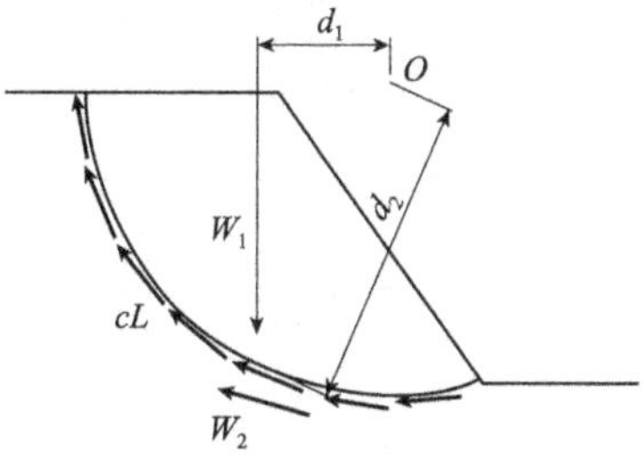

图 3-11 圆弧滑动面的力矩平衡

一般条件下,可根据稳定状态确定安全系数 F_s:

$F_s = 1.05 \sim 1.15$,滑坡处于暂时稳定;

$F_s = 0.95 \sim 1.00$,滑坡处于临界稳定状态。

对于折线形滑面,如图 3-12 所示,可用下列推力计算公式:

$$F_i = W_i \sin\alpha_i - \frac{c_i l_i + W_i \cos\alpha_i}{F_s} + F_{i-1}\psi_{i-1} \quad (3\text{-}3)$$

$$\psi_{i-1} = \cos(\alpha_{i-1} - \alpha_i) - \frac{\tan\varphi_i}{F_s}\sin(\alpha_{i-1} - \alpha_i) \quad (3\text{-}4)$$

令 $F_s = 1$,及最下一块的推力为 0,即可求解。

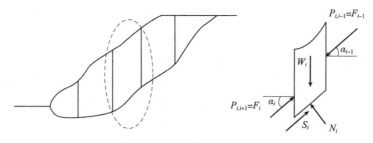

图 3-12 不平衡推力法受力分析

从以上方程可以看出:

a)一个方程中包括两个未知数,不能直接求解。常常需要假定其中一个变化幅度不大较易掌握其范围者,反求另一个。

b)圆弧形滑面是假定整个滑面上的 c、φ 值均一样,这与实际情况是不符的。

c)折线形滑面各段的 c、φ 值是不同的,一般用试验法或其他方法先定牵引段和抗滑段的 c、φ 值及主滑段的 c 值,反求其 φ 值。

一般 c 值的大小取决于滑带土的物质组成(主要为黏粒含量)、含水状态和滑体厚度,变化幅度不大。

有时,在粗略估算中,人们根据滑带的物质组成和含水状态作进一步地简化:如对饱和黏土假定 $\varphi=0$,求综合 c,称为综合 c 法;对滑带以岩屑、砂粒等粗颗粒为主的,则假定 $c=0$,求综合 φ,称为综合 φ 法。

②多断面联立方程的反算。为了能同时反求主滑段的 c 值和 φ 值,人们提出了类似条件下的两个或多个断面方程联立求解的方法,其基本条件是断面必须相似。它包括:地质条件类似,特别是滑带土的物质组成和含水状态要类似;运动状态和过程类似;滑坡的发育阶段相似。

实践证明,同一个滑(块)坡的主轴断面和其两侧的辅助断面可以联立,如图 3-13a)所示,但有时会出现两方程为平行的直线方程,无法求解的情况。此外,同一滑坡群中的两个类同滑坡的断面可以联立,可以是平面上的两个,如图 3-13b)所示;也可是立面上的两级,如图 3-13d)所示;也可以用同一滑坡在断面形状改变前、后的两种状态,如图 3-13c)所示。

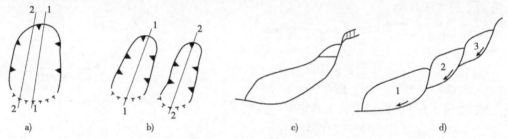

图 3-13　联立方程断面示意图

注:a)1—1 主轴(滑)断面;2—2 辅助断面;b)1—1、2—2 滑坡群相邻滑坡主轴(滑)断面;d)1、2、3-滑坡级次

一般方程为:

$$\begin{cases} E_1\psi_1 + W_1\sin\alpha_1 - W_1\cos\alpha_1\tan\varphi_1 - c_1L_1 = 0 \\ E_2\psi_2 + W_2\sin\alpha_2 - W_2\cos\alpha_2\tan\varphi_2 - c_2L_2 = 0 \end{cases} \quad (3-5)$$

解方程,可以用数解法或图解法。

用恢复极限平衡断面反求指标应注意的几个问题:

a)均质土圆弧形旋转式滑坡,在极限平衡时,顶部常先有张开的裂缝而后滑动,此段不应计入滑面长度 L 之内。

b)对平移式块体滑坡,在极限平衡时,若后部为张开的裂缝,又无充填物,或充填物非常疏松,则不考虑此段 c、φ 值。若后部为地堑式的裂缝带且裂缝闭合时,应考虑该段之间 c、φ 值,因该部分土颗粒较粗,含水率低,可假定 $c=0$,而选择滑体材料与滑壁间的摩擦系数。

c)对于首次滑动的滑坡,极限平衡断面是滑坡刚要开始滑动时的状态,此时整个滑带土的强度远未达到残余强度,因此反算求出的指标高于残余强度指标。当用于评价大滑动过或多次滑动过的滑坡的稳定性时,必须根据实际情况予以修正才能应用。

③不恢复滑动前斜坡断面的反算。对于单一平面形岩石顺层滑坡,因为地面形状变化很小,可不必恢复原地面而直接用现有滑坡断面进行反算。

对于古、老滑坡,由于滑壁的剥蚀、坍塌,改变了原来的形态,或因缺少原有地形资料,不容易恢复原地面线。这时,可不恢复原地面线,而根据滑坡复活时所处的发育阶段及其相应的稳定度(不一定等于1)用现有断面进行反算。如滑坡处于蠕动挤压阶段,取稳定系数为1.01~1.10;正在等速滑动时稳定系数为1.0,加速滑动时稳定系数取0.95~0.98,代入公式进行反算,所得指标反映当时状态。

当有构筑物(如挡土墙)或地物被滑坡滑动破坏时,在方程中应包括其可能的最大抗力,即滑坡推力 $E \neq 0$,这就是工程地质比拟计算法。此外,在计算中还应根据滑坡发生时的具体情况决定是否计入静水、动水压力和地震力的作用。

(3)经验数据对比法。在初勘阶段粗略评价滑坡的稳定性或估算滑坡推力时,由于缺少试验资料,可采用经验数据对比法。

①工程地质对比法:同种地层、同类滑坡,滑带土的物质成分、成因和含水状态,以及滑坡的运动状态类似的滑坡可以相对比选取指标,使用已有滑坡的资料用于无资料的类似滑坡。

②数理统计资料:为了能较快地选取抗剪强度参数,许多学者研究土的物理力学性质与参数间的统计规律。近十余年来对残余强度参数进行了较多研究。如前苏联戈里德什金(ГОАВДЩТЕЙН)等从200个软塑黏土的试验中得出其抗剪强度 τ 与正压应力 σ 的关系式。

$$\tau = 0.09 + 0.14\sigma \quad \text{(相关系数 0.78)} \quad (3-6)$$

又通过50个塑性滑坡的调查,按下式计算:

$$\tau = 0.06 + 0.15\sigma \quad \text{(相关系数 0.82)} \quad (3-7)$$

挪威的贝伦(Bierum)研究了残余内摩擦角 φ_r 与土的塑性指数 I_p 的关系曲线。

对铁路沿线的黏性滑带土经多次直剪试验,得出 φ_r 与塑性指数 I_p 及液性指数 I_L 的关系,按下式计算:

$$\lg\varphi_r = 2.4278 - 1.2279\lg I_p - 0.1173\lg I_L \quad \text{(相关系数 0.86)} \quad (3-8)$$

在对闽东南地区花岗岩残积土物理力学性质指标统计的基础上,得到该地区花岗岩残积黏性土、残积砂质黏性土、残积砾质黏性土的黏聚力、内摩擦角等主要物理力学性质参数的统计数值见表3-8。

闽东南地区花岗岩残积土的物理力学性质指标统计　　表3-8

土层		含水率 $w(\%)$	密度 $\rho(g \cdot cm^{-3})$	孔隙比 e	黏聚力 $c(kPa)$	内摩擦角 $\varphi(°)$	压缩系数 $\alpha_{1-2}(MPa^{-1})$	压缩模量 $E_{1-2}(MPa)$
①残积黏性土	统计组数	134	134	134	93	113	110	128
	范围	16~44.8	1.62~1.99	0.63~1.34	11.6~34.7	10.1~29.3	0.28~0.59	2.68~6.57
	平均值	32.29	1.80	0.995	23.72	17.80	0.422	4.397
	变异系数	0.208	0.039	0.169	0.246	0.264	0.204	0.232
	标准值	33.28	1.79	1.025	22.69	17.06	0.431	4.243
②残积砂质黏性土	统计组数	466	466	466	344	435	424	437
	范围	14.6~40.6	1.67~2.08	0.60~1.24	13.4~35.9	11~31.9	0.21~0.56	3.18~8.0
	平均值	27.43	1.84	0.88	24.90	20.89	0.39	4.98
	变异系数	0.183	0.035	0.132	0.228	0.252	0.246	0.244
	标准值	27.83	1.83	0.89	24.38	20.46	0.40	4.88

续上表

土 层		含水率 $w(\%)$	密度 $\rho(g \cdot cm^{-3})$	孔隙比 e	黏聚力 $c(kPa)$	内摩擦角 $\varphi(°)$	压缩系数 $\alpha_{1-2}(MPa^{-1})$	压缩模量 $E_{1-2}(MPa)$
③残积砾质黏性土	统计组数	197	197	197	113	179	182	175
	范围	12.6~35.2	1.71~2.1	0.61~1.08	16.6~39	15~35.4	0.17~0.53	3.61~9.33
	平均值	23.02	1.85	0.80	26.91	24.29	0.35	5.26
	变异系数	0.182	0.027	0.118	0.24	0.197	0.222	0.204
	标准值	23.53	1.85	0.82	25.88	23.68	0.36	5.12

应用经验数据,最主要的是两者的条件要相似,否则会得出错误的结果。

3)抗剪强度参数的选择

(1)选择抗剪强度参数应考虑的因素

①要考虑滑坡的类型、模式、产生的条件因素。如地下水在滑坡形成中的作用大小,滑坡产生的季节及滑动时滑带的含水状态,以便选取相应含水状态下的参数。

②要考虑滑坡的性质,是新滑坡还是老滑坡;是牵引式滑坡还是推移式滑坡;滑距有多大;是久已稳定的,还是已经复活的。

对新滑坡,根据其所处的发育阶段,对各段选用不同的参数。老滑坡尚未复活者,应选较残余强度稍高的参数;已经复活者,主滑和抗滑段可选用相应的残余强度。

③要考虑滑坡的发育阶段。只在滑坡大滑动之后才可选用残余强度参数,在此之前应大于残余强度。

④要考虑工程使用年限内可能出现的最不利情况及工程修建后对最不利情况或某些因素的控制程度,以决定选用较低的参数或较高的参数。如做出排水工程疏干滑带水,其抗剪强度参数可予以适当提高。

(2)参数变化的范围。对一般滑坡来说,由于滑动导致滑带土的结构已遭破坏,除了新生的处在蠕动挤压阶段的滑坡的抗滑地段外,原状土的峰值强度已不存在,故强度上限为扰动(重塑)土的峰值强度,下限为残余强度,多数是依据滑动的情况在两者之间进行选择(可参照表3-7)。

(3)用综合分析法选择参数。在弄清了滑坡的地质条件、类型、机理、滑带土的成因、结构、状态、变化的规律、影响强度的因素及其变化趋势,以及滑坡的运动状态之后,即可综合应用上述几种方法互相核对选取参数,只要三者基本一致,就可得出比较符合实际的结果。

由于受研究对象复杂性的限制,想通过一种方法准确确定需要的参数,目前仍是难以办到的,因此建立在因素分析基础上的综合分析法是比较可靠的一种方法。若能与工程地质比拟法确定的参数相核对一致,就更为可靠。

3.7 滑坡稳定性分析与评价

对滑坡进行防治前,先要对滑坡进行稳定性分析与评价。滑坡的稳定性评价主要有两种方法,分别为定性分析判断方法(工程地质分析法)和定量计算评价方法(力学平衡计算法、数值分析法等)。

3.7.1 定性分析判断方法

滑坡有其独特的地形地貌特征和发育过程,在不同的发育阶段有不同的地形地貌及滑动迹象。因此,通过现场调查,在充分掌握工程地质条件的基础上,可从地形地貌形成、变形迹象、地质条件对比和影响因素变化分析等方面对滑坡稳定性做出粗略的定性判断。

对滑坡进行稳定性分析,应运用各种工程地质手段,通过调查、测绘、勘探和监测,对滑坡地段的地貌形态、地质条件的演变,滑动因素的变动进行综合分析研究,再辅以力学平衡验算,才能做出较为正确的判断。

定性分析方法主要有:演变(成因)历史分析法、工程地质类比法等。具体含义与边坡稳定性分析方法相同。

定性分析方法主要从地貌形态演变分析、宏观地质条件对比分析、滑动因素及变化幅度对比分析、滑动迹象演变分析等几个方面进行。

1)地貌形态演变分析

地貌形态演变分析即是从斜坡的微地貌形态特征和地表的迹象来分析其稳定性。滑坡作为一种动力地质现象,其发育阶段的微地貌特征和地表迹象十分明显,将需要评价的滑坡与周围尚属稳定斜坡的地貌特征,及当地类似条件下的各个不同发育阶段和不同稳定程度的滑坡在地貌形态上的特点进行对比,即可大致判断滑坡的稳定程度。

2)宏观地质条件对比分析

宏观地质条件对比分析是将需要判断滑坡稳定性斜坡的地层、岩性、地质构造、水文地质条件、软弱夹层和滑带土性质等与周围的稳定斜坡、类似地质条件下的稳定斜坡和不稳定斜坡及不同滑动阶段的滑坡进行对比分析,找出彼此在地质条件方面的出入及差异,并结合地质条件的可能变化,分析判断滑坡的稳定性。

3)滑动因素及变化幅度对比分析

滑动因素及变化幅度对比分析是找出影响滑坡的主要因素,如人类工程活动、地下水位变化等,从这些影响因素的变化趋势来分析滑坡的稳定性。

4)滑动迹象演变分析

滑动迹象演变分析是根据滑坡发育演变阶段反映出各不相同的变形迹象,来判断滑坡当前所处的滑动阶段及发展趋势。滑坡稳定性野外定性判别可参考表3-9确定。

滑坡稳定性野外判别 表3-9

演变阶段	滑坡前缘	滑坡后缘	滑坡两侧	滑坡体	稳定状态
弱变形阶段	无明显变化,未发现新的泉点	地表或建(构)筑物出现一条或数条与地形等高线大体平行的拉张裂缝,裂缝断续分布	无明显裂缝,边界不明显	无明显异常,偶见"醉汉林"	基本稳定
强变形阶段	常有隆起,有放射状裂缝或大体垂直等高线地形的压致张裂裂缝,有时有局部坍塌现象或出现湿地或有泉水溢出	地表或建(构)筑物拉张裂缝多而宽且贯通,外侧下错	出现雁行羽状剪切裂缝	有裂缝及少量沉陷等异常现象,可见"醉汉林"	欠稳定

续上表

演变阶段	滑坡前缘	滑坡后缘	滑坡两侧	滑坡体	稳定状态
滑动阶段	出现明显的剪出口并经常错出,剪出口附近湿地明显,有一个或多个泉点,有时形成了滑坡舌,滑坡舌常明显伸出,鼓张及放射状裂缝加剧并常伴有坍塌	张裂缝与滑坡两侧羽状裂缝连通,常出现多个阶坎或地堑式沉陷带,滑坡壁常较明显	羽状裂缝与滑坡后缘张裂缝连通,滑坡周界明显	有差异运动形成的纵向裂缝,中、后部水塘、水沟或水田渗漏,不少树木成"醉汉林",滑坡体整体位移	不稳定
停滑阶段	滑坡舌伸出,覆盖于原地表上或到达前方阻挡体而壅高,前缘湿地明显,鼓丘不再发展	裂缝不再增多,不再扩大,滑坡壁明显	羽状裂缝不再扩大,不再增多甚至闭合	滑体变形不再发展,原始地形总体坡度显著变小,裂缝不再扩大不再增多甚至闭合	欠稳定~稳定

3.7.2 定量计算评价方法

为进一步分析评价滑坡稳定性,需要在定性分析评价的基础上对滑坡稳定性进行定量计算。定量计算方法包括常用的极限平衡理论法、数值分析法等,是在对滑坡定性评价的基础上根据滑坡滑动方向的地质纵剖面,采用静力平衡理论计算评价滑坡的稳定系数,根据计算得的稳定系数来评价滑坡的稳定性。《滑坡防治工程勘查规范》(GB/T 32864—2016)第13.3.2条的规定,滑坡稳定状态划分为四种类型,滑坡稳定系数 $F_s < 1.00$ 为不稳定,$1.00 \leq F_s < 1.05$ 为欠稳定,$1.05 \leq F_s < 1.15$ 为基本稳定,$F_s \geq 1.15$ 为稳定。力学平衡计算法有计算方法的选择、计算参数选择、计算工况中暴雨因素的考虑等几个关键问题。

(1)计算方法的选择。滑坡计算的方法要根据滑坡的破坏模式来选择,破坏模式按滑移面形式大致可归纳为单一直线滑面、圆弧滑面、折线滑面三种类型。对一般散体结构或破碎状结构的坡体,或顺层岩坡的坡体,开挖后容易出单一直线滑面;均质土或类似均质土及碎裂结构的岩质滑坡一般采用圆弧滑动面;其他结构类型坡体的破坏模式基本为折线形。《滑坡防治工程设计与施工技术规范》(DZ/T 0219—2006)中规定,堆积层折线滑面用传递系数法进行稳定性评价,用詹布法(Janbu)等方法进行校核;堆积层单一滑面和圆弧滑面的滑坡可用瑞典条分法等进行稳定性评价,可用毕肖普法(Bishop)等方法进行校核。

(2)计算参数的选择。稳定系数计算所用计算参数中最重要的两个参数即是滑带土黏聚力(c)及内摩擦角(φ),它们直接影响稳定性计算结果,是滑坡稳定性计算的关键问题。滑带土黏聚力(c)及内摩擦角(φ)一般采用试验、工程类比及反算法进行综合取值。

(3)计算工况中暴雨因素的考虑。现行地质灾害防治规范中对计算工况的规定都涉及暴雨,规范规定降雨入渗应进行相应的地下水渗流计算。在实际工程中,对暴雨因素的考虑一般是适度的提高地下水水位以及适当降低强度指标来控制。在暴雨工况下,需要首先确定浸润线,浸润线确定以后按滑坡存在稳定水位的基础上进行计算,即将浸润线考虑为稳定水位线。浸润线的位置跟土体性质有关,黏性土本身渗透性较差,故雨水下渗较浅,砂性土渗透性较好,即雨水入渗深度较大。

考虑降雨对滑坡体自重的影响时,如降雨入渗深度小于地下水位面埋深,降雨入渗范围内按饱和重度计算,降雨入渗范围以下、地下水位面以上仍按天然重度计算;如降雨入渗深度大于地下水位面埋深,地下水位面以上均按饱和重度计算;降雨入渗深度视当地暴雨强度、土体入渗系数和渗透系数确定;对岩体完整或较完整、滑面缓倾、后缘有陡倾裂隙的岩质滑坡,尚应考虑降雨入渗在后缘裂隙和滑面形成的静水压力。

1) 滑带土强度指标的确定

滑带土抗剪强度指标选择的正确与否,直接影响滑坡稳定性验算结果及滑坡推力的数值。强度指标应依据试验成果,结合经验反演和类比法综合确定。

(1) 试验法。包括室内土工试验、现场原位测试。

(2) 反算法。反算法的原理是假定滑坡的稳定系数为1(即滑坡将要滑动而尚未滑动的极限平衡瞬间),列出极限平衡方程式求解 c、φ 值。

(3) 类比计算与经验值。类比计算是一种从工程地质条件入手,在滑坡实地分析寻求可与既有处理成功的滑坡相比拟的各种计算数据的方法。

经验值是指在不同地区、不同类型滑坡处理过程中所积累的试验数据和反算数据。

2) 滑坡稳定性评价和滑坡推力计算公式

(1) 土质滑坡稳定性评价计算

①滑动面为单一平面或圆弧形土质滑坡,其计算模式如图3-14所示。

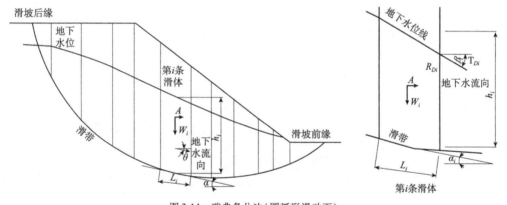

图3-14 瑞典条分法(圆弧形滑动面)

滑坡稳定性按下式计算:

$$F_s = \frac{\sum\{[W_i(\cos\alpha_i - A\sin\alpha_i) - N_{W_i} - R_{D_i}]\tan\varphi_i + c_iL_i\}}{\sum[W_i(\sin\alpha_i + A\cos\alpha_i) + T_{D_i}]} \quad (3-9)$$

其中:

孔隙水压力 $N_{wi} = \gamma_w h_{iw} L_i \cos\alpha_i$,即近似等于浸润面以下土体的面积 $h_{iw}L_i\cos\alpha_i$ 乘以水的重度 γ_w (kN/m³);

渗透压力产生的平行滑面分力 T_{D_i} 按下式计算:

$$T_{D_i} = N_{wi}\sin\beta_i\cos(\alpha_i - \beta_i) \quad (3-10)$$

式中:W_i——第 i 条块的重力(kN/m);

c_i——第 i 条块的黏聚力(kPa);

φ_i——第 i 条块内摩擦角(°);

L_i——第 i 条块滑面长度(m);

α_i——第 i 条块滑面倾角(°);

β_i——第 i 条块地下水流向(°);

A——地震加速度(重力加速度 g);

F_s——稳定系数。

渗透压力垂直滑面的分力 R_{Di} 按下式计算:

$$R_{Di} = N_{wi}\sin\beta_i\sin(\alpha_i - \beta_i) \tag{3-11}$$

若假定有效应力,按下式计算:

$$\overline{N_i} = (1 - r_u)W_i\cos\alpha_i \tag{3-12}$$

其中,r_u 是孔隙压力比,即地下水孔隙压力与其上土层覆盖压力的比值。可表达为:

$$r_u = \frac{滑体水下体积 \times 水重度}{滑体总体积 \times 滑体重度} \tag{3-13}$$

简化公式:

$$F_s = \frac{\sum\{\{W_i[(1-r_u)\cos\alpha_i - A\sin\alpha_i] - R_{Di}\}\tan\varphi_i + c_iL_i\}}{\sum[W_i(\sin\alpha_i + A\cos\alpha_i) + T_{Di}]} \tag{3-14}$$

②滑动面为折线形的土质滑坡,其计算模式如图 3-15 所示。

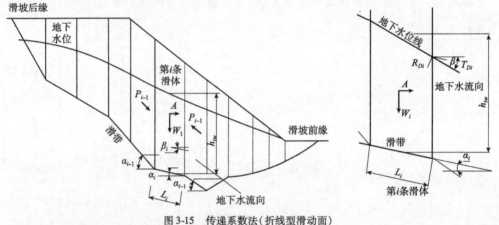

图 3-15 传递系数法(折线型滑动面)

滑坡稳定性系数按下式计算:

$$F_s = \frac{\sum_{i=1}^{n-1}\left\{\{W_i[(1-r_u)\cos\alpha_i - A\sin\alpha_i] - R_{Di}\}\tan\varphi_i + c_iL_i\right\}\prod_{j=i}^{n-1}\psi_j\} + R_n}{\sum_{i=1}^{n-1}\{[W_i(\sin\alpha_i + A\cos\alpha_i) + T_{D_i}]\prod_{j=i}^{n-1}\psi_j\} + T_n} \tag{3-15}$$

其中:$R_n = \{[W_n(1-r_u)\cos\alpha_n - A\sin\alpha_n] - R_{D_n}\}\tan\varphi_n + c_nL_n$

$T_n = W_n(\sin\alpha_n + A\cos\alpha_n) + T_{D_n}$

$$\prod_{j=i}^{n-1}\psi_j = \psi_i\psi_{i+1}\psi_{i+2}\cdots\psi_{n-1}$$

式中:ψ_j——第 i 块段的剩余下滑力传递至第 $i+1$ 块段时的传递系数($j=i$),即:

$$\psi_j = \cos(\alpha_i - \alpha_{i+1}) - \sin(\alpha_i - \alpha_{i+1})\tan\varphi_{i+1} \tag{3-16}$$

③滑坡推力。应按传递系数法计算,按下式计算:

$$P_i = P_{i-1} \times \psi + K_s \times T_i - R_i \tag{3-17}$$

式中:P_i——第 i 条块的推力(kN/m);

P_{i-1}——第$(i-1)$条块的剩余下滑力(kN·m);

K_s——设计的安全系数;

T_i——下滑力,按下式计算:

$$T_i = W_i(\sin\alpha_i + A\cos\alpha_i) + N_{wi}\sin\beta_i\cos(\alpha_i - \beta_i) \quad (3\text{-}18)$$

R_i——抗滑力,按下式计算:

$$R_i = W_i(\cos\alpha_i - A\sin\alpha_i) - N_{wi} - N_{wi}\sin\beta_i\cos(\alpha_i - \beta_i)\tan\varphi_i + c_i L_i \quad (3\text{-}19)$$

ψ——传递系数,按下式计算:

$$\psi = \cos(\alpha_{i-1} - \alpha_i) - \sin(\alpha_{i-1} - \alpha_i)\tan\varphi_i \quad (3\text{-}20)$$

N_{wi}——孔隙水压力,按下式计算:

$$N_{wi} = \gamma_w h_{iw} L_i \cos\alpha_i \quad (3\text{-}21)$$

即近似等于浸润面以下土体的面积 $h_{iw}L_i\cos\alpha_i$ 乘以水的重度 γ_w。

当采用孔隙压力比时,抗滑力 R_i 可按下式计算:

$$R_i = \{W_i[(1-\gamma_u)\cos\alpha_i - A\sin\alpha_i] - \gamma_w h_{iw} L_i\}\tan\varphi_i + c_i L_i \quad (3\text{-}22)$$

式中:γ_u——孔隙压力比。

(2)岩质滑坡稳定性评价计算。岩质滑坡一般为折线形滑动,其计算模式如图 3-16 所示。

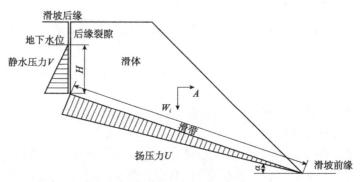

图 3-16 岩质滑坡稳定性计算模式

稳定性系数按下式计算:

$$F_s = \frac{[W(\cos\alpha - A\sin\alpha) - V\sin\alpha - U]\tan\varphi + cL}{W(\sin\alpha + A\cos\alpha) + V\cos\alpha} \quad (3\text{-}23)$$

其中,后缘裂缝静水压力 V:

$$V = \frac{1}{2}\gamma_w H^2 \quad (3\text{-}24)$$

沿滑(带)面扬压力 U:

$$U = \frac{1}{2}\gamma_w LH \quad (3\text{-}25)$$

3)滑坡稳定安全系数的选取

通常应根据滑坡的现状,对其研究程度,以及滑坡治理设计工况条件、治理工程的级别等,确定滑坡稳定安全系数 F_{st}(设计安全系数)值,按表 3-10 确定。评定滑坡的稳定性,需满足 $F_s \geq F_{st}$。

滑坡治理工程稳定安全系数 F_{st} 推荐值　　　　　表 3-10

治理工程级别	一级				二级				三级			
设计工况	设计		校核		设计		校核		设计		校核	
	工况1	工况2	工况3	工况4	工况1	工况2	工况3	工况4	工况1	工况2	工况3	工况4
设计安全系数 F_{st}	1.35	1.3	1.15	1.15	1.30	1.25	1.10	1.10	1.25	1.20	1.05	1.05

注：①工况1—自重；②工况2—自重+地下水；③工况3—自重+暴雨+地下水；④工况4—自重+地震+地下水；⑤对地质条件很复杂或破坏后果极其严重的滑坡治理工程，其设计安全系数宜适当提高。

3.8 滑坡预测预报

3.8.1 滑坡前的异常现象

不同类型、不同性质、不同特点的滑坡，在滑动之前，均会表现出不同的异常现象，显示出滑坡的预兆（前兆）。归纳起来常见的有如下几种。

(1) 大滑动之前，在滑坡前缘坡脚处，有堵塞多年的泉水复活现象，或者出现泉水（井水）突然干枯，井（钻孔）水位突变等类似的异常现象。

(2) 在滑坡体中，前部出现横向及纵向放射状裂缝，它反映了滑坡体向前推挤并受到阻碍，已进入临滑状态。

(3) 大滑动之前，滑坡体前缘坡脚处，土体出现上隆（凸起）现象，这是滑坡明显的向前推挤现象。

(4) 大滑动之前，有岩石开裂或被剪切挤压的音响，这种现象反映了深部变形与破裂，动物对此十分敏感，有异常反应。

(5) 滑坡临滑之前，滑坡体四周岩（土）体会出现小型崩塌和松弛现象。

(6) 如果在滑坡体有长期位移监测资料，那么大滑动之前，无论是水平位移量或垂直位移量，均会出现加速变化的趋势。这是临滑的明显迹象。

(7) 滑坡后缘的裂缝急剧扩展，并从裂缝中冒出热气或冷风。

(8) 临滑之前，在滑坡体范围内的动物惊恐异常，植物变态。如猪、狗、牛惊恐不宁，不入睡；老鼠乱窜不进洞；树木枯萎或歪斜等。

3.8.2 滑坡位移监测

对运动中的滑坡进行位移监测，不仅可以得出滑体移动速度、方向等直观资料，而且将这些资料和其他调查、勘探的结果结合起来分析，还能得出一些有关认识和整治滑坡的重要资料。滑坡位移监测的内容是：监测它平面位置和高程的变化，并根据监测结果，采用一定的比例绘制滑坡位移矢量图，如图3-17所示。

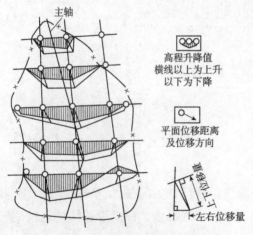

图 3-17　平面位移及高程升降矢量图

位移监测可分为简易监测和精密监测(建立监测网)两种。

1)简易监测

对于地表局部地段的监测可采用在滑坡裂缝两侧打桩,如图 3-18a)所示;或在构筑物(如挡土墙、浆砌片石沟等)裂缝上贴水泥砂浆片,如图 3-18b)所示;或在裂缝两侧设固定标尺,如图 3-18c)所示;或在滑坡前缘剪出带内刻槽,如图 3-18d)所示;或设标等简易方法,对滑坡进行监测。

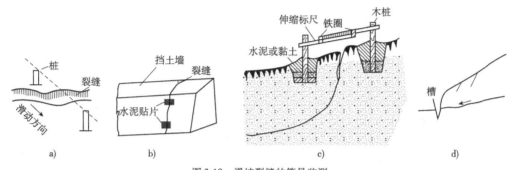

图 3-18　滑坡裂缝的简易监测
a)设桩监测;b)贴片监测;c)设尺监测;d)刻槽监测

2)精密监测

对于地表整体位移的监测可采用如下精密的监测方法。

(1)对范围不大,主轴位置明显的窄长滑坡可设置十字交叉网进行监测,如图 3-19a)所示。

(2)对范围不大,但地形开阔的滑坡可设置放射网进行监测,如图 3-19b)所示。

(3)对地形复杂的大型滑坡则设置任意方格网进行监测,如图 3-19c)所示。

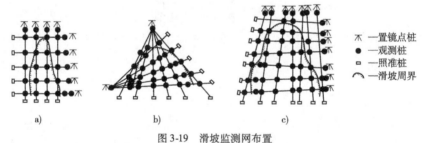

图 3-19　滑坡监测网布置
a)十字交叉网;b)放射网;c)任意方格网

3)位移监测在滑坡分析中的应用

(1)根据各监测桩移动或不移动,位移量和位移方向的不同,可确定滑坡的范围,或区分老滑坡上的局部移动,或从外貌上很像一个整体滑坡的滑坡群中区分出各单个滑坡。一般在滑坡群内,各滑坡在边缘位置的监测桩,其位移方向是向各自的滑体偏移,且两滑体间的监测桩位移量较小,如图 3-20 所示。

(2)根据绘制的滑坡位移矢量图可确定滑坡的主滑线。即从位移矢量图中找出每一横断面上位移量、下沉量最大

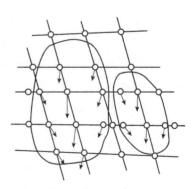

图 3-20　滑坡周界划分

的点,联结这些点的线即为所求的滑坡主滑线,如图 3-20 所示。

(3)根据沿滑动方向断面上各监测桩的平面位移量,按下式计算各监测桩间单位长度的平均相对拉伸(或压缩)值 ε(mm/m),从而分析出各段受力的性质(拉、压)和相对大小,按下式计算:

$$\varepsilon = \frac{上、下两桩平面位移量差(mm)}{桩距(m)} \tag{3-26}$$

ε 为正值时受压,负值则受拉。根据滑体受力状态的分析,对布置防治滑坡工程措施是有实用价值的。为简便起见,可只对主轴断面进行计算分析,其结果可采用如图 3-21 所示的方法。

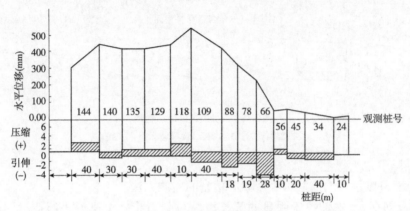

图 3-21 滑体受力状态分析

(4)当滑坡只有一个滑动面时,监测桩位移合矢量与水平线的夹角 α,常和其下相应部分滑面倾角相近,用这一现象可判断滑面的形式,按下式计算:

$$\tan\alpha = \frac{桩高程变动值}{桩水平位移值} \tag{3-27}$$

当监测桩升高时,α 角表示滑床向上翘的角度,反之则 α 角表示滑床向下倾的角度。

3.8.3 其他监测

1)地下水动态监测

利用钻孔、试坑、平洞、泉等对滑坡体内外地下水位、水温、水质和流向的变化,以及地下水露头的流量和水温变化情况、滑坡带内的孔隙水压力及其消散、增长情况进行监测。

2)建筑物变形监测

位于滑坡体上的建筑物,如房屋、桥涵、沟渠、隧洞、挡土墙等,对滑坡变形一般较为敏感。对建筑物各部位的开裂、沉陷、位移或倾斜做详细的监测,常可帮助分析滑坡的性质、规模及其稳定程度。监测内容包括:变形发生的时间、部位、性质、范围和程度及变化发展情况等。建筑物变形监测资料应与滑坡位移监测资料结合起来分析。

3)深部位移监测

对于滑动速度慢、性质复杂的大型滑坡,可利用挖探时留下的探洞或探井进行监测,也可利用钻孔进行深部监测。目的是详细查明滑动面(带)位置和滑坡体不同深度处的位移情况。

深部位移监测的方法较多,主要有:

(1)钻孔测斜仪:将探头放入钻孔内,在地下不同深度测量岩土体各点的斜率,任意两点斜率变化的积累,即为这两点的相对位移,与初始值进行比较,即可算出每一深度的位移。

(2)充电法:在不同深度内埋设金属球,分别引电线出地面,根据各球等电位线的变化,确定滑体各不同深度的位移,可借以推断滑坡的速度和方向。

(3)管式应变计:把贴好应变片的塑料管放入钻孔中,根据土体位移后引起的应变片电阻的变化,测出不同深度的位移量和变形位移位置。

(4)钢丝式多层移动测量计:把钢丝连接于引导盘上,固定在滑坡地下的不同深度,并把钢丝引出地面。直接测出钢丝的伸长量,可以掌握滑坡不同深度的位移变化。

滑坡监测方法、主要仪器及监测周期按表3-11确定。

滑坡监测方法、主要仪器及监测周期 表3-11

灾害类型	监测内容	监测方法	监测仪器	监测精度	监测周期
土质滑坡	位移	GPS观测	双频高精度GPS观测仪	水平5mm,垂直10mm	每月1次,加密每月2~3次
		深部位移监测	移动式钻孔测斜仪	4mm/15m	每月1次,加密每月2~3次
			TDR监测系统	定位精度10cm	连续监测或每日1次
		裂缝相对位移监测	相对位移计	0.1mm	连续监测或每日1次
	地下水动态	地下水位监测	地下水动态监测仪	0.1m	连续监测
		孔隙水压力监测	孔隙水压力监测仪	0.1kPa	连续监测
		滑坡体含水率监测	孔隙水压力监测仪	1%	连续监测
		地下水水温监测	孔隙水压力监测仪;水温观测仪	0.1℃	连续监测
	降水	降雨量观测	自动雨量计	1mm	连续监测
岩质滑坡	位移	GPS观测	双频高精度GPS观测仪	水平5mm,垂直10mm	每月1次,加密每月2~3次
		地面倾斜监测	地面倾斜仪	1″	每月1次,加密每月2~3次
		裂缝相对位移监测	相对位移计	0.1mm	连续监测或每日1次
		深部位移监测	移动式钻孔测斜仪	4mm/15m	每月1次,加密每月2~3次
			TDR监测系统	定位精度10cm	连续监测或每日1次
	应力	岩(土)体压力监测	岩(土)体压力计	1Hz	连续监测或每日1次
	地声	声发射监测	声发射监测仪		连续监测

3.9 滑坡防治

滑坡治理应考虑滑坡类型、成因、水文和工程地质条件的变化、滑坡阶段、滑坡稳定性、滑坡区建(构)筑物和施工影响等因素,分析滑坡的发展趋势及危害性,采用排水工程、削方减载与压脚工程、抗滑挡土墙工程、混凝土抗滑桩工程、预应力锚索工程、锚拉桩、格构锚固工程等进行综合治理。

不稳定的滑坡对工程和建筑物危害性较大,一般对大中型滑坡,应以绕避为宜;如不能绕避或绕避非常不经济时,则应予整治。滑坡的工程整治措施大致可分为消除和减轻水对滑坡的危害、改善滑坡体力学平衡条件和其他措施三类。

3.9.1 消除和减轻水对滑坡的危害

水是促使滑坡发生和发展的主要因素,尽早消除和减轻水对滑坡的危害,是滑坡工程整治中的关键。疏干滑坡体内以及截断和引出滑坡附近的地下水,常常是整治滑坡的根本措施。排除地下水可使滑坡岩土体的含水率或孔隙水压力降低,边坡土体干燥,从而提高其强度指标,降低土层的重度,并可消除地下水的水压力,以提高坡体的稳定性。

1) 截、排地表水

(1)沿滑坡周界处修建环形截水沟,不使滑体外水进入滑体的周边裂缝及滑坡体内。

(2)在滑坡体上修建树枝状排水系统,排除滑体范围内的地表水。

(3)在滑坡体上修建明沟与渗沟相结合的引、排水工程,排除滑体内的泉水、湿地水等。

2) 截、排地下水

(1)在滑坡体上修建渗沟,截、排地下水。主要有以下 3 种类型:

①支撑渗沟:适用于中、浅层滑坡,由于其抗剪强度较高,兼有支撑滑体和排水两个作用。

②截水渗沟:截排滑体外深层地下水,不使其进入滑体。

③边坡渗沟:支撑边坡并疏干边坡地下水。

(2)在滑床及滑坡体上修建隧洞,截排地下水。主要用于深层滑坡,其类型有:

①截水隧洞:引排滑体外深层地下水,不使其进入滑体。

②排水隧洞:引排出滑体内地下水。

③疏干隧洞:疏干滑坡体内的地下水,常与渗井等工程配合修建。

(3)在滑坡体上施设垂直孔群,用钻孔穿透滑带,起到降低地下水压力或将滑坡水降至下部强透水层中排走的作用。当下部地层具有良好的排泄条件时,效果才好。

(4)采用渗井与水平钻孔相结合的截排水方法:其排水是以渗井聚集滑体内地下水,用近于水平的钻孔穿连渗井,把水排出,疏干滑体。

3) 平整滑坡地表

(1)整平夯实滑坡坡面,夯填滑体内的裂缝,防止地表水渗入滑体内。

(2)植树铺草皮,固化滑坡土体表面,防止水流冲刷下渗。

3.9.2 改善滑坡体力学平衡条件

采取挡墙、锚固、抗滑桩等工程措施,改善滑坡体力学平衡条件,减小下滑力,增大抗滑力,达到稳定滑坡的目的。其基本原理与边坡加固措施类似。

1) 支挡工程措施

在滑坡体适当部位设置支挡建筑物(如抗滑挡土墙、抗滑明洞、抗滑桩等)可以支挡滑体或把滑体锚固在稳定地层上。由于这种方法对山体破坏少,可有效地改善滑体的力学平衡

条件,故被广泛加以采用。其主要类型有:

(1)抗滑挡土墙。抗滑挡土墙是目前整治中小型滑坡中应用最为广泛而且较为有效的措施之一。根据滑坡的性质、类型和抗滑挡土墙的受力特点、材料和结构不同,抗滑挡土墙又有多种类型。

从结构形式上分:①重力式抗滑挡土墙;②锚杆式抗滑挡土墙;③加筋土抗滑挡土墙;④板桩式抗滑挡土墙;⑤竖向预应力锚杆式抗滑挡土墙等。

从材料上分:①浆砌条石(块石)抗滑挡土墙;②混凝土抗滑挡土墙(浆砌混凝土预制块体式和现浇混凝土整体式);③钢筋混凝土式抗滑挡土墙;④加筋土抗滑挡土墙等。

选取何类型的抗滑挡土墙,应根据滑坡的性质、规模、类型、工程地质条件、当地的材料供应情况等条件,综合分析,合理确定,以期达到整治滑坡的同时,降低整治工程的建设费用。

抗滑挡土墙与一般挡土墙类似,但它又不同于一般挡土墙,主要表现在抗滑挡土墙所承受的土压力的大小、方向、分布和作用点等方面。一般挡土墙主要抵抗主动土压力,而抗滑挡土墙所抵抗的是滑坡体的滑坡推力。一般情况下,滑坡推力较主动土压力大。为满足抗滑挡土墙自身稳定的需要,通常抗滑挡土墙墙面坡度采用1:0.3~1:0.5,甚至缓至1:0.75~1:1。为增强抗滑挡土墙底部的抗滑阻力,可将其基底做成倒坡或锯齿形;为增加抗滑挡土墙的抗倾覆稳定性,可在墙后设置1~2m宽的衡重台或卸荷平台。

采用抗滑挡土墙整治滑坡,对于小型滑坡,可直接在滑坡下部或前缘修建抗滑挡土墙;对于中、大型滑坡,抗滑挡土墙常与排水工程、刷方减重工程等整治措施联合适用。其优点是山体破坏少,稳定滑坡收效快。尤其对于由于斜坡体因前缘崩塌而引起大规模滑坡,抗滑挡土墙会起到良好的整治效果。但在修建抗滑挡土墙时,应尽量避免或减少对滑坡体前缘的开挖,必要时可设置补偿式抗滑挡土墙,在抗滑挡土墙与滑坡体前缘土坡之间反压填土,如图3-22所示。

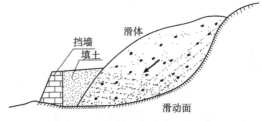

图3-22 补偿式抗滑挡土墙的设置

(2)预应力锚索。预应力锚索是对滑坡体主动抗滑的一种技术。通过预应力的施加,增强滑带的法向应力和减少滑体下滑力,有效地增强滑坡体的稳定性。预应力锚索主要由内锚固段、张拉段和外锚固段三部分构成。预应力锚索材料宜采用低松弛高强钢绞线加工。预应力锚索设置必须保证达到所设计的锁定锚固力要求,避免由于钢绞线松弛而被滑坡体剪断;同时,必须保证预应力钢绞线有效防腐,避免因钢绞线锈蚀导致锚索强度降低,甚至破断。预应力锚索长度一般不超过50m,单束锚索设计吨位宜为500~2 500kN级,不超过3 000kN级。预应力锚索布置间距宜为4~10m。当滑坡体为堆积层或土质滑坡,预应力锚索应与钢筋混凝土梁、格构或抗滑桩组合使用。

(3)格构锚固。格构锚固技术是利用浆砌块石、现浇钢筋混凝土或预制预应力混凝土进行坡面防护,并利用锚杆或锚索固定的一种滑坡综合防护措施。格构技术应与美化环境结合,利用框格护坡,并在框格之间种植花草,达到美化环境的目的。根据滑坡结构特征,选定不同的护坡材料。当滑坡稳定性好,但前缘表层开挖失稳,出现坍滑时,可采用浆砌块石格构护坡,并用锚杆固定;当滑坡稳定性差,且滑坡体厚度不大,宜用现浇钢筋混凝土格构结合锚杆(索)进行滑坡防护,须穿过滑带对滑坡阻滑;当滑坡稳定性差,且滑坡体较厚,下滑力较大时,应采用混凝土格构结合预应力锚索进行防护,并须穿过滑带对滑坡阻滑。

(4)抗滑桩。抗滑桩是我国铁路部门20世纪60年代开发、研究的一种抗滑加固(支挡)工程结构,后在各个行业得到广泛的应用,是治理大中型滑坡最主要的加固(支挡)工程结构。对于高边坡加固工程来说,依据"分层开挖、分层稳定、坡脚预加固"原则,抗滑桩(预应力锚索抗滑桩)与钢筋混凝土挡板、桩间挡墙、土钉墙等结构结合,组成复合结构,大量使用在路堑边坡的坡脚预加固工程中,这些复合结构适应了高边坡的变形规律,能够有效地控制高边坡的大变形。

抗滑桩与一般桩基类似,但主要是承担水平荷载。抗滑桩是通过桩身将上部承受的坡体推力传给桩下部的侧向土体或岩体,依靠桩下部的侧向阻力来承担边坡的下推力,而使边坡保持平衡或稳定,其原理如图3-23所示。

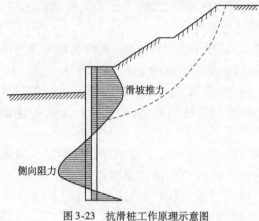

图3-23 抗滑桩工作原理示意图

抗滑桩适用于深层滑坡和各类非塑性流滑坡,对缺乏石料的地区和处理正在活动的滑坡,更为适宜。抗滑桩及其复合结构形式如图3-24所示。

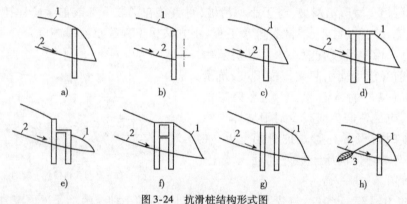

图3-24 抗滑桩结构形式图
a)全埋式桩;b)悬臂桩;c)埋入式桩;d)承台式桩;e)椅式桩(h形桩);f)排架桩;g)钢架桩;h)锚索桩
1-坡面;2-滑动面;3-锚固体

抗滑桩具有以下主要优点:

①设桩位置灵活,可集中设置在滑坡的前缘附近,也可设置在滑坡体其他部位;可单独使用,也可与锚杆(索)联合使用,如图3-25所示。

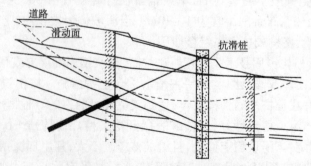

图3-25 抗滑桩联合锚索支护示意图

②每根桩的工程量不大,施工中对滑体稳定性影响小;对正在活动的滑坡,采用自两侧向主轴施工的方法,可以不加剧其活动性。

③在已通车的线路或已投产的厂矿施工,可以不影响行车和正常生产。

④桩孔本身是一个很好的深探井,通过它可以取得滑动面准确位置等其他参数,检验和修正设计,使其更符合实际。

抗滑桩的平面位置、间距和排列等,取决于滑体的密实程度、含水情况、滑坡推力大小及施工条件等因素。通常需布置一排或数排,每排在平面上布置呈向上方的拱形,更有利于承受推力和使边桩多分担荷载。排距取决于前后桩排上的推力分配,通常是每一块滑体布设一排,设于滑体较薄的抗滑段部位,或滑坡计算剖面上下滑力较小的部位。每排桩的横向间距,在有土体自然拱的试验资料时,可参照试验数据决定;无试验资料时,可取 2~5 倍桩径为宜,通常滑体主轴附近间距小些,两侧大些;滑体密实者间距大些,反之则小些,以免滑体从两桩之间挤出。

2)减载与反压

减载与反压措施在滑坡防治中应用较广。对于滑床上陡下缓,滑体"头重脚轻"的或推移式滑坡,可对滑坡上部主滑段刷方减重;也可在前部阻滑段反压填土,以达到滑体的力学平衡。对于小型滑坡可全部清除。减重和清除均应慎重从事,应验算和检查残余滑体和后壁的稳定性。

(1)上部减荷。对推移式滑坡,在上部主滑地段减荷,常起到根治滑坡的效果。对其他性质的滑坡,在主滑地段减荷也能起到减小下滑力的作用。减荷一般适用于滑坡床为上陡下缓、滑坡后壁及两侧有稳定的岩土体,不致因减荷而引起滑坡向上和向两侧发展造成后患的情况。对于错落转变成的滑坡,采用减荷使滑坡达到平衡,效果比较显著。对有些滑坡的滑带土或滑体,具有卸载膨胀的特点,减荷后使滑带土松弛膨胀,尤其是地下水浸湿后,其抗滑力减小,引起滑坡下滑,具有这种特性的滑坡,不能采用减荷法。此外,减荷后将增大暴露面,有利于地表水渗入坡体和使坡体岩石风化,对此应充分考虑。

(2)坡脚反压。在滑坡的抗滑段和滑坡外前缘堆填土石加重,如做成堤、坝等,能增大抗滑力而稳定滑坡;但必须注意只能在抗滑段加重反压,不能填于主滑地段。而且反压填方时必须做好地下排水工程,不能因填土堵塞原有地下水出口,造成后患。

(3)减荷与反压相结合。对于某些滑坡可根据设计计算后,确定需减少的下滑力大小,同时在其上部进行部分减荷和在下部反压。减荷和反压后,应验算滑面从残存的滑体薄弱部位及反压体底面剪出的可能性。

3.9.3 其他措施

其他措施包括护坡、改善岩土性质、防御绕避等。

护坡是为了防止降雨等地表水流对斜坡的冲刷或淘蚀,也可以防止坡面岩土的风化。为了防止河水冲刷或海、湖、水库的波浪冲蚀,一般修筑挡水防护工程(如挡水墙、防波堤、砌石及抛石护坡等)和导水工程(如导流堤、丁坝、导水边墙等)。为了防止易风化岩石所组成的边坡表面的风化剥落,可采用喷浆、灰浆抹面和砌片石等护坡措施。

改善岩土性质的目的,是为了提高岩土体的抗滑能力,也是防治斜坡变形破坏的一种有效措施。常用的有化学灌浆法、电渗排水法和焙烧法等。它们主要用于土体性质的改善,也可用于岩体中软弱夹层的加固处理。

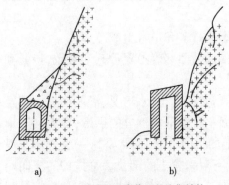

图 3-26 道路通过崩落区的防御结构
a) 明硐；b) 御塌棚

通过采用灌浆法、焙烧法、电化学法、硅化法，以及孔底爆破灌注混凝土等措施，改变滑带土的性质，提高其强度，达到增强滑坡稳定性的目的。

防御绕避措施一般适用于线路工程（如铁路、公路）。当线路遇到严重不稳定斜坡地段，处理很困难时，可考虑采用此措施。具体工程措施有：明硐和御塌棚、外移作桥和内移作隧等，如图 3-26、图 3-27 所示。

上述各项措施，可根据具体条件选择采用，有时可采取综合治理措施。

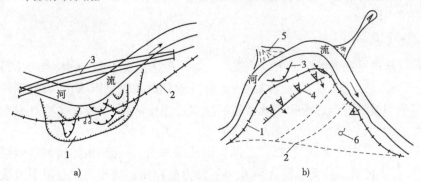

图 3-27 路线绕避斜坡不稳定地段
a) 外移作桥 1-滑坡体；2-原线路；3-采用的跨河桥线
b) 内移作隧 1-原线路；2-采用的隧道线；3-滑坡体；4-崩塌体；5-泥石流堆积物；6-泉

思 考 题

1. 滑坡的基本概念。
2. 列举滑坡的基本要素。
3. 滑坡的滑动形式。
4. 列举滑坡的易发区和多发区。
5. 影响滑坡的主要因素有哪些？
6. 列举诱发滑坡的主要人类工程活动？
7. 一般在什么季节最易发生滑坡？
8. 如何按滑体厚度、按物质组成、按滑体体积、按力学特征对滑坡进行分类？
9. 滑坡稳定性验算中如何选定滑带土强度指标？
10. 滑坡防治监测内容及方法有哪些？
11. 滑坡发生有什么前兆？
12. 滑坡后可采取哪些应急抢险处置措施？
13. 滑坡的活动时间、空间分布与哪些因素有关？有什么规律？
14. 滑坡的活动强度与哪些因素有关？
15. 滑坡防治的主要措施有哪些？

第4章 崩塌及其防治

4.1 崩塌基本概念

崩塌系指岩土体在重力和其他外力作用下脱离母体,突然从陡峻斜坡上向下倾倒、崩落和翻滚,以及因此而引起的斜坡变形现象,如图4-1所示。崩塌通常都是在岩土体剪应力值超过岩体的软弱结构面(节理面、层理面、片理面以及岩浆岩侵入接触带等)的强度时产生。其特点是发生急剧、突然,运动快速、猛烈,脱离母体的岩土体的运动不沿固定的面或带,其垂直位移显著大于水平位移。

崩塌有多种形式。规模巨大的山坡崩塌,称为山崩,规模小称为坍塌。巨大的岩土体摇摇欲坠,尚未崩落时,称为危岩。稳定斜坡上的个别岩块的突然坠落称为落石。如岩块尚未坍落,但已处于极限平衡状态时,称为危岩(石)。斜坡表层的岩土体,由于长期强烈风化剥蚀而发生的经常性岩屑碎块顺坡面的滚落现象,称为剥落。

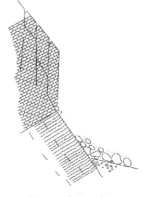

图4-1 崩塌示意图

4.2 崩塌产生的基本条件

4.2.1 崩塌形成的内在条件

1)地貌条件

崩塌多发生在坡度大于55°的高陡斜坡、孤立山嘴或凹形陡坡地形,以及河流强烈切割、地势高差较大、坡度陡峻的高山峡谷区、水库库岸,或发生于铁路、公路边坡、工程建筑边坡及其各类人工边坡等地段。

大量的天然斜坡和人工边坡的崩塌调查表明,陡峻的斜坡地形是形成崩塌的必不可少的条件之一。斜坡坡度越陡,越容易形成崩塌。

2)地质条件

崩塌作用主要发生在对山坡体切割、分离的节理、裂隙面、岩层面、断面等地质构造面,特别是具垂直节理的坚硬、脆性块状结构的岩层上。如果这些坚硬岩层与软弱岩层互层就更容易风化掏蚀,使坚硬岩层突悬发生崩塌。构造运动强烈、地层挤压破碎、地震频繁的地区亦容易发生崩塌现象。

(1)由坚硬、脆性的岩石(厚层石灰岩、花岗岩、石英岩、玄武岩等)构成较陡的斜坡,如其构造、卸荷节理发育,并存在深而陡的、平行于坡面的张裂隙时,有利于崩塌落石的发生,如图4-2a)所示。

(2)软硬岩互层(如砂岩与页岩互层、石灰岩与泥灰岩互层等)构成的陡峻斜坡,由于抗风化能力的差异,常形成软岩凹、硬岩凸的斜坡,也易形成崩塌落石,如图4-2b)所示。

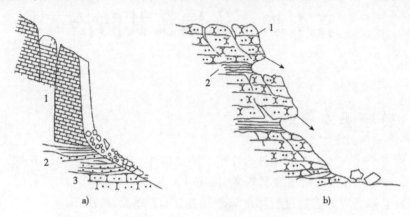

图4-2 地质条件导致崩塌示意图
a)坚硬岩石组成的斜坡前缘卸荷裂隙　b)软硬岩性互层的陡坡局部崩塌示意图
1-灰岩;2-砂页岩互层;3-石英岩　　　　1-砂岩;2-页岩

(3)黄土垂直节理发育,形成的陡坡,极易产生崩塌。

(4)陡坡上部为坚硬岩石,下部为易溶岩或软岩(如煤系地层)时,或受河水冲蚀破坏,或受人为活动的变形影响,硬岩受张应力的作用,裂隙进一步向深部发展,当形成连续贯通的分离面时,便易形成大型崩塌。

4.2.2 崩塌形成的外在条件

1)气候条件

崩塌作用与强烈的物理风化作用密切相关。在日温差、年温差较大的干旱和半干旱区、冻—融交替的物理风化作用强烈。只要有陡崖、陡坎、陡坡的地方都可能出现崩塌。

2)强烈震动

强烈的地震、大爆破、列车的反复震动,可促使或诱发崩塌落石的产生。一般烈度大于7度以上的地震都会诱发大量崩塌,在汶川"5·12"大地震过程中较陡的山体基本都产生大量的崩塌岩体,如图4-3所示。

3)工程开挖边坡

人类工程活动中边坡开挖过高过陡,破坏了山体平衡,会促使崩塌的发生。道路线路走向与区域性构造线平行贴近,且采用深挖方时,崩塌落石灾害发育。

4)水库蓄水、河流冲刷侵蚀

水是引起崩塌最活跃的因素之一,绝大多数崩塌都发生在雨季或暴雨之后。河(江)水的波浪淘刷作用以及雨水渗入岩土体,增加了重力,加大了静水压力,冲刷、溶解和软化了裂隙充填物形成的软弱结构面,都会引起崩塌的产生。

5)矿产资源开采

矿产资源开采形成高陡边坡、采空区,在其他因素触发下易产生崩塌、落石,甚至大规模的灾难性崩塌灾害。湖北省远安县境内的盐池河磷矿灾难性山崩,是崩塌形成诸条件制约的典型实例。该磷矿位于一峡谷中,岩层为上震旦统灯影组厚层块状白云岩及上震旦统陡山沱组含磷矿层的薄至中厚层白云岩、白云质泥岩及砂质页岩。岩层中发育有两组垂直节理,使山顶部的灯影组厚层白云岩三面临空。地下采矿平巷使地表沿两组垂直节理追踪发育张裂缝。1980 年 6 月 8～10 日连续两天大雨的触发,使山体顶部前缘厚层白云岩沿层面滑出形成崩塌,体积约 100 万 m³,造成生命财产的严重损失,如图 4-4 所示。

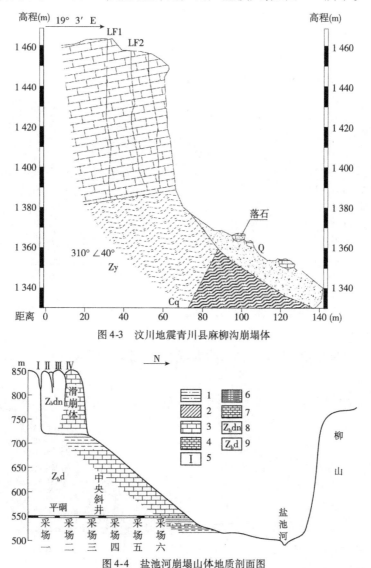

图 4-3 汶川地震青川县麻柳沟崩塌体

图 4-4 盐池河崩塌山体地质剖面图

1-灰黑色粉砂质页岩;2-磷矿层;3-厚层块状白云岩;4-薄至中厚层白云岩;5-裂缝编号;
6-白云质泥岩及砂质页岩;7-薄至中厚层板状白云岩;8-震旦系上统灯影组;9-震旦系上统陡山沱组

2013 年 2 月 18 日上午 11 时 30 分,贵州省凯里市龙场镇渔洞村岔河组发生崩塌地质灾害,崩塌体高约 250m,宽约 70m,厚约 10m,崩塌堆积体约 24 万 m³,灾害造成 5 人死亡。崩塌点属贵州省凯里市湾水镇大风洞乡坪地煤矿矿区区域。据调查,崩塌部位斜坡为缓倾反向坡,崩塌部位南侧 100m 处为坪地煤矿洞口。该崩塌主要受岩体结构控制,以及受到坡体底部采矿因素长期影响。

4.3 崩塌类型

4.3.1 按物质组成及崩塌所处地貌划分

1）土质崩塌

土质崩塌在残积土、黄土或黄土类土分布区较为常见，同岩崩相比，其规模和破坏损失一般比较小，如图4-5所示。

2）岩质崩塌（岩崩）

岩崩是产生在岩体中的崩塌，如图4-6所示。

图4-5 土质崩塌

图4-6 汶川大地震中道路边的斜坡产生岩崩

3）山崩

当岩崩的规模巨大，涉及山体，俗称山崩，如图4-7所示。

4）岸崩（崖崩）

崩塌产生在河流、湖泊或海岸上时，称为岸崩，如图4-8所示。

图4-7 新北川中学山崩

图4-8 海岸崩塌

4.3.2 按崩塌体规模、山坡坡度划分

按照崩塌体的规模、范围、大小可以分为剥落、坠落和崩落等类型。

1）剥落型崩塌

剥落的块度较小，块度大于0.5m占25%以下，产生剥落的岩石山坡一般在30°~40°。

2）坠落型崩塌

坠石的块度较大，块度大于0.5m占50%~70%，山坡角在30°~40°范围内。

3）崩落型崩塌

崩落的块度更大,块度大于0.5m占75%以上,山坡角多大于40°。

4.3.3 按崩塌体规模等级划分

按照表4-1确定划分崩塌规模等级。

崩塌规模等级   表4-1

灾害等级	特大型	大型	中型	小型
体积 $V(\times 10^4 m^3)$	$V \geqslant 100$	$100 > V \geqslant 10$	$10 > V \geqslant 1$	$V < 1$

4.3.4 按崩塌形成机理划分

按表4-2确定和划分崩塌的机理类型。

崩塌形成机理分类及特征表   表4-2

类型	岩性	结构面	地形	受力状态	起始运动形式
倾倒式崩塌	黄土、直立或陡倾坡内的岩层	多为垂直节理、陡倾坡内直立层面	峡谷、直立岸坡、悬崖	主要受倾覆力矩作用	倾倒
滑移式崩塌	多为软硬相间的岩层	有倾向临空面的结构面	陡坡坡度通常大于55°	滑移面主要受剪切力作用	滑移
鼓胀式崩塌	黄土、黏土、坚硬岩层下伏软弱岩层	上部垂直节理,下部为近水平的结构面	陡坡	下部软岩受垂直挤压作用	鼓胀伴有下沉、滑移、倾斜
拉裂式崩塌	多见于软硬相间的岩层	多为风化裂隙和重力拉张裂隙	上部突出的悬崖	拉张作用	拉裂
错断式崩塌	坚硬岩层、黄土	垂直裂隙发育,通常无倾向临空面的结构面	大于45°的陡坡	自重引起的剪切力作用	错落

4.4 崩塌与滑坡的区别

滑坡和崩塌如同孪生姐妹,甚至有着无法分割的联系。它们常常相伴而生,产生于相同的地质构造环境中和相同的地层岩性构造条件下,且有着相同的触发因素,容易产生滑坡的地带也是崩塌的易发区。例如宝成铁路宝鸡至绵阳段,即是滑坡和崩塌的多发区。崩塌可转化为滑坡:一个地方长期不断地发生崩塌,其积累的大量崩塌堆积体在一定条件下可生成滑坡;有时崩塌在运动过程中直接转化为滑坡运动,且这种转化比较常见。有时岩土体的重力运动形式介于崩塌式运动和滑坡式运动之间,以至人们无法区别此运动是崩塌还是滑坡,因此也称此为滑坡式崩塌或崩塌型滑坡。崩塌、滑坡在一定条件下可互相诱发、互相转化:崩塌体崩落在老滑坡体或松散不稳定堆积体上部,在崩塌的重力冲击下,有时可使老滑坡复活或产生新滑坡。滑坡在向下滑动过程中若地形突然变陡,滑体就会由滑动转为坠落,即滑坡转化为崩塌。有时,由于滑坡后缘产生了许多裂缝,因而滑坡发生后其高陡的后壁会不断地发生崩塌。另外,滑坡和崩塌也有着相同的次生灾害和相似的发生前兆。

崩塌与滑坡都是在重力作用下山体斜坡失稳活动。但两者间的形成机理和活动形式存在一定的差异,它们两者主要差别见表4-3。

滑坡与崩塌的主要差别　　　　　表4-3

判别指标	崩　塌	滑　坡
1.斜坡坡度	一般大于50°	一般小于50°
2.发生斜坡的部位	只发生在坡脚以上的坡面上	发生在坡面上,或在坡脚处、甚至在坡前剪出
3.边界面特征	侧面和底面各自独立存在,不能构成统一平面	侧面和底面有时可连成统一的曲面(平面或曲面)
4.底面摩阻特征	底面摩阻大,无滑动面	底面摩阻小,有滑动面
5.群体的底面几何特征	各崩塌块体底面往往各自独立存在	各滑动的底面有时为统一的滑动面
6.运动本质	拉裂	剪切
7.运动速度	快速,急剧,短促	蠕滑,慢速,快速
8.运动状态	多为滚动、跳跃,垂直运动为主	相对整体滑移,水平运动为主
9.运动规模	很小~较大,块体一般不超过数千立方米	较小~极大
10.位移特征	垂直位移大于水平位移	水平位移大于垂直位移
11.堆积体结构	松动开裂,局部架空,结构零乱	滑体一般整体性好,保持岩土层原始结构、构造特征,也可出现解体
12.堆积体名称	倒石堆、崩塌体	滑坡体

4.5　崩塌工程地质勘查

危岩和崩塌的含义有所区别:危岩是指岩体被结构面切割,在外力作用下易产生松动和塌落的岩体;崩塌是指危岩的塌落过程及其产物。

应查明产生崩塌的条件及其规模、类型、范围,并对工程建设适宜性进行评价,提出防治方案和建议。危岩和崩塌地区工程地质测绘的比例尺宜采用1:500~1:1 000;崩塌方向主剖面的比例尺宜采用1:200。

崩塌调查包括危岩体调查和已有崩塌堆积体调查。

4.5.1　危岩与崩塌的调查内容

危岩与崩塌的调查内容主要包括下列方面:

(1)危岩体位置、形态、分布高程、规模。

(2)危岩体及周边的地质构造、地层岩性、地形地貌、岩(土)体结构类型、斜坡结构类型。岩土体结构应初步查明软弱(夹)层、断层、褶曲、裂隙、裂缝、临空面、两侧边界、底界(崩滑带),以及它们对危岩体的控制和影响。

(3)危岩体及周边的水文地质条件和地下水储存特征。

(4)危岩体周边及底界以下地质体的工程地质特征。

(5)危岩体变形发育史,历史上危岩体形成的时间,危岩体发生崩塌的次数、发生时间、崩塌前兆特征、崩塌方向、崩塌运动距离、堆积场所、崩塌规模、引发因素,变形发育史、崩塌发育史、灾情等。

(6)危岩体成因的动力因素,包括降雨、河流冲刷、地面及地下开挖、采掘等因素的强度、周期,以及它们对危岩体变形破坏的作用和影响。在高陡临空地形条件下,由崖下硐掘型采矿引起山体开裂形成的危岩体,应详细调查采空区的面积、采高、分布范围、顶底板岩性结构、开采时间、开采工艺、矿柱和保留条带的分布,地压现象(底鼓、冒顶、片帮、鼓帮、开裂、压碎、支架位移破坏等)、地压显示与变形时间,地压监测数据和地压控制与管理办法,研究采矿对危岩体形成与发展的作用和影响。

(7)分析危岩体崩塌的可能性,初步划定危岩体崩塌可能造成的灾害范围。

(8)危岩体崩塌后可能的运移斜坡,在不同崩塌体积条件下崩塌运动的最大距离。在峡谷区,要重视气垫浮托效应和折射回弹效应的可能性及由此造成的特殊运动特征与危害。

(9)危岩体崩塌可能到达并堆积的场地的形态、坡度、分布、高程、地层岩性与产状及该场地的最大堆积容量。在不同体积条件下,崩塌块石越过该堆积场地向下运移的可能性,最终堆积场地。

(10)调查崩塌已经造成的损失,崩塌进一步发展的影响范围及潜在损失。

崩塌、危岩稳定性野外判别按表4-4确定。

崩塌、危岩稳定性野外判别　　　　　　　　　　　　　　　　　　表4-4

环境条件	稳定性差	稳定性较差	稳定性好
地形地貌	前缘临空甚至三面临空,坡度>55°,出现"鹰嘴"崖,顶底高差>30m,坡面起伏不平,上陡下缓	前缘临空,坡度>45°,坡面不平	前缘临空,坡度<45°,坡面较平,岸坡植被发育
地质结构	岩性软硬相间,岩土体结构松散破碎,裂缝裂隙发育切割深,形成了不稳定的结构体,不连续结构面	岩体结构较破碎,不连续结构面少,节理裂隙较少。岩土体无明显变形迹象,有不规则小裂缝	岩体结构完整,不连续结构面少,无节理、裂隙发育。岸坡土堆较密实,无裂缝变形
水文气象	雨水充沛,气温变化大,昼夜温差明显。或有地表径流、河流流经坡脚,水流急,水位变幅大,属侵蚀岸	存在大到暴雨引发因素	无地表径流或河流水量小,属堆积岸,水位变幅小
人类活动	人为破坏严重,岸坡无护坡。人工边坡坡度>60°,岩体结构破碎	修路等工程开挖形成软弱基座陡崖,或下部存在凹腔,边坡角40°~60°	人类活动很少,岸坡有砌石护坡。人工边坡角<40°

4.5.2 已有崩塌堆积体调查内容

对已发生的崩塌堆积体进行调查,其目的是评价崩塌堆积体自身的稳定性和安全性。主要包括如下内容。

(1)崩塌源的位置、高程、规模、地层岩性、岩(土)体工程地质特征及崩塌产生的时间。

(2)崩塌体运移斜坡的形态、地形坡度、粗糙度、岩性、起伏差,崩塌方式、崩塌块体的运动路线和运动距离。

(3)崩塌堆积体的分布范围、高程、形态、规模、物质组成、分选情况、植被生长情况、块度、结构、架空情况和密实度。

(4)崩塌堆积床形态、坡度、岩性和物质组成、地层产状。

(5)崩塌堆积体内地下水的分布和运移条件。

(6)评价崩塌堆积体自身的稳定性和在上方崩塌体冲击荷载作用下的稳定性,分析在暴雨等条件下向泥石流、滑坡转化的条件和可能性。

4.5.3 危岩和崩塌的岩土工程评价

对崩塌区应根据山体地质构造格局、变形特征、规模及其危害程度,圈出可能崩塌的范围和危险区,对各类建筑物和线路工程的场地适宜性做出评价,并提出防治对策和方案。

(1)规模大,破坏后果很严重,难以治理的不宜作为工程场地,线路及建设场地应绕避。

对山高坡陡、岩层软硬相间、风化严重、岩体结构面发育、松弛且组合关系复杂,形成大量破碎带和分离体的不稳定山体,可能崩塌的落石方量大于 5 000m³,破坏力强,难以处理的严重崩塌区,不应作为各类建筑物的建筑场地,线路及建设场地应予绕避,确无绕避可能时,必须采取治理措施。

(2)规模较大,破坏后果严重的,应对可能产生崩塌的危岩进行加固处理,线路及建设场地应采取防护措施。

对山体较平缓,岩层单一,风化程度轻微,岩体结构面密闭且不甚发育或组合关系简单,无破碎带和危险切割面的稳定山体,斜坡仅有个别危石,可能崩塌的落石方量小于 500m³,破坏力小,易于处理的轻微崩塌区,作为建筑场地时,应以全部清除不稳定的岩块为原则,对稳定性稍差的岩块应采取加固措施。

(3)规模小,破坏后果不严重的,可作为工程场地,但应对不稳定危岩采取治理措施。

对介于上述两类之间的一般崩塌区,若坡脚与拟建建筑物之间没有保证安全的足够距离时,必须对可能崩塌的岩体加固处理;线路必须通过时,应采取防护措施。

4.6 崩塌防治

4.6.1 崩塌发生的前兆

崩塌发生前可能会出现以下征兆:

(1)坡顶出现新的破裂形迹,崩塌处的裂缝逐渐扩大,危岩体的前缘有掉块、坠落现象,小崩小塌不断发生。

(2)崩塌的坡脚出现新的破裂形迹,嗅到异常气味。

(3)岩石的撕裂摩擦错碎声,出现热、氡气、地下水质、水量等异常现象。

(4)动植物出现异常现象。

4.6.2 崩塌、危岩的主要防治措施

崩塌、危岩常突然发生,危害性大,性质复杂。当建设场地及线路必须通过这类地段时,则应采取防治措施,以保证建筑及运营安全。常用的防治措施按表4-5确定。

防治崩塌、危岩的措施　　　　　　　　　　　　　　　表 4-5

措 施	适 用 条 件	具 体 措 施
拦截	如斜坡或山坡基本稳定，但岩石风化破碎，雨季中常有坠石，剥落和小型崩塌，且修建其他防护工程费用太大时，可在坡脚下或半坡上设置拦截建筑物	（1）线路距崩落坡脚有足够宽度，且斜坡下部有小于 30°的缓山坡时，可设置落石平台，拦石堤或落石槽等，以停积崩塌物质。 （2）当没有条件设置落石平台或落石槽时，可考虑修建挡石墙。 （3）如已建有路堑挡土墙，而山坡上出现小型崩塌落石时，也可将路堑挡土墙加高，以拦截坠石。以上措施都应根据具体条件加铺垫层，以减轻石块坠落的冲击力。 （4）利用废旧钢轨、钢钎及钢丝等物编制钢轨或钢钎栅栏、落石网等来拦截落石
支挡	斜坡基本稳定，坡面有岩石突出或有不稳定的大孤石，清除有困难时	可在孤石下面修支柱、支垛、支墩、支挡墙或用锚索锚杆等支撑稳固危岩孤石
护面	基本稳定，但易风化剥落的软质岩石边坡地段	对陡斜坡可采用护面墙，对缓斜坡可采用护坡或喷浆、抹面，这些加固措施虽然不能承受重大的侧向压力，但依靠其本身的重力和厚度，仍可起到一定的支撑防护作用
镶补	对基本稳定，但有张开裂隙、空洞，可能引起崩塌落石的硬质岩石，或软硬岩石相间的坡面	可用片石混凝土填补空洞，镶嵌、灌浆，水泥砂浆勾缝，锚栓等方法予以加固
清除、刷坡	危岩、孤石、突出的山嘴以及岩层表面风化破碎等	对斜坡上或坡顶的大孤石、危岩可采用局部爆破清除，也可对高陡斜坡进行刷坡至稳定坡率
遮挡	山坡不稳定的中小型崩塌地段或由于人工切割高边坡，引起山体崩塌变形的地段	修建明洞、棚洞等遮挡建筑物，既可遮挡边坡上部崩塌落石，又可加固斜坡下部，起到稳定和支撑边坡的作用
排水	有水活动的地段	可根据地表径流资料，布置排水建筑物，进行截拦疏导

支撑（支挡）主要用来防治陡峭斜坡顶部的危岩体、滚石、孤石，防止其崩落、滚落，如图 4-9 所示。

4.6.3 崩塌的监测方法

崩滑体变形监测方法，分为简易监测、地表仪器监测、地下仪器监测和与变形有关的物理量监测等。

1）崩滑体变形简易监测

利用简单的工具进行，常用的方法有：

（1）在裂缝两侧或滑面两侧（或上下）插筋（木筋、钢筋等）、埋桩（混凝土桩、石桩等）或标记，用钢尺量测其变形情况。

（2）在裂缝上粘贴水泥砂浆片或玻璃片等，监测其变形情况。

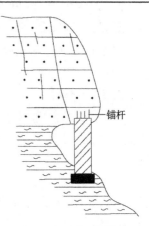

图 4-9　混凝土支撑保护危岩

(3)在平硐、竖井内或地表地形适合部位,在裂缝一侧吊设垂锤,监测其变形情况。

这些方法简便、直观、可靠,投入快,成本低,便于普及,且不受环境因素影响;缺点是精度稍差,信息量较少。

2)崩滑体变形地表仪器监测

在崩塌体地表设置专门仪器,监测其相对的或绝对的变形情况,方法很多,主要有:

(1)大地测量法。有监测二维(X、Y)水平位移的两(或三)方向的前方交会法、双边距离交会法,监测单方向水平位移的视准线法、小角法、测距法,监测垂直(Z)方向位移的几何水准测量法、精密三角高程测量法等。

该方法在崩滑体上设置固定的监测桩,在其外围稳定地段设置固定的测站桩。两种桩均用混凝土制成,埋设深度应在 0.5~1.0m 以下,冻结区的埋设深度应在冻结层以下 0.5m。常用的监测仪器是高精度测角、测距的光学仪器和光电测距仪器,如经纬仪、水准仪、光电测距仪、全站式电子速测仪等。其技术成熟,精度高,资料可靠,信息量大。缺点是受地形视通条件和气候影响均较大。

(2)全球定位系统(GPS)法。利用空间卫星定位系统,实现与崩滑体大地测量法相同的监测内容。三维(X、Y、Z)位移量可同时测出,对运动中的点能精确测出其速率;且不受视通条件限制,能连续监测,精度在不断提高。

(3)遥感(RS)法和近景摄影法。遥感法利用地球卫星或航空器,周期性的拍摄崩滑体的变形,适用于大范围、区域性崩滑体监测。近景摄影法是将近景摄影仪安装在稳定区两个不同位置的测站上,同时对崩滑体的图像进行周期性拍摄,构成立体图像。用立体坐标仪量测图像上各监测点的三维(X、Y、Z)位移量。该图像是崩滑体变形的实况记录,可随时比较分析,且外业工作简便,可同时监测多个监测点的位移。缺点是精度相对较差,且设站受地形条件限制,内业工作量大。

(4)激光全息摄影法与激光散斑法。是监测崩滑体绝对位移的新方法。

(5)测斜法。利用地面倾斜仪(计),监测崩滑体地面倾斜(倾角)变化及其方向,精度高,易操作,主要适用于倾倒和角变位的崩滑体。

(6)测缝法。利用钢卷尺、游标卡尺和用各种传感器、钢弦频率计制造的测缝计(二向,三向)、位移计、位错计、伸缩计、收敛计(杆式,机械式)等,人工测、自动测或遥测裂缝张开、闭合和两侧岩土体升、降或水平错位等。其中人工测、自动测,方法简易、直观,精度较高,资料可靠;遥测较安全,可连续进行。这些方法的缺点是均受气候因素影响。

3)崩滑体变形地下仪器监测

利用钻孔、平硐、竖井等,在崩滑体内部设置专门仪器,监测其相对的或绝对的变形,方法也很多,主要有:

(1)测斜法。利用地下倾斜仪、多点倒锤仪等,监测崩滑体内不同深度滑面或软弱面的变形特征,可人工测(平硐、竖井中)、自动测或遥测。其精度高,效果好;但成本相对较高。

(2)测缝法。利用多点位移计、井壁位移计,监测深部裂缝、滑带(或软弱带)的位移情况。可人工测(利用平硐等地下工程)、自动测(埋设于地下)和遥测。其精度较高,效果较好;但仪器易受地下水、气等环境的影响和危害。

(3)垂锤法和沉降法。利用垂锤、极坐标盘、水平位错计和下沉仪、收敛仪等,在平硐中监测滑带上部相对于下部岩体的水平、垂向位移情况，直观、可靠，精度较高。但易受地下水、气等环境的影响和危害。

4）崩滑体变形有关物理量监测方法

目前常用的有：

（1）地声监测法。利用地声发射仪、地音探测仪等，采集岩体变形微破裂或破坏时释放出的应力波强度、频度等信号资料，分析、判断崩滑体变形情况。仪器一般应设置在崩滑体应力集中部位，地表、地下均可，灵敏度较高，可连续监测，但仅适用于岩质崩滑体或斜坡的变形监测，且在崩滑体匀速变形阶段不宜使用。

（2）地应力监测法。利用埋设于钻孔、平硐、竖井内的地应力计监测岩质崩滑体内不同部位的应力变化，分析、判断崩滑体变形情况。也可在地表安设水平应力计，监测地表应力变化情况，分辨拉力区、压力区等。另外，利用差动传递式土压力计、应变式压力计，可监测土质崩滑体地表应力变化情况。

（3）地温监测法。利用温度计监测崩滑体地温变化情况，分析、判断崩滑体变形情况。

5）崩滑体变形位移相关因素监测方法

主要有：

（1）利用常规气象监测仪器如温度计、雨量计、雨量报警器、蒸发仪等，进行以降水量为主的气象监测。

（2）利用水位标尺、水位和流量自动记录仪、测流堰、量杆等，监测崩滑体内及其周围天然河沟和截排水沟地表水位、流量动态变化情况。

（3）利用测流堰、水温计等，监测泉水流量、水温等动态变化情况。

（4）利用测盅、水位和流量自动记录仪、测流堰，水温计等，监测钻孔、竖井、平硐等地下水位、水温和流量等动态变化情况。

（5）利用孔隙水压计、渗压计等，采集有关水文地质参数。

（6）崩滑体地下水水化学监测与一般水文地质监测方法相同。监测内容包括：暂时硬度、pH 值、侵蚀性 CO_2、Ca^{2+}、Mg^{2+}、Na^+、K^+、HCO_3^-、SO_4^{2-}、Cl^-、耗氧量等，并根据当地地质环境提出特殊要求，增减监测项目。

（7）利用地震仪，进行微震监测。

6）崩滑体变形破坏宏观前兆监测方法

崩滑体变形破坏宏观地形变化和地表水、地下水变化，以及动物异常等，主要是固定专人，进行实地监测，后者也可在崩滑体内设置敏感动物进行监测。

专门变形监测仪器，特别是地音、地表水、地下水监测仪器，均应加密监测。此外，还可用电路接触器自动监测崩滑发生，即按预测的预报临界值、警报警戒值，沿滑面、裂缝安装电路接触点，当位移超过该点时，电路接通，立即发出预报和警报。

在人工施测有危险的地段和时段，应设置具备远距离监测、遥测或自动监测功能的监测设施。

7）监测时间间隔

分为正常监测和特殊监测两类。正常监测时间间隔 15 天一次（至少每月一次）；特殊监测（汛期，险情预报、警报期，防治工程施工期等），必须加密监测，每天一次，甚至不间断地进行监测。

思 考 题

1. 什么是崩塌?
2. 崩塌形成的条件有哪些?
3. 崩塌按物质组成及崩塌所处地貌如何分类?
4. 崩塌与滑坡有什么区别?
5. 崩塌发生有什么前兆?
6. 崩塌主要有哪些防治措施?
7. 哪些人类工程经济活动可能诱发崩塌?我国防治崩塌的工程措施有哪些?
8. 怎样识别可能的崩塌体?
9. 崩塌发生的时间有什么规律?

第5章 泥石流及其防治

5.1 泥石流的基本概念

泥石流是发生在山区的一种携带有大量泥沙、石块的暂时性急水流,其固体物质的含量有时超过水量,是介于挟砂水流和滑坡之间的土石、水、气混合流或颗粒剪切流。它往往突然暴发,来势凶猛,运动快速,历时短暂,严重地影响着山区人民生命财产的安全。尤其是近半个世纪以来,由于生态平衡破坏的不断加剧,世界上许多多山国家的建筑场地或居民区周围灾害性泥石流频频发生,并造成惨重损失。因此,它是严重威胁山区居民和工程建设安全的重要地质灾害之一。掌握泥石流的基本理论并有效地防治泥石流,已成为山区工程建设的一项重要任务。

灾害性泥石流,因其发生极其迅速,同时又是土石和水的松散混合体,密度达 $1.8 \sim 2.4 \text{g/cm}^3$ 或更大,因而有着巨大的破坏力。

我国是一个多山的国家,也是世界上泥石流灾害最为严重的国家之一,每年在各地都会有大量的泥石流灾害事件发生。近几十年来,平均每年造成的直接经济损失达几十亿元,死亡人数千人,并且随着人类社会经济活动的不断增强,人们对自然资源的过度索取和对环境的持续破坏,使泥石流等自然灾害更趋严重。近年来,我国泥石流灾害不断发生,在 2003 年 7 月 11 日 22 时,四川甘孜州丹巴县发生的特大泥石流灾害造成 51 人死亡,并将大金川河阻断,灾情严重;2010 年 8 月 7 日夜 22 时左右,甘肃甘南藏族自治州舟曲县特大泥石流灾害导致 4 496 户计 20 227 人受灾;水毁农田 1 417 亩,水毁房屋 307 户计 5 508 间,其中农村民房 235 户,城镇职工及居民住房 72 户;进水房屋 4 189 户计 20 945 间,其中农村民房 1 503 户,城镇民房 2 686 户;机关单位办公楼水毁 21 栋,损坏车辆 18 辆,遇难 1 481 人,失踪 284 人。

泥石流不但危害巨大,而且分布范围也极广,在全球范围均有分布。2011 年 1 月 25 日,巴西东南部洪水和泥石流持续数日,里约热内卢附近山区受灾严重,里约热内卢北部 Serrana 山区连降暴雨,导致泥石流冲进村庄,河水泛滥决堤,至少 809 人死亡。

5.2 泥石流形成条件

泥石流的形成过程与地形地貌、地质、水文、气象、植被、地震、人类活动等因素有关。但必须满足以下 3 个基本条件:即地质条件、地形条件和气象水文条件。

5.2.1 地质条件(物源)

流域地质条件决定了松散固体物质的来源、组成、结构、补给方式和速度等。泥石流强烈发育的山区,多是地质构造复杂、岩石风化破碎、新构造运动活跃、地震频发、崩塌滑坡灾害多发的地段。这样的地段,既为泥石流准备了丰富的固体物质来源,又因地形高耸陡峻,高差大,为泥石流活动提供了强大的动能优势。

就区域分布看,泥石流暴发区多位于新构造运动强烈的地震带或其附近。这是因为深大地震断裂带及其附近地段岩体破碎,崩塌滑坡发育,为泥石流的形成提供了物质基础。例如,南北向地震带是我国最强烈的地震带,也是我国泥石流最活跃的地带。其中像东川小江流域、西昌安宁河流域、武都白龙江流域和天水渭河流域,都是我国泥石流灾害严重的地带。受气候的影响,在此地震带上总的趋势是,南段泥石流较中段和北段更为发育。

形成区内地层岩性分布与泥石流物质组成和流态密切相关。在形成区内有大量易于被水流侵蚀冲刷的疏松土石堆积物,乃是泥石流形成的最重要条件。堆积物成因可分为风化残积的、坡积的、重力堆积的、冰碛的或冰水沉积的各种类型。它们的粒度成分相差悬殊,大者为数十至上百立方米的巨大漂砾,小者为细砂、黏粒,互相混杂。这些疏松堆积物干燥时处于相对稳定状态;但一旦湿化饱水后,则会软化崩解,易于坍垮而被冲刷。泥石流形成区最常见的岩层是泥岩、片岩、千枚岩、板岩、泥灰岩、凝灰岩等软弱岩层。

风化作用也能为泥石流提供固体物质来源,尤其是在干旱、半干旱气候带的山区,植被不发育,岩石物理风化作用强烈,在山坡和沟谷中堆聚起大量的松散碎屑物质,便成为泥石流的补给源地。筑路、矿山开挖等形成的松散堆积弃渣也是泥石流的物源。

5.2.2 地形条件(势源、动力源)

泥石流大多发生于陡峻的山岳地区。这种陡峻地形条件为泥石流发生、发展提供了充足的位能,使泥石流蕴含一定的侵蚀、搬运和堆积能量。一般情况下,泥石流多沿纵坡降较大的狭窄沟谷活动。每一处泥石流自成一个流域,典型的泥石流流域可划出形成区、流通区和堆积区三个区段,如图5-1所示。它包括分水岭脊线和泥石流活动范围内的面积,亦即汇流面积与堆积扇面积之和。

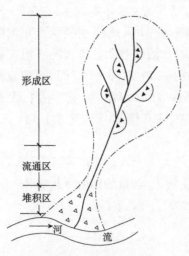

图5-1 泥石流流域分区

1)形成区

多为三面环山、一面出口的宽阔地段,周围山坡陡峻,地形坡度多为30°~60°,沟床纵坡降可达30°以上。它的面积有时可达几十甚至几百平方公里。坡体往往裸露破碎,无植被覆盖。周围斜坡常为冲沟切割,崩塌滑坡堆积物发育。这种地形有利于大量水流和固体物质迅速聚积,并形成具有强大冲刷能力的泥石流。

2)流通区

该区是泥石流搬运通过的地段,多系狭窄而深切的峡谷或冲沟,谷壁陡峻而纵坡降较大,且多陡坎和跌水。所以泥石流物质进入本区后具极强的冲刷能力,将沟床和沟壁上冲刷下来的土石携走。1983年6月15日,东川蒋家沟流域普降大暴雨,一次泥石流冲刷深度达12~15m。流通区纵坡的陡缓、曲直和长短,对泥石流的强度有很大影响。当纵坡陡而顺直时,泥石流流途通畅,可直泻下游,能量大;反之则易堵塞停积或改道,削弱能量。流通区长短不一,甚至可缺失。

3) 堆积区

一般位于出山口或山间盆地边缘,地形坡度通常小于5°。由于地形豁然开阔平坦,泥石流动能急剧降低,最终停积下来,形成扇形、锥形或带形堆积滩。典型的地貌形态为洪积扇。堆积扇地面往往垄岗起伏、坎坷不平,大小石块混杂。若泥石流物质能直泻入主河槽,而河水搬运能力又很强时,则堆积扇有可能缺乏。由于扇顶侵蚀基准面的长期不断变化,前后多次泥石流活动的结果,可使泥石流堆积范围不断前进或后退,形成所谓溯源侵蚀或溯源堆积。有时因泥石流频繁活动,可使堆积扇不断淤高扩展,到一定程度逐渐减弱泥石流对下游的破坏作用。

由于泥石流流域具体地形地貌条件不同,在有些泥石流流域,上述三个区段不可能明显分开,甚至缺乏某个区段。此外,泥石流流域形态对流域内径流过程有明显影响,进而影响各种松散固体物质参与泥石流的形成和泥石流规模。

5.2.3 气象水文条件(水源)

泥石流形成必须有强烈的地表径流,它为泥石流暴发提供动力条件。泥石流的地表径流来源于暴雨、冰雪强烈融化和水体溃决。由此可将它划分为暴雨型、冰雪融化型和水体溃决型等类型。

暴雨型泥石流是我国最主要的泥石流类型。我国是夏季季风暴雨成灾的国家之一,除西北、内蒙古地区外,都受到热带、副热带湿热气团的影响,特别是云南、四川山区受孟加拉湿热气流影响较强烈,在西南季风控制下,夏秋多暴雨。云南东川地区一次暴雨6小时降水量180mm,其中最大降雨强度为55mm/h,形成了历史上罕见的特大暴雨型泥石流,称为"东川型泥石流"。我国东部、东南沿海地区则受太平洋暖湿气团影响,夏秋多台风和热带风暴。1981年8号强热带风暴侵袭东北,7月27~28日辽宁老帽山地区下了特大暴雨,6小时降雨量395mm,其中最大降雨强度为116.5mm/h,暴发了一场巨大的泥石流。2010年8月7日22时左右,甘南藏族自治州舟曲县城东北部山区突降特大暴雨,降雨量达97mm,持续40多分钟,引发三眼峪、罗家峪等四条沟系特大山洪地质灾害,泥石流长约5km,平均宽度300m,平均厚度5m,总体积$750 \times 10^4 m^3$,流经区域被夷为平地,遇难1 481人,失踪284人。一般来说,暴雨型泥石流的发生与前期降水密切相关,只有前期降水积累到一定量值时,短历时暴雨的激发作用才显著。前期降水越大,土体中含水率越高,激发泥石流发生所需的短历时降雨强度就越小。

我国冰川面积约$5.7 \times 10^4 km^2$,年融水量约$5.5 \times 10^{10} m^3$,径流深达1 136mm,当气温上升并持续高温时,冰川谷地下游便易发生泥石流。季节性积雪区因积雪深度有限,不易发生大规模泥石流,但雪线以上多年积雪区则往往与冰川融水一起促使泥石流暴发。另外有多年冻土分布的大、小兴安岭北段和青藏高原等地,夏秋季形成的季节融化层和下伏多年冻土层之间易出现不衔接,而经充水、饱和、液化,加上暴雨冲刷、水流侵蚀,易由泥流、土溜转化为泥石流。在高寒地区,有时泥石流的形成还与冰川湖的突然溃决有关。

总之,水体来源是激发泥石流的决定性因素,除上述自然条件异常变化导致泥石流现象发生外,人类工程经济活动也不可忽略,它不但直接诱发泥石流灾害,还往往加重区域泥石流活动强度。人类工程经济活动对泥石流影响的消极因素很多,如毁林、开荒与陡坡耕种,放牧、水库溃决、渠水渗漏、工程和矿山弃渣不当等。这些有悖于环境保护的工程活动,往往导致大范围生态失衡、水土流失,并产生大面积山体崩塌滑坡现象,为泥石流发生提供了充足的固体物质来源,泥石流的发生、发展又反过来加剧环境恶化,从而形成一个负反馈增长的生态环境演化机制。为此必须采取固土、控水、稳流措施,抑制因人类不合理工程活动所诱发的泥石流灾害,保护建筑场地稳定。

上述三个基本条件中,前两个是内因,第三个是外因。泥石流的发生与发展是内、外因综合作用的结果。

滑坡、崩塌与泥石流的关系也十分密切,易发生滑坡、崩塌的区域也易发生泥石流,只不过泥石流的暴发多了一项必不可少的水源条件。再者,崩塌和滑坡的物质经常是泥石流的重要固体物质来源。滑坡、崩塌还常常在运动过程中直接转化为泥石流,或者滑坡、崩塌发生一段时间后,其堆积物在一定的水源条件下生成泥石流,形成灾害链,即泥石流是滑坡和崩塌的次生灾害。泥石流与滑坡、崩塌有着许多相同的促发因素。

甘肃舟曲是全国滑坡、泥石流、地震三大地质灾害多发区。舟曲特大泥石流灾害发生主要有以下5个原因:

(1)地质地貌原因。舟曲一带是秦岭西部的褶皱带,山体风化、破碎严重,大部分属于土质,非常容易形成地质灾害。

(2)汶川"5·12"大地震震松了山体。舟曲是汶川"5·12"大地震的重灾区之一,地震导致舟曲的山体松动,极易垮塌,而山体要恢复到震前水平至少需要3~5年时间。

(3)气象原因。我国大部分地方遭遇过严重干旱,这使岩体、土体收缩,裂缝暴露出来,遇到强降雨,雨水容易进入山缝隙,形成地质灾害。

(4)瞬时的暴雨和强降雨。由于岩体产生裂缝,瞬时的暴雨和强降雨深入岩体深部,导致岩体崩塌、滑坡,形成泥石流。

(5)在舟曲泥石流受灾严重的三眼峪排洪沟上游,正在修建拦洪坝,灾害发生前,包括4座拦渣坝在内的工程尚未完工。泥石流灾害发生后,工程终止;而在刚建完的4道拦洪坝中的1号坝,在其残体内部堆着石块、砂砾,稍微用些力便可徒手抽出石块。在灾害发生时,这些工程不仅没有发生其作用,反而还产生了不利影响。

5.3 泥石流类型

1)按水源成因及物源成因分类

可分为暴雨(降雨)型泥石流、冰川(冰雪融水)型泥石流、溃决(含冰湖溃决)型泥石流、坡面侵蚀型泥石流、崩滑型泥石流、冰碛型泥石流、火山型泥石流、弃渣型泥石流等。

泥石流按水源和物源成因分类见表5-1。

泥石流按水源和物源成因分类　　　　表 5-1

类型 \ 特征	水源成因特征	类型 \ 特征	物源成因特征
暴雨型泥石流	泥石流一般在充分的前期降雨和当场暴雨激发作用下形成，激发雨量和降雨强度因不同沟谷而异	坡面侵蚀型泥石流	坡面侵蚀、冲沟侵蚀和浅层坍滑提供形成泥石流的主要松散体。固体物质多集中于沟道中，在一定水分条件下形成泥石流
冰川型泥石流	冰雪融水冲蚀沟床，侵蚀岸坡而引发泥石流。有时也有降雨的共同作用	崩滑型泥石流	固体物质主要由滑坡、崩塌等堆积体提供，也有滑坡直接转化为泥石流
溃决型泥石流	由于水流冲刷、地震、堤坝自身不稳定引起的各种拦水堤坝溃决和形成堰塞湖的滑坡坝、终碛堤溃决，造成突发性高强度洪水冲蚀而引发泥石流	冰碛型泥石流	形成泥石流的固体物质主要是冰碛物
		火山型泥石流	形成泥石流的固体物质主要是火山碎屑堆积物
		弃渣型泥石流	形成泥石流的松散固体物质主要由开渠、筑路、矿山开挖的弃渣提供

2）按集水区地貌特征分类

可分为沟谷型泥石流和坡面型泥石流，见表 5-2。

泥石流按集水区地貌特征分类　　　　表 5-2

类型	特征
坡面型泥石流	（1）无恒定地域与明显沟槽，只有活动周界。 （2）限于 30°以上斜面，下伏基岩或不透水层浅，物源以地表风化覆盖层为主，活动规模小，破坏机制更接近于坍滑。 （3）发生时空不易识别，成灾规模及损失范围小。 （4）坡面土体失稳，主要是有压地下水作用和后续强暴雨诱发。暴雨过程中的狂风可能造成林、灌木拔起和倾倒，使坡面局部破坏。 （5）总量小，重现期长，无后续性，无重复性。 （6）在同一斜坡面上可以多处发生，呈梳状排列，顶缘距山脊线有一定范围。 （7）可知性低、防范难
沟谷型泥石流	（1）以流域为周界，受一定的沟谷制约。泥石流的形成、堆积和流通区较明显。轮廓呈哑铃形。 （2）以沟槽为中心，物源区松散堆积体分布在沟槽两岸及河床上，崩塌滑坡、沟蚀作用强烈，活动规模大，由洪水、泥沙两种汇流形成，更接近于洪水。 （3）发生时空有一定规律性，可识别，成灾规模及损失范围大。 （4）主要是暴雨对松散物源的冲蚀作用和汇流水体的冲蚀作用。 （5）总量大，重现期短，有后续性，能重复发生。 （6）构造作用明显，同一地区多呈带状或片状分布，列入流域防灾整治范围。 （7）有一定的可知性，可防范。

3）按泥石流物质组成分类

可分为泥流型、水石型和泥石型泥石流，见表 5-3。

泥流型、水石型和泥石型泥石流识别条件　　　　　　表5-3

指标\类型	泥流型泥石流	泥石型泥石流	水石(砂)型泥石流
重度	16~23kN/m³	12~23kN/m³	12~18kN/m³
物质组成	粉砂、黏粒为主,粒度均匀,98%的粒度小于2.0mm	可含黏、粉、砂、砾、卵、漂各级粒度,很不均匀	粉砂、黏粒含量极少,粒度多为>2.0mm各级粒度,粒度很不均匀(水砂流较均匀)
流体属性	多为非牛顿体,有黏性,黏度>0.3~0.15Pa·s	多为非牛顿体,少部分也可以是牛顿体。有黏性的,也有无黏性的	为牛顿体,无黏性
残留表观	有浓泥浆残留	表面不干净,表面有泥浆残留	表面较干净,无泥浆残留
沟槽坡度	较缓	较陡(>10%)	较陡(>10%)
分布地域	多集中分布在黄土及火山灰地区	广见于各类地质体及堆积体中	多见于火成岩及碳酸盐岩地区

4)按流体性质分类

可分为黏性泥石流(重度16.0~23.0kN/m³)和稀性泥石流(重度13.0~16.0kN/m³),见表5-4。

泥石流按流体分类　　　　　　表5-4

性质\类型	稀性泥石流	黏性泥石流
流体的组成及特性	浆体是由不含或少含黏性物质组成,黏度值<0.3Pa·s,不形成网格结构,不会产生屈服应力,为牛顿体	浆体是由富含黏性物质(黏土、<0.01mm的粉砂)组成,黏度值>0.3Pa·s,形成网格结构,产生屈服应力,为非牛顿体
非浆体部分的组成	非浆体部分的粗颗粒物质由大小石块、砾石、粗砂及少量粉砂黏土组成	非浆体部分的粗颗粒物质由大于0.01mm粉砂、砾石、块石等固体物质组成
流动状态	紊动强烈,固液两相做不等速运动,有垂直交换,有股流和散流现象,泥石流体中固体物质易出、易纳,表现为冲、淤变化大。无泥浆残留现象	呈伪一相层状流,有时呈整体运动,无垂直交换,浆体浓稠,浮托力大,流体具有明显的辅床减阻作用和阵性运动,流体直进性强,弯道爬高明显,浆体与石块掺混好,石块无易出、易纳特性,沿程冲、淤变化小,由于黏附性能好,沿流程有残留物
堆积特征	堆积物有一定分选性和侧堤式条带状堆积,平面上呈龙头状堆积,沉积物以粗粒物质为主,在弯道处可见典型的泥石流凹岸淤、凸岸冲的现象,泥石流过后即可通行	呈无分选泥砾混杂堆积,平面上呈舌状,仍能保留流动时的结构特征,沉积物内部无明显层理,但剖面上可明显分辨不同场次泥石流的沉积层面,沉积物内部有气泡,某些河段可见泥球,沉积物渗水性弱,泥石流过后易干涸
重度	13.0~16.0kN/m³	16.0~23.0kN/m³

5) 按泥石流一次性暴发规模分类

可分为特大型、大型、中型和小型四级,见表5-5。

泥石流暴发规模分类　　　　　　　　　表5-5

分类指标＼类型	特大型泥石流	大型泥石流	中型泥石流	小型泥石流
泥石流一次堆积总量（$10^4 m^3$）	>100	10~100	1~10	<1
泥石流洪峰量（m^3/s）	>200	100~200	50~100	<50

6) 泥石流的频率分类

泥石流的频率分类应结合泥石流的易发程度的数量化综合评判,其等级标准见表5-6。

泥石流的频率分类和特征　　　　　　　　　表5-6

类型＼特征	泥石流特征	流域特征	亚类	严重程度	流域面积（km^2）	固体物质一次冲出量（$\times 10^4 m^3$）	流量（m^3/s）	堆积区面积（km^2）
Ⅰ 高频率泥石流沟谷	基本上每年均有泥石流发生。固体物质主要来源于沟谷的滑坡、崩塌。暴发雨强小于2~4mm/10min。除岩性因素外,滑坡、崩塌严重的沟谷多发生水石流或泥流,规模小	多位于强烈抬升区,岩层破碎,风化强烈,山体稳定性差。泥石流堆积新鲜,无植被或仅有稀疏草丛。泥石流沟中下游沟床坡度大于4%	Ⅰ1	严重	>5	>5	>100	>1
			Ⅰ2	中等	1~5	1~5	30~100	<1
			Ⅰ3	轻微	<1	<1	<30	
Ⅱ 低频率泥石流沟谷	暴发周期一般在10年以上。固体物质主要来源于沟床,泥石流发生时"揭床"现象明显。暴雨时坡面产生的浅层滑动往往是激发泥石流形成的重要因素。暴发雨强一般大于4mm/10min,规模一般较大	山体稳定性相对较好,无大型活动性滑坡、崩塌。沟床和扇形地上巨砾遍布。植被较好,沟床内灌木丛密布,扇形地多已辟为农田。泥石流沟中下游沟床坡度小于4%	Ⅱ1	严重	>10	>5	>100	>1
			Ⅱ2	中等	1~10	1~5	30~100	<1
			Ⅱ3	轻微	<1	<1	<30	

注：1. 表中流量对高频率泥石流指百年一遇流量;对低频率泥石流沟指历史最大流量。
　　2. 泥石流的工程分类宜采用野外特征与定量指标相结合的原则,定量指标满足其中一项即可。

5.4 泥石流危险性分级

根据泥石流的活动性、危害性及危险性的分级,对泥石流危害进行评估。

(1)单沟泥石流活动性定性分级:根据泥石流活动特点、灾情预测,其活动性可划分为低、中、高和极高四级,见表5-7。

单沟泥石流活动性定性分级　　　　　　　　　　　　　　　表5-7

泥石流活动特点	灾情预测	活动性分级
能够发生小规模和低频率泥石流或山洪	致灾轻微,不会造成重大灾害和严重危害	低
能够间歇性发生中等规模的泥石流,较易由工程治理所控制	致灾轻微,较少造成重大灾害和严重危害	中
能够发生大规模的高、中、低频率的泥石流	致灾较重,可造成大、中型灾害和严重危害	高
能够发生巨大规模的特高、高、中、低频率的泥石流	致灾严重,来势凶猛,冲击破坏力大,可造成特大灾难和严重危害	极高

(2)根据泥石流灾害一次造成的死亡人数或直接经济损失,可分为特大型、大型、中型和小型4个灾害等级,见表5-8。

泥石流灾害危害性等级划分　　　　　　　　　　　　　　　表5-8

危害性灾度等级	特大型	大型	中型	小型
死亡人数(人)	>30	30~10	10~3	<3
直接经济损失(万元)	>1 000	1 000~500	500~100	<100

注:危害性灾度等级的两项目指标不在一个级次时,按从高原则确定灾度等级

(3)对潜在可能发生的泥石流,根据受威胁人数或可能造成的直接经济损失,可分为特大型、大型、中型和小型四个潜在危险性等级,见表5-9。

泥石流潜在危险性分级　　　　　　　　　　　　　　　　　表5-9

潜在危险性等级	特大型	大型	中型	小型
直接威胁人数(人)	>1 000	500~1 000	100~500	<100
直接经济损失(万元)	>10 000	10 000~5 000	5 000~1 000	<1 000

注:潜在危险性等级的两项目指标不在一个级次时,按从高原则确定灾度等级

5.5 泥石流识别与调查

泥石流调查内容主要包括下列几个方面:
(1)调查沟域地形地貌。包括汇水面积、主沟纵坡降和沿岸沟坡坡度变化情况。
(2)流域降水量及时空分布特征。
(3)植被类型及覆盖程度。
(4)沟谷内松散堆积物类型、分布、数量。

(5)沟口扇形形态、面积、切割破坏情况。

(6)泥石流堆积物成分及结构情况。

(7)以往灾害史和直接损失情况,以及今后活动趋势及造成进一步危害的范围和损失大小,以便提出防灾建议。

5.5.1 泥石流识别

对泥石流的判识一般分三步进行。

(1)分区判识。从泥石流发育的地形、地质、水动力等宏观条件,进行泥石流发育程度的分区。

(2)沟谷类型判识。确定沟谷是属一般洪水沟,还是泥石流沟。泥石流沟谷在地形地貌和流域形态上往往有其特殊反映。典型的泥石流沟谷,其形成区多为高山环抱的山间盆地;流通区多为峡谷,沟谷两侧山坡陡峻,沟床顺直,纵坡梯度大;堆积区则多呈扇形或锥形分布,沟道摆动频繁,大小石块混杂堆积,垄岗起伏不平。对于典型的泥石流沟谷,这些区段均能明显划分,但对不典型的泥石流沟谷,则无明显的形成区、流通区与堆积区。

(3)属性判识。分别从流域形态、固体物质成分、流体性质、规模大小、发育阶段、危害程度等进行泥石流沟谷的属性判识。

5.5.2 泥石流调查

(1)泥石流调查应查明泥石流的形成条件和泥石流的类型、规模、发育阶段、活动规律,并对工程场地做出适宜性评价,提出防治方案及设计参数。

(2)泥石流勘查应以工程地质测绘和调查为主。测绘范围应包括形成区、流通区和堆积区。测绘比例尺对全流域宜采用1:10 000~1:50 000,中下游可采用1:2 000~1:10 000,沟床纵断面图横向1:500~1:5 000,竖向1:100~1:500;沟床横断面1:200或1:500。

(3)泥石流调查测绘的主要内容。泥石流沟谷的调查是泥石流调查测绘的主要内容之一。研究泥石流沟谷的地形地貌特征,可从宏观上判定沟口是否属泥石流沟谷,并进一步划分其区段。调查范围应包括沟谷至分水岭的全部地段和可能受泥石流影响的地段,主要包括泥石流的形成区、流通区、堆积区。

应调查下列内容:

①搜集当地的气象、水文、地震、航片、卫片等资料,掌握冰雪融化和暴雨强度、前期降雨量、一次最大降雨量、一般及最大流量、地下水活动情况。

②地层岩性、地质构造、不良地质现象、松散堆积物的物质组成、分布和储量。

③沟谷的地形地貌特征,包括沟谷的发育程度、切割情况、坡度、弯曲、粗糙程度。划分泥石流的形成区、流通区和堆积区,圈绘整个沟谷的汇水面积。

④形成区的水源类型、水量、汇水条件、山坡坡度、岩层性质及风化程度,断裂、滑坡、崩塌、岩堆等不良地质现象的发育情况及可能形成泥石流固体物质的分布范围、储量。

⑤流通区的沟床纵横坡度、跌水、急湾等特征,沟床两侧山坡坡度、稳定程度,沟床的冲淤变化和泥石流的痕迹。

⑥堆积区的堆积扇分布范围、表面形态、纵坡,植被,沟道变迁和冲淤情况;堆积物的性质、层次、厚度、一般和最大粒径及分布规律。判定堆积区的形成历史、划分古泥石流扇和新泥石流扇,新泥石流扇的堆积速度,估算一次最大堆积量。

⑦泥石流沟谷的历史。历次泥石流的发生时间、频数、规模、形成过程、暴发前的降水情况和暴发后产生的灾害情况。区分正常沟谷还是低频率泥石流沟谷。

⑧开矿弃渣、修路切坡、砍伐森林、陡坡开荒及过度放牧等人类活动情况。

⑨调查当地防治泥石流的规划措施和防治的经验教训。

⑩调查泥石流已经造成的损失,泥石流进一步发展的影响范围及潜在损失。

⑪对特别严重的泥石流,宜设置观测站,对其进行监测。

(4)当需要对泥石流采取防治措施时,应进行适当的勘探测试,进一步查明泥石流的性质、结构、厚度、流速、流量、最大粒径、冲出量和淤积量,以及拟建工程部位的地基岩土体情况等。

(5)泥石流勘察报告,应对泥石流的发展趋势、危害性、场地的适宜性和防治工程的风险性进行评价,对防治的可行性进行评估。

5.6 泥石流监测

5.6.1 监测内容

泥石流监测内容分为下列几个方面。

1)形成条件(固体物质来源、供水水源等)监测

泥石流固体物质来源是泥石流形成的物质基础,应在研究其地质环境、性质、类型、规模的基础上,进行稳定性监测。固体物质来源于松散堆积物(含构造松散体、风化层和开山、采矿、采石、弃渣等堆石、堆土)的,应监测其受暴雨、洪流冲蚀等作用的稳定性。

泥石流供水水源监测应重点监测降雨量和历时等。水源来自冰雪和冻土消融的,监测其消融水量和消融历时等。对上游或高处有高山湖、水库、渠道时,应监测其大量渗漏或突然溃决的可能性。在固体物质集中分布地段,应进行降雨入渗和地下水动态监测。

2)运动情况(流动动态要素、动力要素和输移冲淤等)监测

泥石流动态要素监测,包括暴发时间、历时、过程、类型、流态和流速、泥位、流面宽度、爬高、阵流次数、沟床纵横坡度变化、输移冲淤变化和堆积情况等,并同取样分析相配合,测定输砂率、输砂量或泥石流流量、总径流量、固体总径流量等。

泥石流动力要素监测内容,包括泥石流流体动压力、龙头冲击力、石块冲击力和泥石流地声频谱、振幅等。

3)流体特征(物质组成及其物理化学性质等)监测

泥石流流体特征监测内容,包括固体物质组成(岩性或矿物成分)、块度、颗粒组成和流体稠度、重度(重力密度)、可溶盐等物理化学特性,研究其结构、构造和物理化学特性的内在联系与流变模式等。

5.6.2 监测方法

泥石流固体物质来源于松散堆积物的,可以在不同地质条件地段设立标准片蚀监测场,监测不同降雨条件下的冲刷侵蚀量,分析形成泥石流临界雨量的固体物质供给量。

暴雨型泥石流必须设立以监测降雨为主的气象站,一般利用常规气象仪器监测气温、风

向、风速、降雨量(时段降水量和连续变化降水量)等。在有条件时,应利用遥测雨量监测系统、测雨雷达超短时监测系统、气象卫星短时监测系统等较先进、自动化监测仪器,进行降雨量的监测。冰雪消融型泥石流的气象站,应增加用常规仪器进行的冰雪消融量监测。

泥石流动态要素、动力要素监测,是掌握泥石流运动特征、泥石流预警的重要手段,一般在选定的若干个断面上进行。可分两种情况:

(1)小型泥石流沟或暴发频率很低的泥石流沟,一般采用水文观测方法和仪器进行监测。

(2)较大的或暴发频率较高的泥石流沟,应利用针对泥石流流体特性和运动特性研制的专门仪器进行监测。常用的有雷达测速仪、各种形式和性能的传感器与冲击力仪、有线或无线超声波泥位计(带报警器)、无线遥测地声仪(带报警器)、地震式泥石流报警器,以及重复水准测量、动态立体摄影等。

泥石流流体特征监测与泥石流运动情况监测结合进行。一般用取样器(如悬挂在横跨沟床断面缆道上的电动铅鱼式取样器)采集动态样品,用常规仪器(如黏度计、比重计、流塑限仪、密度仪、酸度计等)和特制的仪器(如砂浆流变仪、大型直剪仪等)进行有关参数的测试。

在有条件时,应采用遥感技术进行泥石流规模、发育阶段、活动规律等的中长期动态监测,用地面多光谱陆地摄影、地面立体摄影测量技术,进行泥石流基本参数变化的短周期动态监测。

列为群测群防对象的泥石流,还应发动、组织当地居民进行简易监测。

5.6.3 监测点网布设

泥石流形成区、流通区和堆积区,一般都应布设内容不同的监测点网。

泥石流固体物质来源于松散堆积物的,其稳定性监测点网的布设,应在侵蚀程度分区的基础上进行,测点密度可按表5-10确定。

松散堆积物稳定性测点布设数量 表5-10

侵蚀程度	测点密度(个/km²)
严重侵蚀区	20~30
中等侵蚀区	15~20
轻微侵蚀区	可少布或不布测点

测点应重点布设在严重侵蚀区内,并根据侵蚀强度的发展趋势和变化来调整。

以监测降雨为主的泥石流气象站,应综合性地布设在泥石流沟或流域内有代表性的地段或试验场。降雨监测点布设应遵守下列原则:

(1)重点布设在泥石流形成区及其暴雨带内。

(2)重点布设在泥石流沟或流域内崩塌滑坡体和松散堆积物储量最大的范围内及其上方。

(3)测点应选在四周空旷、平坦且风力影响小的地段。一般情况下,四周障碍物与仪器的距离不得小于障碍物顶高与仪器口高差的2倍。

(4)测点布设数量视泥石流沟或流域面积和测点代表性好坏而定。为严密控制形成区,测点布设以网格状为好,泥石流沟或流域面积小时也可采用三角形。

泥石流运动情况和流体特征监测断面布设数量、距离,视沟道地形、地质条件而定,一般在流通区纵坡、横断面形态变化处和地质条件变化处,以及弯道处等,都应布设。同时,必须充分考虑下游保护区(居民点、重要设施)撤离等防灾救灾所需提前警报的时间和泥石流运动速度,一般可按下式估算:

$$L \geq t \cdot V \tag{5-1}$$

式中:L——断面距防护点的距离(m);

t——需提前报警的时间(h);

V——泥石流运动速度(m/h)。

泥位监测点一般布设在冲淤变化范围较小和与下游保护区断面基本一致地段,且二区间河段内无其他径流补给(或可忽略不计)。监测泥位应根据危险泥位确定,危险泥位则根据下游保护区分布情况确定。

5.7 泥石流活动预测预报

5.7.1 泥石流活动预报等级

泥石流活动预报是泥石流监测的重要目的之一,同时也是难度最大的问题。目前,预报方法很多,包括宏观前兆法、类比分析法、因果分析法(灰色理论法、模糊信息评判法、马尔柯夫法等)、统计分析法(非线性回归分析法、生长曲线法等)、仪器微观监测法等,应结合不同地区泥石流活动特点和监测资料选择使用,综合分析,不断提高预报的准确率。

以监测资料为基础的多因素权系数法使用较多,可以作为基本方法使用。

泥石流活动预报等级,按时间分为预测级、预报级、警报级三个等级。各级内容可按表5-11确定。

泥石流活动预报等级　　　　表5-11

预报等级	时间	空间	方法	指标	手段	预防措施
预测级 (中长期预报)	1年以上	流域	调查评价	危险度	危险度区划和数据库	防治工程或搬迁
预报级 (短期预报)	1年至几小时	中小流域和泥石流沟	调查评价和监测	临界值	(1)流域、沟谷地形、地貌、地质、社会因素分析 (2)暴雨监测	抢险应急工程或常规紧急避难
警报级 (临发预报)	几小时至几十分钟	泥石流沟	监测	警戒值	地声、泥位、流速等监测仪器及其报警装置	紧急避难

5.7.2 泥石流活动预测

(1)对泥石流流域进行详细的地质、地貌和社会(主要是流域内,特别是沟谷中人口密度、分布和经济状况,以及经济、工程活动对沟谷的影响等)环境调查,确定泥石流形成和活动的各种主要的、次要的因素,主要包括固体物质来源及其积累程度、水的来源及其数量、沟谷的发育程度、泥石流活动频率等。以此为依据,进行综合分析,评判、预测其活动的可能性及其危险度。

（2）泥石流活动的危险度,可以利用环境质量进行预测。一般预测的方法是:详细调查研究区内泥石流的形成条件和分布特征,在综合分析和数量统计的基础上,选取、确定泥石流危险区划的因素,厘定其权重,并对其进行归一化处理(极差变换),用各因素权重得分与归一化处理数据的乘积之和来表征泥石流活动的危险度,并据此划分出若干危险等级,编制危险区划图,作为预防的参考依据。

（3）泥石流活动频率预测的一般方法和步骤是:

①对区内泥石流沟进行详细的地质、地貌调查,查明泥石流沟的数量。

②按泥石流沟发育阶段(发展期、活动期、衰退期、间歇期)和危害程度(严重、中等、轻微、暂无)进行分类、统计。

③分析、确定灾害性泥石流活动周期。

④预测不同发展阶段、不同危害程度泥石流每年可能活动的次数和全区泥石流每年可能活动次数,作为预防的参考依据。

（4）泥石流活动的流体性质,根据泥石流沟松散固体物质的组成进行预测。一般在泥石流重度 $>18kN/m^3$ 时,黏粒($<0.005mm$)含量 $>5\%$ 的多为黏性泥石流,黏粒含量 $<5\%$ 的多为稀性泥石流,黏粒含量介于上述二者之间的为过渡性泥石流。在泥石流重度 $<18kN/m^3$ 时,黏粒含量高的多为泥流或稀性泥石流,黏粒含量少的多为水石流或稀性泥石流,含少量砂粒或石块的多为水石流或稀性泥石流。一般固体物质的机械组成,在粒径 $>2mm$ 的含量 $55\%\sim70\%$、粒径 $2\sim0.05mm$ 的含量 $15\%\sim25\%$、粒径 $0.05\sim0.005mm$ 的含量 $5\%\sim10\%$、粒径 $<0.005mm$ 的含量 $5\%\sim10\%$ 的范围内,泥石流活动的流体性质为黏性。

（5）确定降雨能级和泥石流活动规模之间的关系,预测泥石流活动的激发雨量。该雨量与前期降雨量、前期固体物质含水率等,都有密切关系,都必须进行详细的分析研究。

激发雨量用临界雨量表达。根据平均降雨量并分析归纳为某一量级的雨量和雨强,即临界雨量。常用的方法有:

①泥石流灾害实地调查法:对泥石流灾害做详细的实地地质、地貌、灾情调查,结合降雨监测资料,进行统计、分析,确定临界雨量。

②泥石流活动频率和暴雨频率分析法:研究泥石流活动频率与暴雨频率的关系,通过回归分析,确定泥石流活动的临界雨量。

③泥石流与暴雨等值线关系分析:根据监测资料编制的暴雨等值线,找出泥石流所在区域内等值线均值,作为该区临界雨量初选值,再用典型泥石流实地地质、地貌调查的暴雨均值进行检验修订,确定最终临近雨量。

上述三种方法,都需要进行大量调查,才能取得较准确的预测值。

前期降水量与固体物质前期含水率和蒸发作用等有关,应根据监测资料确定。在监测资料缺乏时,可利用有关经验公式估算。

④直接降雨量监测法:设置降雨量监测点网,监测泥石流活动时的降雨情况,用降雨强度(10 分钟降雨强度 $H1/6$ 或 1 小时降雨强度 $H1$)和实效雨量(前期降雨量与激发雨量之和 HE)绘制直角坐标关系图,如图 5-2 所示。根据两类点群(活动的、不活动的)的分布情

况,做一条点群分区线,活动的在上方,不活动的在下方。此法多用于泥石流活动频率较高地区,活动频率较低者难以获得信息资料。

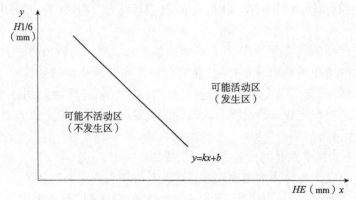

图 5-2　泥石流活动的临界降雨量线图

5.7.3　泥石流活动预报

泥石流活动预报是在泥石流活动预测的基础上进行,应详细分析研究地质、地貌调查资料和监测资料,掌握泥石流活动的激发因素及其动态变化,及时将各种指标接收下来,并迅速传递到下游保护区,供各保护对象采取预防措施。

泥石流预报的核心是确定泥石流活动的临界条件,包括:固体物质储量及其含水率、稳定性和沟谷纵坡等地质-地貌临界条件,降雨量、降雨强度、径流量等降雨-径流临界条件等。泥石流活动的地质-地貌临界条件,一般在实地调查和监测资料的基础上,通过统计分析、类比分析、稳定性计算等方法确定。降雨-径流临界条件,主要根据监测资料确定,而径流量往往决定于降雨量,故降雨量临界值是分析研究的重点。

泥石流活动预报包括区域性预报、局地性预报和单沟预报。目前,利用短历时暴雨对单沟泥石流活动进行预报较为成熟。其原理是:泥石流活动前的降雨量是引起泥石流活动的有效降雨量,以后的降雨量只能增加其活动规模和持续时间。前期降雨量越大,固体物质的含水量也越大,则所需要的激发雨量越小;反之亦然。

预报的方法和步骤是:

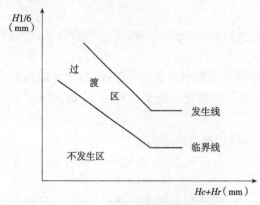

图 5-3　泥石流活动预报图
Hc-泥石流的前期间接降雨量(mm);Hr-泥石流当天的降雨量(mm)

(1)根据流域和河沟内地质、地貌条件,特别是固体物质、沟床形态和水文条件等,结合监测、实测资料和模拟试验,建立短时暴雨($H 1/6$)和前期降雨量之间关系的泥石流活动临界降雨量判别式与受灾降雨量判别式。两式形式相同,但确定后式的系数时,应充分考虑被保护对象的位置和抗灾能力,以及泥石流活动的规模、速度和物理力学性质(如冲击力等)因素。

(2)根据泥石流活动临界降雨量判别式和受灾降雨量判别式,绘制泥石流活动预报图,如图 5-3 所示。图中反映出泥石流活动的临界线、发生线和二线划分出的不发生区、过渡区、发生区。

(3)在泥石流形成区内,选择或建立预报指标站,及时采集降雨量资料,并应用有线或无线遥测方法将降雨量信息及时传送到预报中心,进行适时预报。

对下游保护区提前做出警报的时间(t),按下式计算:

$$t = (t_1 - t_2) + (t_2 - t_3) \tag{5-2}$$

式中:t_1——泥石流到达下游保护区的时间;

t_2——降雨过程中达到预报图中受灾线的时间;

t_3——降雨过程中达到预报图中形成线的时间。

其中$(t_1 - t_2)$的时间决定于降雨的特性,$(t_2 - t_3)$的时间决定于泥石流源地(供给区)到下游保护区的距离(L)和泥石流的平均流速(v),按下式计算:

$$t = (t_1 - t_2) + \frac{L}{v} \tag{5-3}$$

(4)泥石流活动警报。在泥石流临近起动时,原地监测站(或监测中心)必须根据泥石流固有的特征(震动、声音、泥位等),迅速向下游保护区发出泥石流运动、袭击的信息;保护区监测站必须及时接收上述信息,以及泥石流震动、声音、泥位等警报信息,采取紧急措施,避免或减少损失。

5.8 泥石流防治

5.8.1 泥石流预防

(1)泥石流预防应以工程建设选址为首要出发点,新建工程场址不宜选在泥石沟的形成区(汇水区除外)、流通区和堆积区。

(2)若工程正在泥石流沟内建设,首先应对已建工程搬迁和泥石流进行工程防治的技术、经济对比论证,优选可行方案,然后,组织实施优选方案(搬迁或者进行工程防治),避让或治理泥石流灾害。

(3)对采矿弃渣、工程建设弃土,要规划选择可靠的堆放场地,不能在山坡、沟谷中随意乱堆乱放。对大规模的弃渣、弃土,在沟谷中要修建尾矿坝、淤泥坝、梯田等,截蓄弃渣、弃土。

(4)避免人为因素诱发老滑坡复活和新的崩塌、滑坡产生。

(5)提高山区新建水库工程质量,对泥石流沟内水库,要经常进行检查、维护,防止坝下的坝肩渗漏,杜绝溃坝;雨季,在保证水库安全的前提下,科学确定蓄水高度,合理调蓄,防止溃坝触发泥石流灾害。

5.8.2 泥石流的防治工程

泥石流的防治工程必须充分考虑泥石流形成条件、类型及运动特点。泥石流三个地形区段特征决定了其防治原则应当是:上、中、下游全面规划,各区段分别有所侧重,生物措施与工程措施并重。上游水源区宜选水源涵养林,采取修建调洪水库和引水工程等削弱水动力措施。流通区以修建减缓纵坡和拦截固体物质的拦沙坝、谷坊等构筑物为主。堆积区主要修建导流堤、急流槽、排导沟、停淤场,以改变泥石流流动路径并疏排泥石流。对稀性泥石流应以导流为主,而对黏性泥石流则应以拦挡为主。

治理措施应因地制宜,选用固稳、拦储、排导、蓄水、分水等工程,上、中、下游相结合,在短期内减小泥石流量及暴发频率。

1)治水措施

治水工程一般修建于泥石流形成区上游,其类型包括调洪水库、截水沟、蓄水池、泄洪隧洞和引水渠等。它的作用主要是调节洪水,也即拦截部分或大部分洪水,削减洪峰,减弱泥石流暴发的水动力条件。同时,利用这类工程还可灌溉农田、发电或供给生活用水。引排水工程多修建于泥石流形成区的上方或侧方,渠首应修建稳固且有足够泄洪能力的截流坝,坝体应具有防渗、防溃决能力,渠身应避免经过崩滑地段。对于山区矿山的尾矿、废石堆积区而言,则应在其上游修建排水隧洞,以避免上游洪水导入堆积区内。治水工程的主要目的是减弱松散固体物质来量,促使泥石流衰退并走向衰亡。

2)拦挡与支挡措施

(1)拦挡工程。拦挡工程通常称为拦沙坝、谷坊坝。将建于主沟内规模较大的拦挡坝称为拦沙坝,而将无常流水支沟内规模较小的拦挡工程称为谷坊坝。这类工程已经广泛应用于世界各地的泥石流治理工程中,并且在综合治理中多属于主要工程或骨干工程。它们多修建于流通区内,其作用主要是拦泥滞沙、护床固坡,既可以拦截部分泥沙石块、削减泥石流的规模,尤其是高坝大库作用更为明显,又可以减缓上游沟谷的纵坡降,加大沟宽,减小泥石流的流速,从而减轻泥石流对沟岸的侧蚀、底蚀作用,如图5-4所示。

拦沙坝、谷坊坝的种类繁多。从建筑结构看,可分为实体坝和格栅坝;从坝高和保护对象的作用来看,可分为低矮的挡坝群和单独高坝;从建筑材料来看,可分为砌石、土质、圬工、混凝土和预制金属构件等,如浆砌块石坝、砌块石坝、混凝土坝、土坝、钢筋石笼坝、钢索坝、钢管坝、木质坝、木石混合坝、竹石笼坝、梢料坝、砖砌坝等。

在上述坝型中,挡坝群是国内外广泛采用的防治工程。沿沟修筑一系列高5~10m的低坝或石墙,坝(墙)身上应留有排水孔以宣泄水流,坝顶留有溢流口以宣泄洪水。此外,还可以采用预制钢筋混凝土构件的格栅坝,来拦截小型稀性泥石流。因为这类坝体易于安装,且具有很高的抗冲击性能,因此当今已经得到广泛应用。通常,它可以拦截50%~70%的泥石流固体物质,也可以拦截直径达2m的漂砾。若具有潜在的大规模泥石流威胁下游大型建筑场地或居民点时,则应修筑高坝。

(2)支挡工程。对于沟坡、谷坡、山坡上常常存在的个别、分散的活动性滑坡、崩塌体,可采用挡土墙、护坡等支挡工程。挡土墙多修筑于坡脚,并通过合理的布置以防止水流、泥石流直接冲刷坡脚。护坡工程则主要适用于那些长期受到水流、泥石流冲蚀,而不断发生片状、碎块状剥落,或逐渐失稳的软弱岩体边坡。此外,还可在泥石流形成区上方山坡上修建能够削减坡面径流冲刷的变坡工程,以稳定大范围内的山坡,并可开发山地资源。如水平台阶上可以种植经济林木,而台阶之间的坡地上可以种植草皮和根系较深的乔灌木。

(3)潜坝工程。某些暴雨型泥石流的发生多是在稀遇暴雨情况下,特大洪水掏蚀沟床底部沉积物而形成的。潜坝工程就是针对这一类泥石流防治的系列化、梯级化治土工程。它多建于泥石流形成区和流通区的沟床中,坝基嵌入基岩,坝顶与沟床齐平。潜坝工程的另一辅助作用是消能,即利用坝内侧的砂石垫层,消耗泥石流过坝后的动能。

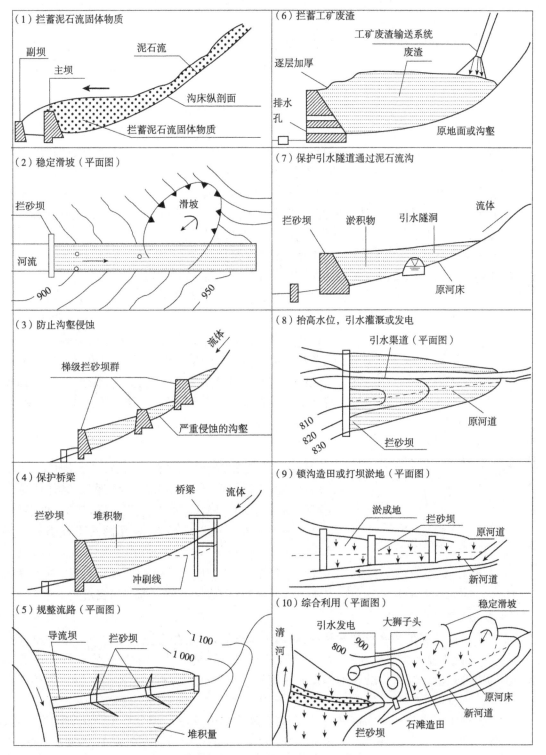

图 5-4 拦挡工程在防治泥石流中的作用

3）排导工程

这是一类重要的治理工程，它可以直接保护下方特定的工程场地、设施或某些建筑群落。其类型包括排导沟、渡槽、急流槽、导流堤、顺水坝、明硐等,其作用主要是调整流向、防止漫流。它们多建于流通区和堆积区。

排导沟是一种以沟道形式引导泥石流顺利通过防护区段并将其排入下游主河道的常见防护工程。它多修建于山口外位于堆积区的开阔地带。其投资小、施工方便,又有立竿见影之效,因而常成为工程场地一种重要的辅助工程。

当山区公路、铁路跨越泥石流沟道时,如果泥石流规模不大,又有合适的地形,则在交叉跨越处便可修建泥石流渡槽或泥石流急流槽工程,使得泥石流能够顺利地从这些交通线路上方的渡槽、急流槽中排走。一般地将设于交通线路上方、坡度相对较缓的称为渡槽,而将设于交通线路下方、坡度相对较陡的称为急流槽。泥石流渡槽的设计纵坡降要大,如若泥石流体中多含大石块,则应在渡槽上方沟内修建格栅坝,以防大石块堵塞或砸烂渡槽。渡槽本身也要有足够的过流断面,且槽壁要高,以防泥石流外溢。靠近主河道一侧的渡槽基础要有一定的深度,并需有一定的河岸防护措施,以免河流冲刷基础而垮塌。

当交通线路通过泥石流严重堆积区时,如若地形条件许可,则可以采用明硐方式通过,或者采用将泥石流的出口改向相邻的沟道或另辟一出口的改沟工程。

导流堤则多建于泥石流堆积扇的扇顶或山口直至沟口,其目的是为了控制泥石流的流向。它多为连续性的构筑物,包括土堤、石堤、砂石堤或混凝土堤等。顺水坝则多建于沟内,常呈不连续状,或为浆砌块石或为混凝土构筑物。它的主要作用是控制主流线,保护山坡坡脚免遭洪水和泥石流冲刷。导流堤往往与排导沟配套使用,如图5-5所示。

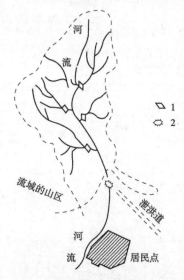

图5-5 泥石流防治工程配套示意图
1-坝堤防;2-导流堤

4) 储淤工程

储淤工程包括拦泥库和储淤场两类。拦泥库的主要作用是拦截并存放泥石流,多设置于流通区,其作用通常是有限的、临时的。储淤场则一般设置于堆积区的后缘,它是利用天然有利的地形条件,采用简易工程措施如导流堤、拦淤堤、挡泥坝、溢流堰、改沟工程等,将泥石流引向开阔平缓地带,使之停积于这一开阔地带,削减下泄的固体物质,从而有效地保护建筑场地和线路。

5) 生物措施

在泥石流流域保护和恢复林木植被,防治水土流失,削弱泥石流活动的方法,基本途径除植树种草外,更重要的是禁止乱砍滥伐,合理耕植、放牧,防止人为破坏生物资源和生态环境。生物措施是治理泥石流的长远的根本性措施,但它见效慢,而且不能控制所有各类泥石流的发生。

上述各项工程措施和生物措施,在一条泥石流沟的全流域可综合采用。在实际工作中,要注意各大类措施各自的特点。而工程措施则几乎能适用所有类型的泥石流防治,特别是对急待治理的泥石流,往往可有立竿见影之效,但总的来说它是治标不治本的一类工程措施。因此,泥石流防治的总体原则应当是:全面规划,突出重点,具体问题具体分析,远近兼顾,两类措施相结合,因害设防,讲求实效。图5-6为西昌黑砂河泥石流综合治理概况,其治理效果显著,对其他地区泥石流治理具有借鉴作用。

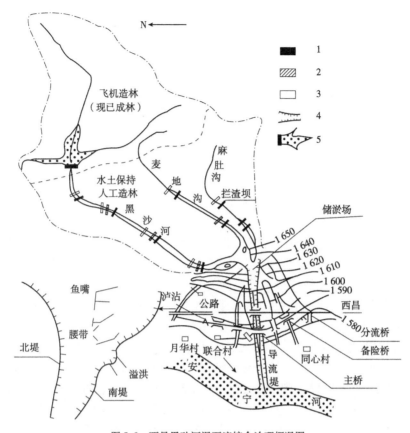

图 5-6 西昌黑砂河泥石流综合治理概况图
1-设计第一期拦碴坝;2-设计第二期拦碴坝;3-设计第三期拦碴坝;4-导流堤;5-已竣工水库

思 考 题

1. 什么叫泥石流?
2. 泥石流活动的三过程是什么?
3. 典型的泥石流沟谷可分成几个区?
4. 泥石流形成条件有哪些?
5. 我国哪些地区是泥石流多发区?
6. 我国泥石流的分布有什么特点?
7. 泥石流的发生时间有何规律性?
8. 泥石流对人类有哪些危害?
9. 泥石流的活动强度主要与哪些因素有关?
10. 按泥石流成因分有几类?
11. 如何预防泥石流?
12. 哪些人类工程、经济活动有可能诱发泥石流?
13. 泥石流可采取哪些防治工程措施进行治理?
14. 目前我国对泥石流灾害的预报常采用哪些方法?
15. 滑坡、崩塌、泥石流有什么关系?

第6章 地面塌陷及其防治

6.1 地面塌陷的基本概念

地面塌陷是指地表岩、土体在自然或人为因素作用下,向下陷落,并在地面形成塌陷坑(洞)的一种地质现象。当这种现象发生在有人类活动的地区时,便可能成为一种地质灾害。

我国岩溶塌陷分布广泛,以广西、湖南、贵州、湖北、江西、广东、云南、四川、河北、辽宁等省(自治区)最为发育。据统计,全国岩溶塌陷总数达2 841处,塌陷坑33 192个,塌陷面积332km^2,造成年经济损失达1.2亿元以上。矿山采空区地面塌陷,许多矿区均有发育,内蒙古、黑龙江、山西、安徽、江苏、山东等省是采空塌陷的严重发育区。但几乎在全国的采煤、采矿区均有出现,尤其是个体采矿业比较发达、而法律制度不健全且执行不力的地区更容易发生。据不完全统计,在全国20个省区内,共发生采空区塌陷180处以上,塌陷坑超过1 595个,塌陷面积大于1 150km^2。其他各类地面塌陷分布零散,发育规模和危害性相对较小。2008年3月25日凌晨,四川省江安县红桥镇五阁村发生了局部地面塌陷,形成大小不等的3个巨型"天坑",呈直线展开,长约400m。此后,类似事件不断出现,至2008年7月2日,红桥镇的地陷坑已经增加到16个。2007年2月23日凌晨,中美洲危地马拉首都危地马拉城一个贫民区突然传出轰隆一声,就在这震动的一瞬间,贫民区中央惊现一个直径为70m、深度为100m的污水坑。一对兄妹在这场灾难中不幸被淹死,20多间房屋下陷,当局在事发后及时封锁周边500m范围,疏散现场附近的居民近千人。

6.2 地面塌陷成因

地面塌陷实质上是岩、土体内洞穴的支撑力小于致塌力的结果。主要影响因素有人为因素和自然因素。人为因素包括:抽取地下水、坑道排水、突水、地表水和大气降水渗入、荷载及振动等;自然因素包括:河流水位升降与地震等。

1)人工降低地下水位引起的地面塌陷

人工降低地下水位引起的塌陷,主要是指矿坑、基坑疏干排水引起的塌陷和供水(抽水)引起的塌陷。其中以岩溶塌陷较为常见。岩溶塌陷的分布受岩溶发育规律、发育程度的制约,同时,与地质构造、地形地貌、土层厚度等有关。塌陷多分布在断裂带及褶皱轴部、溶蚀洼地等地形低洼处、河床两侧以及土层较薄且土颗粒较粗的地段。

岩溶洞穴的岩、土体位于地下水中,地下水产生对洞穴顶板的静水浮托力,当抽取地下水使之水位下降时,支撑洞顶岩、土体的浮托力随之降低。洞穴空腔与松散介质接触上下侧水、气流体,因地下暗管道内的水流发生变化而产生的压温差效应,为此,出现了与抽取地下水同步发展的塌陷现象。

塌陷与地下水水力作用密切相关。水位降深小,地表塌陷坑数量少、规模小;当降深保持在基岩面以上且较稳定时,不易产生塌陷;降深增大,水动力条件急剧改变,水对土体潜蚀力增强,地表塌陷坑数量增多,规模增大;塌陷区多处于降落漏斗之中,其范围小于降落漏斗区;塌陷坑数量和规模随远离降落漏斗中心而递减。塌陷与水力坡度、流速也存在相关关系。根据广东曲圹矿区资料,当水力坡度<3%,流速<0.000 5m/s时,处于相对稳定状态;当水力坡度>3%,流速>0.000 5m/s时,地面开始产生变形;当水力坡度>5%,流速>0.000 5m/s时,地面产生塌陷。塌陷与地下水的径流方向也存在一定的关系,主要径流方向上地下水流量丰富,水的流速大,地下水对土体的潜蚀作用强,故此方向上易产生塌陷。

江西省景德镇硬石岭火车站附近,1984年前居民饮用水均抽取土层的潜水,未见地面塌陷。之后,距铁路50～500m附近的广场设计了8口深达120m的机井,抽水量达4 820t/d,水位下降至基底岩层面以下17～18m,最大30m,于是在长3.72km、宽0.5km的范围内出现地面塌陷100多个。塌陷使铁路行车中断、房屋变形、道路裂缝、农田和果园遭到破坏,间接经济损失达1 000万元。

福建龙岩市龙厦铁路象山隧道1号斜井施工到YDK24+157.2处时,掌子面出现开裂、塌方。沿裂隙出现一喷射状涌水,刚开始涌水水量为200m^3/h,最高时曾达到7 000m^3/h多,此次的涌水引起大规模地面沉降和房屋的开裂,累计最大沉降达350mm,最大下沉速率达5.2mm/h。沿新祠河流发现多处宽大裂缝及陷坑,河水通过裂缝及陷坑全部流入洞内,造成河水断流,地表可见多处裸露溶洞。此次涌水造成水泥厂内的建(构)筑物及生活区的基础发生变形、不均匀沉降和倾斜而被迫停产,职工宿舍楼被鉴定为危房,高铁工程项目工期延误半年以上,直接经济损失达数亿元。

2)地表水、大气降水渗入致地面塌陷

当地表水、大气降水渗入地下时,水在岩、土体内的孔隙中运动,产生了一种垂向渗透力,改变了岩、土体的力学性质。当渗透压力值达到一定强度时,岩、土体结构遭到破坏,随着水流产生流土或管涌运移,进而形成土洞,最后导致地面变形、塌陷。尤其是碳酸盐岩分布的岩溶地区,人为挖掘的场地、机场、道路等降雨渗入后产生塌陷较为突出。

广西的岩溶塌陷多发生在干旱季节地下水位大幅度下降期,或旱季末、雨季来临时突降大暴雨而导致水位大幅度上升时,以及强烈抽取地下水的岩溶地区。目前广西忻城大塘乡金山村的塌陷群分布面积5.5km^2。岩溶塌陷强发育区的塌陷坑密度达500～1 000个/km^2,如玉林铁路机务段,塌陷坑密度达740个/km^2。

2010年10月19日,福建龙岩市新罗区适中镇洋东村下坂突然发生地面岩溶塌陷地质灾害,导致6名工人失踪。塌陷坑长约50m,宽约45m,可见深度25～28m,塌陷溶洞深度约为60～100m,四周环状裂缝发育。塌陷坑所在的地表岩溶发育区为顺层状"开口"型半充填溶洞,在地表水、地下水的长期作用下造成自然塌陷。

3)河水涨落致地面塌陷

岩溶裂隙、洞穴管道中的地下水与附近河水相通时,随着河水位的升降,横向发育的岩溶裂隙、管道中的地下水位也随之升降,这种作用也可导致地面的塌陷。广西都安县位于红水河岸的一段公路,由于受河水涨落影响,公路路面上发生了塌陷。

4）振动致地面塌陷

振动可引起砂土液化,土体强度降低、抗塌力减弱,在振动产生的波动、冲击波的破坏作用下,可导致潜伏洞穴的塌陷。

5）荷载致地面塌陷

在有隐伏洞穴部位上人为增载(建筑物荷载、人为堆积荷载等),当这些外部荷载超过洞穴拱顶的承受能力时,将引起洞穴直接受压破坏,从而致使地面塌陷。

6）矿山采空致地面塌陷

地下采掘活动形成的采空区,其上方岩、土体失去支撑,导致地面塌陷。这种由于矿山采动引起地面塌陷的主要原因是人为活动。此类地面塌陷在许多矿区都有发生,并造成相当程度的危害,即损坏交通设施、水利设施、建筑物、道路、农田等,甚至引起山体滑坡和崩塌。2006年3月27日,石(石家庄)太(太原)高速公路山西寿阳路段K460+500处发生大面积路基沉陷,至28日已经形成长超过150m、深近10m的塌陷坑,其下是煤矿采空区。

7）地下硐室及地下线性工程(地铁)开挖致地面塌陷

在城市中,地面以下存在着错综复杂的管线网络,包括输水管道、输电电缆、油气管道甚至还有20世纪60~70年代大量挖掘的防空洞。如今,大规模的地下空间开发,极大增加了地面塌陷发生的概率,主要表现为以下几个方面：

(1)地铁施工。在进行地铁施工时,必然会扰动原有的地下土层,使地下土体形成疏松带、松散区,最终导致地面塌陷。2008年11月15日15时许,杭州风情大道地铁施工工地突然发生大面积地面塌陷,正在路面行驶的汽车陷入深坑,多名施工人员被困地下。事后,人们发现,风情大道路面坍塌75m,下陷15m,11人死亡,4人失踪,24人受伤。事实上,这样的事情并非个案,北京、上海、南京等地都发生过类似事故。

(2)防空洞坍塌。20世纪60年代,在"备战、备荒、为人民"的响亮口号下,我国大中城市普遍开展了群众性的"深挖洞"活动。据统计,全国挖洞的总长度超过万里长城,挖掘土石方体积超过了长城的土石方总量,仅北京一地,就留下了2万多个大大小小的防空洞。由于缺乏图纸资料,后来的很多居民区都建在了防空洞之上,防空洞的坍塌自然会危及地表。2010年7月19日凌晨,由于连降暴雨,郑州国棉五厂路南家属院内出现一个直径约10m、深约10m的大坑,并积满雨水,初步勘查就是防空洞塌陷所致。

(3)人工开挖后回填不实。工程建设场地中由于施工后回填不密实,地下松散土体逐渐被流水冲走,也能形成地下空洞甚至地面塌陷。乌鲁木齐市红山东路2005年地下热力管网的建设中,由于回填不实造成1 300m路面整体塌陷。

6.3 地面塌陷分类

6.3.1 按地面塌陷成因划分

根据形成塌陷的主要原因分为自然塌陷和人为塌陷两大类。前者是地表岩、土体由于自然因素作用,如地震、降雨、自重等,向下陷落而成；后者是由于人类工程活动作用导致的地面塌落。在这两大类中,又可根据具体因素分为许多类型,如地震塌陷、矿山采空塌陷、复合型(自然-人为)塌陷等。

6.3.2 按塌陷区是否有岩溶发育划分

按塌陷区是否有岩溶发育,划分为岩溶地面塌陷和非岩溶地面塌陷。岩溶地面塌陷主要发育在覆盖型岩溶地区,是由于隐伏岩溶洞隙上方岩、土体在自然或人为因素作用下,产生陷落而形成的地面塌陷。非岩溶地面塌陷又根据塌陷区岩、土体的性质分为黄土塌陷、火山熔岩塌陷和冻土塌陷等许多类型。

1) 岩溶地面塌陷

岩溶又称喀斯特,是水(包括地表水和地下水)对可溶性岩石进行的以化学溶蚀作用为主的改造和破坏地质作用以及由此产生的地貌及水文地质现象的总称。岩溶作用以化学溶蚀为主,同时还包括机械破碎、沉积、坍塌、搬运等作用,是一个化学-物理相结合的综合作用。可溶性岩石包括碳酸盐岩、硫酸盐岩、卤化物等。覆盖在岩溶形态之上的土层经过岩溶水体的潜蚀等作用而形成洞隙、土洞直至地面塌陷等地质灾害。

岩溶发育的条件主要有:①具有可溶性的岩层;②具有有溶解能力(含CO_2)和足够流量的水;③具有地表水下渗、地下水流动的途径。

岩溶发育具有一定的规律,与岩性、地质构造、地形、气候等因素有关。

(1) 岩溶与岩性的关系。岩石成分、成层条件和组织结构等直接影响岩溶的发育程度和速度。一般地说,硫酸盐类和卤素类的岩层岩溶发展速度较快;碳酸盐类岩层则发育速度较慢。质纯层厚的碳酸盐类岩层,岩溶发育强烈,且形态齐全,规模较大;含泥质或其他杂质的碳酸盐类岩层,岩溶发育较弱。结晶颗粒粗大的岩石岩溶较为发育;结晶颗粒细小的岩石,岩溶发育较弱。

(2) 岩溶与地质构造的关系

① 节理裂隙:裂隙的发育程度和延伸方向通常决定了岩溶的发育程度和发展方向。在节理裂隙的交叉处或密集带,岩溶最易发育。

② 断层:沿断裂带是岩溶显著发育地段,常分布有漏斗、竖井、落水洞及溶洞、暗河等。在正断层处岩溶较发育,逆断层处岩溶发育较弱。

③ 褶皱:褶皱轴部一般岩溶较发育。在单斜地层中,岩溶一般顺层面发育。在不对称褶曲中,陡的一翼岩溶较缓的一翼发育。

④ 岩层产状:倾斜或陡倾斜的岩层,一般岩溶发育较强烈;水平或缓倾斜的岩层,当上覆或下伏非可溶性岩层时,岩溶发育较弱。

⑤ 可溶性岩与非可溶性岩接触带或不整合面岩溶往往发育。

(3) 岩溶与新构造运动的关系。地壳强烈上升地区,岩溶以垂直方向发育为主;地壳相对稳定地区,岩溶以水平方向发育为主;地壳下降地区,既有水平发育又有垂直发育,岩溶发育较为复杂。

(4) 岩溶与地形的关系。地形陡峻、岩石裸露的斜坡上,岩溶多呈溶沟、溶槽、石芽等地表形态;地形平缓地带,岩溶多以漏斗、竖井、落水洞、塌陷洼地、溶洞等形态为主。

(5) 地表水体同岩层产状关系对岩溶发育的影响。水体与层面反向或斜交时,岩溶易于发育;水体与层面顺向时,岩溶不易发育。

(6) 岩溶与气候的关系。在大气降水丰富、气候潮湿地区,地下水能经常得到补给,水的来源充沛,岩溶易发育。

(7) 岩溶发育的带状性和成层性。岩石的岩性、裂隙、断层和接触面等一般都有方向性,造成了岩溶发育的带状性;可溶性岩层与非可溶性岩层互层、地壳强烈的升降运动、水文地质条件的改变等则往往造成岩溶分布的成层性。

岩溶场地可能发生的岩土工程问题有如下几个方面:

①地基主要受压层范围内,若有土洞、溶洞、暗河等存在,在附加荷载或振动作用下,溶洞顶板坍塌引起地基突然陷落。

②地基主要受压层范围内,下部基岩面起伏较大,上部又有软弱土体分布时,引起地基不均匀下沉。

③覆盖型岩溶区由于地下水活动产生的土洞,逐渐发展导致地表塌陷,造成对场地和地基稳定的影响。

④在岩溶岩体中开挖地下洞室、隧道时,突然发生大量涌水及洞穴泥石流灾害。从更广泛的意义上,还包括有其特殊性的水库诱发地震、水库渗漏、矿坑突水、工程中遇到的溶洞稳定。

2)非岩溶地面塌陷

非岩溶洞穴产生的塌陷,如采空塌陷、黄土地区黄土陷穴引起的塌陷、玄武岩地区其通道顶板产生的塌陷等,后两者分布较局限。采空塌陷指煤矿及金属矿山的地下采空区顶板塌落塌陷,在我国分布较广泛,目前可见于除天津、上海、内蒙古、福建、海南、西藏以外的省(自治区、直辖市,包括台湾省),其中黑龙江、山西、安徽、江苏、山东等省发育较严重。据不完全统计,在全国21个省(自治区、直辖市)内,共发生采空塌陷182处以上,塌陷坑超过1 592个,塌陷面积1 150m^2,年经济损失3.17亿元。

6.3.3 按塌陷坑数量划分

塌陷坑大于100个者为巨型塌陷;50~100个者为大型塌陷;10~50个者为中型塌陷;小于10个者为小型塌陷。

6.4 岩溶塌陷工程地质勘查、评价及防治措施

各种岩溶形态和塌陷的发生危及地面建(构)筑物的稳定和人类的生命财产安全,由岩溶引起的自然灾害也往往给工农业生产带来损失。因此,岩土工程评价中不但要评价其现状,更要着眼于工程有效使用期限内溶蚀作用继续对工程的影响。

地面塌陷是环境工程地质条件变化的自然现象,在岩溶发育地区岩土工程勘察的任务是运用各种勘探手段,结合运用岩土工程和环境工程地质知识判定岩溶的类型、发育形态、发育强度,评价和论证岩溶场地的稳定性、渗漏性和建设的适宜性,提出稳定性分区,对于拟用地段要提出经济合理、技术可行的处理措施的建议,以作为工程建设设计的依据。

6.4.1 岩溶勘查

拟建工程场地或其附近存在对工程安全有影响的岩溶时,应进行岩溶勘查。

1)各勘查阶段的要求

各勘查阶段的工作应符合下列要求:

(1)可行性研究勘查。应查明岩溶洞隙的发育条件,并对其危害程度和发展趋势做出判断。

（2）初步勘查。应查明岩溶洞隙的分布、发育程度和发育规律，并按场地的稳定性和适宜性进行分区。

（3）详细勘查。应查明拟建工程范围及有影响地段的各种岩溶洞隙的位置、规模、埋深，岩溶充填物的性状和地下水特性，对地基基础的设计和岩溶的治理提出建议。

（4）施工勘查。应针对某一地段或尚待查明的专门问题进行补充勘查。当采用大直径嵌岩桩时，尚应进行专门的桩基勘查。

2）岩溶勘查的主要内容和方法

岩溶勘查宜采用工程地质测绘和调查、地球物理勘探和勘探取样等多种手段结合的方法进行。

（1）工程地质测绘和调查。应重点调查下列问题：

①岩溶洞隙的类型、形态、分布和发育规律。岩溶洞隙类型一般可分为：地表岩溶地貌：包括石芽、溶沟、溶槽、漏斗、竖井、落水洞、溶蚀洼地、溶蚀、谷地、孤峰和峰林等；地下岩溶地貌：主要为溶洞和地下暗河。

②岩面起伏、形态和覆盖层厚度。

③地下水赋存条件、水位变化和运动规律。

④岩溶发育与地貌、地质构造、地层岩性、地下水的关系。

a. 地貌：岩溶发育与所处地貌部位、地貌发展史、水文网、相对高程的关系。

b. 地质构造：地质构造部位，断裂带的位置、规模、性质，主要节理裂隙的延伸方向，新构造运动的性质和特点。

c. 地层岩性：可溶性岩层和非可溶性岩层的分布和接触关系，可溶性岩层的成分、结构和溶解性、第四系土层的成因类型和分布等。

d. 岩溶地下水的埋藏、补给、径流和排泄情况，水位动态变化及水力连通情况，场地受岩溶地下水淹没的可能性。

⑤当地治理岩溶的经验。

（2）地球物理勘探

①工作特点：地球物理勘探多用于可行性研究和初步勘察阶段。使用时应注意其适用条件，不宜以未加验证的物探成果直接作为施工图设计和地基处理的依据。应尽量采取多种方法相互印证、综合判释。

②工作量布置：物探测线、测点宜按先面后点、先疏后密、先地面后地下、先控制后一般的原则布置实施。测线一般应垂直于岩溶发育带。当发现或预计有可能存在危害工程的洞隙时，应加密测点。

③工作方法：为满足不同的探测目的和要求，可采用下列物探方法：复合对称四极剖面法辅以联合剖面法、浅层地震法、钻孔间地震法等，主要用于探测岩溶洞隙的分布、位置及相关的地质构造、基岩面起伏等；无线电波透视法、波速测试法、探地雷达法、电测深配合电剖面法、电视测井法等，主要用于探测岩溶洞穴的位置、形状、大小及充填状况等；充电法、自然电场法可用于追索地下暗河河道位置、测定地下水流速和流向等。

地下水位畸变分析法：在岩溶强烈发育地带，尤其在管状通道（暗河）处，地下水由于流动阻力小，将会形成坡降相对较平缓的"凹槽"，而在其他地段将形成陡坡的"坡"。同时，其水位的稳定过程也有很大不同。在不同钻孔中，同时进行各钻孔的地下水位的连续监测工作，可以帮助分析、判断基岩中各地段的岩溶发育程度。

(3)勘探及取样

①勘探方法

a.岩芯钻探和土层钻探:主要用于查明岩层或土层的成分、性质、结构、厚度、产状、地质构造,基岩面起伏和埋藏深度,溶洞顶板厚度,溶洞充填情况、充填物性质,地下溶洞、暗河的分布形状、规模,地下水的埋深、性质、动态变化及水动力特征等。钻探也用于验证工程地质测绘和物探成果对岩溶状况的判断以及采取试样进行室内试验工作。

b.小口径钻探:如取芯钻孔用于鉴定岩芯或土层;风镐钻孔可用于进行某些物探工作,如超声波探测。

c.井探、槽探、硐探:当钻探方法难以准确查明地下情况或基岩浅埋且岩性是控制因素时,可采用井探、槽探,主要用于查明浅部岩溶洞隙的形态、规模和发育状况,断层分布、岩组分界等;对大型工程,必要时可采用硐探。

②勘探点的布置

a.勘探点的间距:勘探线应沿建筑物轴线布置,勘探点间距不应大于《岩土工程勘察规范》(GB 50021—2001)中的相关规定,一般应符合对复杂场地、复杂地基的要求。在下列8种地段,应进行重点勘察,并加密勘探点:地面塌陷、地表水消失的地段;地下水强烈活动的地段;可溶性岩层与非可溶性岩层接触的地段;基岩埋藏较浅且起伏较大的石芽发育地段;软弱土层分布不均的地段;物探成果异常或基础下有溶洞、暗河分布的地段;对于复杂场地,每个独立基础或重要设备基础处均应布置勘探点;对一柱一桩基础,宜每柱布置勘探点。

b.勘探点的深度:勘探点深度应符合《岩土工程勘察规范》(GB 50021—2001)中的相关规定,且应满足下列5点要求:当基础底面以下土层厚度不大于独立基础宽度的3倍或条形基础宽度的6倍且具备形成土洞或其他地面变形条件时,应有部分或全部勘探点钻入基岩;当预定深度内有洞体存在,且可能影响地基稳定时,应钻入洞底基岩面下不少于2m,必要时应圈定洞体范围;对重大建筑物基础应适当加深;对大直径嵌岩桩勘探点应逐桩布置,勘探深度应不小于桩底面下3倍桩径并不小于5m,当相邻桩底的基岩面起伏较大时应适当加深;为验证物探异常带布置的勘探点,一般应钻入异常带以下适当深度。

③测试、试验和监测:岩溶勘察的测试、试验和监测应考虑下列要求:追索隐伏洞隙的联系时,可进行连通试验;当评价洞隙稳定性时,可采取洞体顶板岩样和充填物土样做物理力学性质试验,必要时可进行现场顶板岩体的载荷试验。为了推断溶洞的形成和发育历史,尚可用热释光法测定钟乳石的绝对年龄,用C14法测试洞中充填物的绝对年龄。

6.4.2 岩溶地基稳定性评价

在碳酸盐类岩石地区,当有溶洞、溶蚀裂隙、土洞等存在时,应考虑其对地基稳定性的影响,进行地基稳定性评价。

1)岩溶对地基稳定性的影响

(1)在地基主要受力范围内,若有溶洞、暗河等,在附加荷载或振动荷载作用下,溶洞顶板坍塌,使地基突然下沉。

(2)溶洞、溶槽、石芽、漏斗等岩溶形态造成基岩面起伏较大,或者有软土分布,使地基不均匀下沉。

(3)基础埋置在基岩上,其附近有溶沟、竖向溶蚀裂隙、落水洞等,有可能使基础下岩层沿倾向于上述临空面的软弱结构面产生滑动。

(4)基岩和上覆土层内,由于岩溶地区较复杂的水文地质条件,易产生新的岩土工程问题,造成地基恶化。

2) 地基稳定性的定性评价

(1)当场地存在下列情况之一时,可判定为未经处理不宜作为地基的不利地段:

①浅层洞体或溶洞群,洞径大,且不稳定的地段。

②埋藏的漏斗、槽谷等,并覆盖有软弱土体的地段。

③岩溶水排泄不畅,可能暂时淹没的地段。

(2)当地基属下列条件之一时,对二级和三级工程可不考虑岩溶稳定性的不利影响:

①基础底面以下土层厚度大于独立基础宽度的3倍或条形基础宽度的6倍,且不具备形成土洞或其他地面变形的条件。

②基础底面与洞体顶板间土层厚度虽小于①的规定,但符合下列条件之一时:

a. 洞隙或岩溶漏斗被密实的沉积物填满,且无被水冲蚀的可能;

b. 洞体由基本质量等级为Ⅰ级或Ⅱ级的岩体组成,顶板岩石厚度大于或等于洞跨;

c. 洞体较小,基础底面尺寸大于洞的平面尺寸,并有足够的支承长度;

d. 宽度或直径小于1m的竖向洞隙、落水洞近旁地段。

(3)当不符合上述可不考虑岩溶稳定性不利影响的条件时,应进行洞体地基稳定性分析,并符合下列规定:

①顶板不稳定,但洞内为密实堆积物充填,且无流水活动时,可认为堆填物能受力,作为不均匀地基进行评价。

②当能取得计算参数时,可将洞体顶板视为结构自承重体系进行力学分析。

③有工程经验的地区,可按类比法进行稳定性评价。

④当基础近旁有洞隙和临空面时,应验算向临空面倾覆或沿裂面滑移的可能性。

⑤当地基为石膏、岩盐等易溶岩时,应考虑溶蚀继续作用的不利影响。

⑥对不稳定的岩溶洞隙可建议采取地基处理措施或桩基础。

⑦常用的地基稳定性评价方法,是一种经验比拟方法,仅适用于一般工程。其特点是根据已查明的地质条件,结合基底荷载情况,对影响溶洞稳定性的各种因素进行分析比较,做出稳定性评价。

各因素对地基稳定的有利与不利情况可按表6-1确定。

岩溶地基稳定性评价 表6-1

评价因素	对稳定有利	对稳定不利
地质构造	无断裂,褶曲,裂隙不发育或胶结良好	有断裂、褶曲,裂隙发育,有两组以上张开裂隙切割岩体,呈干砌状
岩层产状	走向与洞轴线正交或斜交,倾角平缓	走向与洞轴线平行,倾角陡
岩性和层厚	厚层块状,纯质灰岩、强度高	薄层石灰岩、泥灰岩、白云质灰岩。岩体强度低
洞体形态及埋藏条件	埋藏深,覆盖层厚,洞体小(与基础尺寸比较),溶洞呈竖井状或裂隙状,单体分布	埋藏浅,在基底附近,洞径大,呈扁平状,复体相连
顶板情况	顶板厚度与洞跨比值大。平板状,或呈拱状,有钙质胶结	顶板厚度与洞跨比值小,有切割的悬挂岩块,未胶结

续上表

评价因素	对稳定有利	对稳定不利
充填情况	为密实沉积物填满,且无被水冲蚀的可能性	未充填,半充填或水流冲蚀充填物
地下水	无地下水	有水流或间歇性水流
地震设防烈度	地震设防烈度小于7度	地震设防烈度等于或大于7度
建筑物荷重及重要性	建筑物荷重小,为一般建筑物	建筑物荷重大,为重要建筑物

3)地基稳定性的定量评价

目前主要采用经验公式对溶洞顶板的稳定性进行验算。

(1)溶洞顶板坍塌自行填塞洞体所需厚度的计算

①原理和方法:顶板坍塌后,塌落体积增大,当塌落至一定高度 H 时,溶洞空间自行填满,无须考虑对地基的影响。所需塌落高度 H 按下式计算:

$$H = \frac{H_0}{K-1} \tag{6-1}$$

式中:H_0——塌落前洞体最大高度(m);

K——岩石松散(涨余)系数,石灰岩 K 取 1.2,黏土 K 取 1.05。

②适用范围:适用于顶板为中厚层、薄层、裂隙发育、易风化的岩层,顶板有坍塌可能的溶洞,或仅知洞体高度时。

(2)根据抗弯、抗剪验算结果,评价洞室顶板稳定性

①原理和方法:当顶板具有一定厚度,岩体抗弯强度大于弯矩,抗剪强度大于其所受的剪力时,洞室顶板稳定,满足这些条件的岩层最小厚度 H 计算如下:

当顶板跨中有裂缝,顶板两端支座处岩石坚固完整时,按悬臂梁方法,按下式计算:

$$M = \frac{1}{2}pl^2 \tag{6-2}$$

若裂隙位于支座处,而顶板较完整时,按简支梁方法,按下式计算:

$$M = \frac{1}{8}pl^2 \tag{6-3}$$

若支座和顶板岩层均较完整时,按两端固定梁方法,按下式计算:

$$M = \frac{1}{12}pl^2 \tag{6-4}$$

抗弯验算按下列公式计算:

$$\frac{6M}{bH^2} \leqslant \sigma \tag{6-5}$$

$$H \geqslant \sqrt{\frac{6M}{b\sigma}} \tag{6-6}$$

抗剪验算按下列公式计算:

$$\frac{4f_s}{H^2} \leqslant S \tag{6-7}$$

$$H \geqslant \sqrt{\frac{4f_s}{S}} \tag{6-8}$$

式中：M——弯矩（kN·m）；

p——顶板所受总荷载（kN/m）。为顶板厚 H 的岩体自重、顶板上覆土体自重和顶板上附加荷载之和；

l——溶洞跨度（m）；

σ——岩体计算抗弯强度（石灰岩一般为允许抗压强度的1/8）（kPa）；

f_s——支座处的剪力（kN）；

S——岩体计算抗剪强度（石灰岩一般为允许抗压强度的1/12）（kPa）；

b——梁板的宽度（m）；

H——顶板岩层厚度（m）。

②适用范围：顶板岩层比较完整，强度较高，层厚，而且已知顶板厚度和裂隙切割情况。

6.4.3 岩溶地基处理措施

对于影响地基稳定性的岩溶洞隙，应根据其位置、大小、埋深、围岩稳定性和水文地质条件等综合分析，因地制宜地采取下列处理措施。

（1）换填、镶补、嵌塞与跨盖等。对于洞口较小的洞隙，挖除其中的软弱充填物，回填碎石、块石、素混凝土或灰土等，以增强地基的强度和完整性，必要时可加跨盖。

（2）梁、板、拱等结构跨越。对于洞口较大的洞隙，采用这些跨越结构，应有可靠的支承面。梁式结构在岩石上的支承长度应大于梁高的1.5倍，也可辅以浆砌块石等堵塞措施。

（3）注浆加固、清爆填塞。用于处理围岩不稳定、裂隙发育、风化破碎的岩体。

（4）洞底支撑或调整柱距。对于规模较大的洞隙，可采用这种方法。必要时可采用桩基。

（5）钻孔灌浆。对于基础下埋藏较深的洞隙，可通过钻孔向洞隙中灌注水泥砂浆、混凝土、沥青及硅液等，以堵填洞隙。

（6）设置"褥垫"。在压缩性不均匀的土岩组合地基上，凿去局部突出的基岩（如石芽或大块孤石），在基础与岩石接触的部位设置"褥垫"（可采用炉渣、中砂、粗砂、土夹石等材料），以调整地基的变形量。

（7）调整基础底面面积。对有平片状层间夹泥或整个基底岩体都受到较强烈的溶蚀时，可进行地基变形验算，必要时可适当调整基础底面面积，降低基底压力。

当基底蚀余石基分布不均匀时，可适当扩大基础底面面积，以防止地基不均匀沉降造成基础倾斜。

（8）地下水排导。对建筑物地基内或附近的地下水宜疏不宜堵。可采用排水管道、排水隧洞等进行疏导，以防止水流通道堵塞，造成场地和地基季节性淹没。

6.5 土洞塌陷工程地质勘查、评价及防治措施

土洞是在有覆盖层的岩溶发育区，在特定的水文地质条件使岩面以上的土体遭到流失迁移而形成土中的洞穴和洞内塌落堆积物以及引发地面变形破坏的总称。土洞是岩溶的一种特殊形态，是岩溶范畴内的一种不良地质现象，由于发育速度快，分布密，对工程的影响远大于岩洞。土洞继续发展，易形成地表塌陷。

形成土洞塌陷的原因很多，如潜蚀、真空吸蚀、振动、土体软化、建筑荷载等。目前认识

尚不一致。因当地条件不同，产生塌陷的原因而不同，也可能是以一种原因为主导，多种因素综合作用的结果。

1) 潜蚀作用

在覆盖型岩溶区，下伏存在溶蚀空洞，地下水经覆盖层向空洞渗流（或地下水位下降时，水力梯度增大），在一定的水压力作用下，地下水对土体或空隙中的充填物进行冲蚀、掏空，从而在洞体顶板处的土体开始形成土洞，随着土洞的不断扩大，最终引发土洞顶塌落。当土层较厚或有一定深度时，可以形成塌落拱而维持上覆土层的整体稳定；当土层较薄时，土洞不能形成平衡，于是产生塌陷。

2) 真空吸蚀效应

岩溶网络的封闭空腔（溶洞或土洞）中，当地下水位大幅度下降到空腔盖层底面下时，地下水由承压转为无压，空腔上部便形成低气压状态的真空，产生抽吸力，通过吸盘吸蚀作用、空腔吸蚀作用、潎吸漏斗吸蚀作用来吸蚀顶板的土颗粒。同时由于内外压作用，覆盖层表面出现一种"冲压"作用，从而加速土体破坏。

不过，自然地质环境中，很难具备封密的岩溶空腔条件。真空吸蚀的极限是一个大气压，真空吸蚀力不大；一旦塌陷发生，封闭状态破坏，在一次塌陷发生的中后期，则不可能连续发生塌陷，这与许多塌陷案例不符；一旦发生潎吸漏斗吸蚀作用，则不存在真空吸蚀，因此时盖层已破坏；真空吸蚀同样难以解释同步塌陷。因此，真空吸蚀效应尚存在一些探讨之处。

3) 压强差效应

压强差是指岩溶空腔与松散介质（或土洞）接触面上下侧水、气流体，因岩溶管道水位变化而产生相应的压强差值，导致塌陷。

4) 自重效应

雨水入渗后，盖层饱和重度比干重度一般增加30%~40%，使土拱承受更大的重力，导致塌陷。

5) 浮力效应

岩土体位于地下水位之中，当地下水位下降时，除产生压强差效应外，土体的浮托力也随之减小，产生塌陷。

6) 土体强度效应

土体吸水饱和后，土体抗剪强度降低，土拱抗塌力减小，产生塌陷。

7) 振动、荷载等因素也易致土洞塌陷。

6.5.1 土洞的成因分类和发育规律

1) 土洞的成因分类

(1) 地表水形成的土洞。在地下水深埋于基岩面以下的岩溶发育地区，地表水沿上覆土层中的裂隙、生物孔洞、石芽边缘等通道渗入地下，对土体起着冲蚀、淘空作用，逐渐形成土洞。

(2) 地下水形成的土洞。当地下水位在上覆土层与下伏基岩交界面处作频繁升降变化的地区，当水位上升到高于基岩面时，土体被水浸泡，便逐渐湿化、崩解，形成松软土带；当水位下降到低于基岩面时，水对松软土产生潜蚀、搬运作用，在岩土交界处易形成土洞。

2)土洞的发育规律

(1)土洞与下伏基岩中岩溶发育的关系:土洞是岩溶作用的产物,它的分布同样受到控制岩溶发育的岩性、岩溶水和地质构造等因素的控制。土洞发育区通常是岩溶发育区。

(2)土洞与土质、土层厚度的关系:土洞多发育于黏性土中。黏性土中亲水、易湿化、崩解的土层、抗冲蚀力弱的松软土层易产生土洞;土层越厚,达到出现塌陷的时间越长。

(3)土洞与地下水的关系:由地下水形成的土洞大部分分布在高水位与平水位之间,在高水位以上和低水位以下,土洞少见。

3)土洞的形成过程

由地下水形成的土洞,其形成过程如图 6-1 所示。

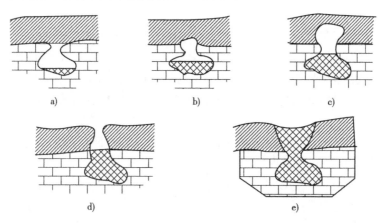

图 6-1 土洞的形成过程
a)土洞形成前;b)土洞初步形成;c)土洞向上发展;d)塌陷;e)形成碟形洼地

(1)当地下水动力条件改变时,原来被堵塞的洞隙及与其相连的下部排水通道复活,重新成为地下水集中活动的地段[图 6-1a)]。

(2)地下水位上升,抗水性差的土强烈崩解,一部分顺喇叭口落入下部溶洞中,初步形成上覆土层中的土洞[图 6-1b)]。

(3)土颗粒沿岩溶洞隙继续被地下水带走,上覆土中空洞逐渐扩大,向上呈拱形发展[图 6-1c)]。

(4)土洞进一步扩大,向地表发展,顶板渐薄,当拱顶薄到不能支持上部土的重力时,便突然发生塌落[图 6-1d)]。

(5)坍塌后,地面成为地表径流汇集的场所,大量堆积物日益聚集,使底部逐渐接近碟形洼地[图 6-1e)]。其后杂草丛生,久而久之,地表夷平而无法辨认,土洞便暂时停止发展。

在土洞形成过程中,堆积在洞底的塌落土体有时不能被水带走,起堵塞通道的作用。若潜蚀大于堵塞,土洞将继续发展;反之,土洞将停止发展。因此,并不是所有的土洞都能发展到地表塌陷。

6.5.2 土洞勘查

1)土洞勘查的重点部位

岩溶发育地区的下列部位宜查明土洞和土洞群的位置:

(1)土层较薄、土中裂隙及其下岩体洞隙发育部位。

(2)岩面张开裂隙发育、石芽或外露的岩体与土体交接部位。
(3)两组构造裂隙交汇处和宽大裂隙带。
(4)隐伏溶沟、溶槽、漏斗等有上覆软弱土的负岩面地段。
(5)地下水强烈活动于岩土交界面的地段和大幅度人工降水地段。
(6)低洼地段和地表水体近旁。

2)勘查的主要内容和方法

凡是岩溶地区有第四系土层分布的地段,都要注意土洞发育的可能性。应通过勘查查明土洞的分布、位置、大小、埋深,土洞的成因和形成条件,与土洞发育有关的溶洞、溶沟、溶槽的分布,上覆土层的土性、厚度,地表水和地下水的分布和动态等。

土洞勘查的主要方法如下:

(1)物探:以电法勘探为主,用于查明土层厚度与洞径相近的潜埋个体土洞效果较好。
(2)原位测试:如静力触探、动力触探等,用于查明土洞和塌陷的位置、大小等。
(3)钎探:用于查明浅埋土洞的位置、大小,一般可为1~2m大小。布点宜先疏后密,间距决定于土洞个体;对独立基础和设备基础,可按梅花形网格状布置;对条形基础可按轴线布置。
(4)夯探:用一定质量夯锤沿基槽(坑)底夯击,对有空响回声的疑似土洞处,钎探复查。可用于探查基底下1~2m处浅埋的土洞。
(5)井探、槽探:可用于查明浅埋土洞的位置、大小,上覆土层的土性、厚度,相关的岩溶洞隙的分布,地下水的分布等。
(6)钻探:主要用于查明深埋土洞的位置、大小等。

钻探深度:当基岩中岩溶较发育时,应按研究场地稳定性的需要确定钻孔深度,但深至岩溶水排泄基准面以下即可;当地下水位埋藏在土层中时,钻孔深度应至最低地下水位深度处。

(7)当需查明土的性状与土洞形成关系时,可进行土的湿化、胀缩、可溶性和剪切试验。
(8)当需查明地下水动力条件、潜蚀作用,地表水与地下水的联系,预测土洞和塌陷、发展时,可进行水的流速、流向测定和水位、水质的长期监测。

6.5.3 土洞地基稳定性评价和地基处理措施

1)土洞地基稳定性评价

(1)当场地存在下列情况之一时,可判定为未经处理不宜作为地基的不利地段:
①埋藏的漏斗、槽谷等,并覆盖有软弱土体的地段;
②土洞或塌陷成群发育地段;
③岩溶水排泄不畅,可能暂时淹没的地段。
(2)有地下水强烈活动于岩土交界面的岩溶地区,应考虑由地下水作用所形成的土洞对建筑地基的影响,并预估地下水位在使用期间变化的可能性及其影响。

2)地基处理措施

(1)由地表水形成的土洞或塌陷地段,应采取地表截流、防渗或堵漏等措施;对土洞应根据其埋深分别选用挖填、灌砂等方法处理。
(2)由地下水形成的塌陷或浅埋土洞,应清除软土,抛填块石作反滤层,面层用黏土夯填;对深埋土洞,宜用砂、砾石或细石混凝土灌填。在上述处理的同时,尚应采用梁、板或拱跨越。对重要建筑物,可采用桩基处理。

6.6 采空区塌陷

6.6.1 采空区的定义

地下矿层采空后形成的空间称为采空区。当其上部岩层失去支撑,平衡条件被破坏,随之产生弯曲、塌落,以致发展到地表移动变形,导致地表各类建筑物变形破坏,甚至倒塌,称为采空塌陷。

采空区分为老采空区、现采空区、未来采空区三类。老采空区是指历史上已经开采的采空区,现已停止开采;现采空区是指正在开采的采空区;未来采空区是指计划开采而尚未开采的采空区。

6.6.2 地下开采引起的岩层移动

局部矿体被采出后,在岩体内部形成一个空洞,其周围原有的应力平衡状态受到破坏,引起应力的重新分布,直至达到新的平衡,即岩层产生移动和破坏,这一过程和现象为岩层移动。

1)岩层移动的形式
(1)弯曲;
(2)岩层的垮落(或称冒落);
(3)煤的挤出(又称片帮);
(4)岩石沿层面的滑移;
(5)垮落岩石的下滑(或滚动);
(6)底板岩层的隆起。
应该指出,以上6种移动形式不一定同时出现在某一个具体的移动过程中。

2)移动稳定后采动岩层内的三带
矿层采空后,顶板岩层的移动变形因岩层性质和开采条件不同,变形的表现形式、分布状态和程度亦不相同,对水平及缓倾斜矿层一般可将其垂直方向的变形分为冒落带、裂隙带、弯曲带等三带,如图6-2所示。

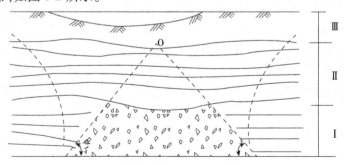

图6-2 顶板岩层变形分带
Ⅰ-冒落带;Ⅱ-裂隙带;Ⅲ-弯曲带

上述三带并没有明显的分界线,相邻两带之间一般是渐变过渡,也不是所有采空区都形成上述三带。

6.6.3 地下开采引起的地表移动和破坏

1) 地表移动和破坏主要形式

当采空区面积扩大到一定范围后,岩层移动发展到地表,使地表产生移动和变形。在采深和采厚的比值较大时,地表的移动和变形在空间和时间上是连续的、渐变的,分布有一定的规律性,这种情况称为连续的地表移动。当采深和采厚的比值较小(一般小于3)或具有较大的地质构造时,地表的移动和变形在空间和时间上将是不连续的,移动和变形的分布没有严格的规律性,地表可能出现较大的裂缝或塌陷坑,这种情况称为非连续的地表移动。

地表移动和破坏的形式,归纳起来有下列几种:
(1)地表移动盆地;
(2)裂缝;
(3)台阶状塌陷盆地;
(4)塌陷坑。

2) 地表移动盆地的特征

(1)在移动盆地内,各个部分的移动和变形性质及大小不尽相同。在采空区上方地表平坦,达到充分采动、采动影响范围内没有大的地质构造条件下,最终形成的静态地表移动盆地可划分为三个区域:

①移动盆地的中间区域(又称中性区域):移动盆地的中间区域位于盆地的中央部位。在此范围内,地表下沉均匀,地表下沉值达到该地质采矿条件下应有的最大值,其他移动和变形值近似于零,一般不出现明显裂缝。

②移动盆地的内边缘区(又称压缩区域):移动盆地的内边缘区一般位于采空区边界附近到最大下沉点之间。在此区域内,地表下沉值不等,地面移动向盆地的中心方向倾斜,呈凹形,产生压缩变形,一般不出现裂缝。

③移动盆地的外边缘区(又称拉伸区域):移动盆地的外边缘区位于采空区边界到盆地边界之间。在此区域内,地表下沉不均匀,地面移动向盆地中心方向倾斜,呈凸形,产生拉伸变形。当拉伸变形超过一定数值后,地面将产生拉伸裂缝。

应当指出,在地表刚达到充分采动或非充分条件下。地表移动盆地内不出现中间区域。

(2)开采水平矿层、缓倾斜(倾角 $\alpha < 15°$)矿层时,地表移动盆地有下列特征:

①地表移动盆地位于采空区的正上方。盆地的中心(最大下沉点所在的位置)和采空区中心一致,最大下沉点和采空区中心点的连线与水平线夹角(最大下沉角)为90°,盆地的平底部分位于采空区中部的正上方。

②地表移动盆地的形状与采空区对称。如果采空区的形状为矩形,则移动盆地的平面形状为椭圆形。

③移动盆地内外边缘区的分界点(移动盆地区拐点),大致位于采空区边界的正上方或略有偏离。

(3)开采倾斜(倾角 $\alpha = 15° \sim 55°$)矿层时,地表移动盆地有下列特征:

①在倾斜方向上,移动盆地的中心(最大下沉点处)偏向采空区的下山方向,和采空区中

心不重合。最大下沉点同采空区几何中心的连线与水平线在下山一侧夹角(最大下沉角)小于90°。

②移动盆地与采空区的相对位置,在走向方向上对称于倾斜中心线,而在倾斜方向上不对称,矿层倾角越大,这种不对称性越加明显。

③移动盆地的上山方向较陡,移动范围较小;下山方向较缓,移动范围较大。

④采空区上山边界上方地表移动盆地拐点偏向采空区内侧,采空区下山边界上方地表移动盆地拐点偏向采空区外侧。

拐点偏离的位置大小与矿层倾角和上覆岩层的性质有关。

(4)开采急倾斜(倾角 $\alpha < 55°$)矿层时,地表移动盆地有下列特征:

①地表移动盆地形状的不对称性更加明显。工作面下边界上方地表的开采影响达到开采范围以外很远;上边界上方开采影响则达到矿层底板岩层。整个移动盆地明显地偏向矿层下山方向。

②最大下沉值不是出现在采空区中心正上方,而向采空区下边界方向偏移。

③地表的最大水平移动值大于最大下沉值,最大下沉角 <90°。

④急倾斜矿层开采时,不出现充分采动的情况。

3)地表移动盆地边界确定

(1)地表移动盆地划分如下三个边界。

①移动盆地的最外边界:地表受开采影响的边界线,目前一般以下沉的点作为圈定移动盆地最外边界的依据。

②移动盆地的危险移动边界:以盆地内的地表移动与变形对建筑物有无危害而划分的边界。对于一般砖木结构建筑物有无危害的临界变形值为:倾斜 $i = 3mm/m$,水平变形 $\varepsilon = 2mm/m$,曲率 $K = 0.2mm/m$。

③移动盆地的裂缝边界:根据移动盆地内最外侧裂缝圈定的边界。

(2)圈定边界的角值参数:通常用角值参数圈定移动盆地边界。角值参数主要是边界角、移动角、裂缝角和松散层移动角,如图6-3所示。

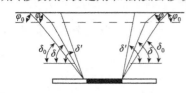 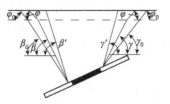 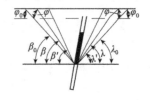

图6-3 地表变形移动角、边界角示意图

①边界角:在充分采动或接近充分采动的条件下,地表移动盆地主断面上盆地边界点至采空区边界的连线与水平线在矿(煤)柱一侧的夹角。边界角分走向边界角 δ_0、下山边界角 β_0、上山边界角 γ_0 和急倾斜矿层的底板边界角 λ_0。

②移动角:在充分采动和接近充分采动的条件下,地表移动盆地主断面上三个临界变形值中最外边的一个临界变形点至采区边界的连线与水平线在矿(煤)柱一侧的夹角。移动角分走向移动角 δ、下山移动角 β、上山移动角 γ 和急倾斜矿层底板移动角 λ,以及松散地层移动角 ϕ。

③裂缝角:在充分采动和接近充分采动的条件下,采空区上方地表最外侧的裂缝位置和采空区边界的连线与水平线之间在采空区外侧的夹角称为裂缝角。下山裂缝角的符号为

$β'$,上山裂缝角的符号为$γ'$,走向裂缝角的符号为$δ'$,急倾斜煤层底板裂缝角的符号为$λ'$。

4)影响地表变形的因素

(1)矿层因素

①矿层埋深越大(即开采深度越大),变形发展到地表所需的时间越长、变形值越小,变形比较平缓均匀,但地表移动盆地的范围增大。

②矿层厚度大,采空的空间大,会促使地表的变形值增大。

③矿层倾角大时,使水平移动值增大,地表出现裂缝的可能性增大,地表移动盆地与采空区的位置更不对称。

(2)岩性因素

①上覆岩层强度高、分层厚度大时,产生地表变形所需采空面积要大,破坏过程时间长;厚度大的坚硬岩层,甚至长期不产生地表变形。强度低、分层薄的岩层,常产生较大的地表变形,且速度快、但变形均匀,地表一般不出现裂缝。脆性岩层地表易产生裂缝。

②厚度大、塑性大的软弱岩层,覆盖于硬脆的岩层上时,后者产生破坏会被前者缓冲或掩盖使地表变形平缓;反之,上覆软弱岩层较薄,则地表变形会很快,并出现裂缝。岩层软硬相间,且倾角较陡时,接触处常出现层离现象。

③地表第四系堆积物越厚,则地表变形值增大,但变形平缓均匀。

(3)构造因素

①岩层节理裂隙发育会促进变形加快,增大变形范围,扩大地表裂缝区。

②断层会破坏地表移动的正常规律,改变地表移动盆地的位置和大小,断层带上的地表变形更加剧烈。

(4)地下水因素。地下水活动(特别是对抗水性弱的软弱岩层)会加快变形速度,扩大地表变形范围,增大地表变形值。

(5)开采条件因素。矿层开采和顶板处置的方法以及采空区的大小、形状、工作面推进速度等,均影响着地表变形值、变形速度和变形的形式。

6.6.4 采空区勘查

采空区勘查应分别查明老采空区上覆岩层的稳定性,预测现采空区和未来采空区地表移动变形的特征和规律性;并判定其作为建筑场地的适宜性和对建筑物的危害性。采空区的勘查应以搜集资料和调查为主。

(1)矿层的分布、层数、厚度、深度、埋藏特征和开采层的上覆岩层的岩性、构造等。

(2)矿层开采的范围、深度、厚度、时间、方法和顶板管理方法,采空区的塌落、密实程度、空隙和积水情况。

(3)地表变形特征和分布,包括地表陷坑、台阶、裂缝的位置、形状、大小、深度、延伸方向及其与地质构造、开采边界、工作面推进方向等的关系。

(4)地表移动盆地的特征,划分中间区、内边缘区和外边缘区,确定地表移动和变形的特征值。

(5)采空区附近的抽水和排水情况及其对采空区稳定的影响。

(6)搜集建筑物变形和防治措施的经验。

对老采空区和现采空区,当工程地质调查不能查明采空区的特征时,应进行物探和钻探。对现采空区和未来采空区,应通过计算预测地表移动和变形的特征值。

6.6.5 采空区场地建筑适宜性评价

在采空区建筑时,应根据地表移动特征、地表移动所处阶段、地表变形值的大小和上覆岩层的稳定性划分不宜建筑的场地和相对稳定可以建筑的场地。

在开采过程中可能出现非连续变形的地段、地表移动处于活跃阶段的地段、特厚矿层和倾角大于55°的厚矿层露头地段、由于地表移动和变形可能引起边坡失稳和山崖崩塌的地段、地表倾斜大于10mm/m 或地表曲率大于0.6mm/m² 或地表水平变形大于6mm/m 的地段,不宜作为建筑场地。

下列地段作为建筑场地时,应评价其适宜性:

(1)采空区采深采厚比小于30的地段。

(2)采深小、上覆岩层极坚硬,并采用非正规开采方法的地段。

(3)地表倾斜为 3~10mm/m 或地表曲率为 0.2~0.6mm/m 或地表水平变形为 2~6mm/m的地段。

6.6.6 防止地表沉陷和建筑物变形的措施

1)开采技术措施

(1)防止地表沉陷的措施。地表沉陷一般发生在采用不适当的开采方法或开采浅部矿层或开采急倾斜厚矿层时。为防止地表沉陷,可采取下列措施:

①开采浅部缓倾斜、倾斜的厚矿层时,应尽量采用分层开采方法,并适当减小第一、第二分层的开采厚度。

②开采急倾斜矿层时,应尽量采用分层间歇开采方法,并要求顶板一次暴露面积不能过大。分层开采的间歇时间应在 3~4 个月以上。

③顶板岩层坚硬不易冒落时,应采取人工放顶。

④调查小窑采空区、废巷和岩溶等地质和开采资料,防止因疏干老窑积水和疏降岩溶含水层水位时,造成地表突然塌陷。

(2)减小地表沉陷的措施。采矿时可采用充填开采法、条带状开采、分层开采等措施以减小地表下沉。

(3)减小地表变形的措施

①合理布置工作面位置:布置工作面位置时,应尽量使建筑物处于有利位置。一般认为回采工作面推进方向与建筑物长轴方向垂直较为有利。

②协调开采:利用几个矿层或厚矿层分层开采时,在走向或倾向方向合理布置开采工作面,使开采一个工作面所产生的地表变形与另一个工作面所产生的变形相互抵消一部分,从而减少对建筑物的有害影响。

③干净开采:在开采保护矿柱时,采空区内不应残留矿柱。否则对地表将产生叠加影响,使变形增大。

④提高回采速度:工作面推进速度不同,所引起的地表变形值也不同。提高回采速度后,一般会使下沉速度增大,但动态变形有所减小。

(4)增大开采区宽度:使开采迅速达到充分采动,使地表移动盆地尽快出现中间区。

(5)在建筑物下留设保护矿柱。

2)现有建筑物采取的结构措施

(1)提高建筑物的刚度和整体性,增强其抗变形的能力,如设置钢筋混凝土圈梁、基础联系梁、钢筋混凝土锚固板、钢拉杆、堵砌门窗洞。

(2)提高建筑物适应地表变形的能力,减少地表变形作用在建筑物上的附加应力,如设置变形缝、挖掘变形缓冲沟等。

3)新建建筑物预防变形的措施

在采空区设计新建筑物时,应充分掌握地表移动和变形的规律,分析地表变形对建筑物的影响,选择有利的建筑场地,采取有效的建筑和结构措施,保证建筑物的正常使用功能。

(1)选择地表变形小、变形均匀的地段进行建筑,避开地表变形为Ⅳ级以上和裂缝、陷坑、台阶等分布地段。

(2)选择地基土层均一的场地,避免把基础置于软硬不一的地基土层上。当为岩石地基时,可在基槽内设置砂垫层,以缓冲建筑物变形。

(3)建筑物平面形状应力求简单、对称。以矩形为宜,高度尽量一致。建筑物或变形缝区段长度宜小于20m。

(4)应采用整体式基础,加强上部结构刚度,以保证建筑物具有足够的刚度和强度。

(5)在地表非连续变形区内,应在框架与柱子之间设置斜拉杆,基础设置滑动层等措施。在地表压缩变形区内,宜挖掘变形补偿沟。在地下管网接头处,可设置柔性接头,增设附加阀门等。

6.7 地面塌陷的监测

1)监测的目的

通过监测,一方面是要抓住地面塌陷的前兆现象;另一方面是取得这些前兆现象变化过程的资料,以便于分析判断其发展趋势,为及时采取应急措施提供依据。

2)监测点的选择

一般是选择有异常变化现象的点,如井、泉水位、地面和建筑物的裂缝等进行监测。对于地面和建筑物的变化,应在变形的不同部位布点,形成监测点网,以全面掌握其变形的系统情况。

3)监测方法和工具

监测方法和工具可根据具体条件确定,以能取得监测数据资料为原则。如井、泉水位监测,可在其旁边设标尺(最小刻度为1mm),地面裂缝可在不同部位(如裂缝两头、中部等)于裂缝两侧钉上小木桩,其上画出"十"字作为监测基点,同最小刻度为1mm的钢卷尺或木尺量测桩间距离的变化;对墙上的裂缝可在墙上直接画线量测。

4)监测时间

从发现异常的时候开始定时观测,时间间隔每日一次,如异常变化剧烈时应增加观测次数,每日可增至2~3次。

5)监测记录

监测记录应列表记录,力求系统完整。监测中如遇降雨,应记录降雨的起止时间并估计其降雨强度(小、中、大、暴雨)。位于地表水体附近的监测点应同时监测记录地表水位的变化。随监测进程可绘制监测曲线,以时间为横坐标,以监测数据为纵坐标,绘出水位变化、裂缝变化等曲线,为分析判断提供基础。

6.8 防治地面塌陷的应急措施

(1)塌陷发生后对邻近建筑物的塌陷坑应及时填堵,以免影响建筑物的稳定。其方法是投入片石,上铺砂卵石,再上铺砂,表面用黏土夯实,经一段时间的下沉压密后再用黏土夯实补平。

(2)对建筑物附近的地面裂缝应及时堵塞,地面的塌陷坑应拦截地表水防止其注入。

(3)对严重开裂的建筑物应暂时封闭不许使用,待进行危房鉴定后才确定应采取的措施。

思 考 题

1. 什么是地面塌陷?有哪些种类?
2. 地面塌陷的原因有哪些?
3. 地面塌陷如何防治?
4. 有哪些监测地面塌陷的方法?
5. 人类活动对地面塌陷的产生起了什么样的作用?
6. 我国已有哪些大型矿区、干线铁路产生了岩溶地面塌陷灾害?
7. 岩溶地面塌陷灾害在我国哪些地区较为严重?
8. 采空区地面塌陷的发育、分布特点如何?
9. 土洞是如何形成的?

第7章 地面沉降及其防治

7.1 地面沉降的含义

地面沉降是在自然和人为因素作用下,由于地壳表层土体压缩而导致区域性地面高程降低的一种环境地质灾害现象,是一种难以补偿的永久性环境和资源损失,是地质环境系统被破坏所导致的恶果。它是一种缓变型地质灾害,发生初期不易察觉,具有隐蔽性,一旦致灾则波及面积很大,难以治理。地面沉降具有生成缓慢、持续时间长、影响范围广、成因机制复杂和防治难度大等特点,所以是一种对资源利用、环境保护、经济发展、城市建设和人民生活构成威胁的地质灾害。

早在19世纪人们就察觉到了地面沉降现象,但是由于沉降不大,危害性暴露的还不明显,所以未被人们重视。到20世纪30年代,在一些国家的沿海城市,如日本的东京和大阪、美国的长滩市等,地面沉降发展严重,经常遭到风暴潮的袭击,一次又一次的巨大经济损失,使得地面沉降成为严重的区域灾害,引起了人们的重视,开始了地面沉降的研究。

地面沉降包括广泛含义和工程含义。

广泛含义:系指地壳表面在自然营力作用下或人类经济活动影响下造成区域性的总体下降运动。其特点是以向下的垂直运动为主体,而只有少量或基本上没有水平向位移。其速度和沉降量值以及持续时间和范围均因具体诱发因素或地质环境的不同而异。

工程含义:目前国内外工程界所研究的地面沉降主要是指由抽汲液体(以地下水为主,也包括油、气)所引起的区域性地面沉降。

"过量开采地下水引发地面沉降和地下水资源衰减,分别是我国东部和中西部地区城镇化面临的主要地质环境问题"。这是中国地质环境监测院《典型省份城镇化进程中的地质环境问题及对策研究》项目2011年的最新研究成果。项目组分别选择江苏、河南、甘肃和山东四省分别代表东、中、西部及滨海地区,结果发现:在我国东部城镇化程度较高的地区,主要地质环境问题为过量开采地下水引发的地面沉降、不合理的废物堆放引发的地下水污染和土壤污染以及海岸带侵蚀与淤积等,其中以地面沉降最为突出;东部沿海地区除地面沉降外,海(咸)水入侵、岩溶塌陷、矿山地质环境问题和海岸带变迁等问题也比较突出;在以河南省为代表的中部地区,主要问题是地下水资源衰减和土壤环境污染等,尤以前者最为突出;由于西北地区城镇化程度相对较低,其主要地质环境问题是崩塌、滑坡、泥石流等地质灾害、地下水资源衰减、荒漠化以及水土环境污染等,其中地下水资源衰减和生态地质环境问题最为严重。

2012年2月,由国土资源部、水利部会同国家发展与改革委员会、财政部等十部委联合编制的中国首部地面沉降防治规划获得国务院批复。在全国范围内防治地面沉降已被提上议事日程。《2011年—2020年全国地面沉降防治规划》指出,目前全国遭受地面沉降灾害的城市超过50个,分布于北京、天津、河北、山西、内蒙古等20个省区市。全国累计地面沉降量超过200mm的地区达到7 900km²,并有进一步扩大趋势。

7.2 地面沉降分布

7.2.1 国际地面沉降分布

据已有的文献资料,最早发现地面沉降现象的时间是1898年,在日本东京开始水准测量的时候发现地面沉降现象。最早论述地面沉降的文章是1932年由Longfled TE撰写的《伦敦沉降》。至20世纪中期,因开采地下水资源导致水位下降,从而产生地面沉降,并带来一系列问题,已遍及世界各地。

据第三届地面沉降国际讨论会(意大利威尼斯,1984)资料的不完全统计,在美国50个州中,约有24个州由于开采地下液体(水、油、气)产生了不同程度的地面沉降。在加利福尼亚州的52 000km²面积的中部谷地,已有13 000km²面积因抽汲地下水而产生地面沉降,最大沉降量达9.0m,沉降体积达21 000万m³。长滩市最大沉降量达9.5m。休斯敦地面沉降达2.75m,到2000年该市最大沉降量约3.05m。

日本官方1981年的统计资料表明,已有59个地区地面沉降十分显著,地面沉降区的总面积已达9 520km²,约占这个国家可居住面积的12%。其中有1 128km²地面高程已处于平均海平面以下。东京最大沉降量达4.6m,沉降面积310km²;大阪最大沉降量达2.88m,沉降面积630km²;新潟气田沉降量为2.65m,沉降面积830km²。世界上一些城市或地区的地面沉降现象见表7-1。

世界部分城市地面沉降情况统计　　　　　表7-1

国别及地区	沉降面积(km²)	最大沉降速率(cm/a)	最大沉降量(m)	发生沉降时间	主要原因
东京	1 000	19.5	4.60	1892~1986	开采地下水
大阪	1 635	16.3	2.80	1925~1968	开采地下水
新潟	2 070	57.0	1.17	1898~1961	开采地下水
墨西哥城	7 560	42.0	7.50	1890~1957	开采石油
波河三角洲	8 000	30.0	>0.25	1953~1960	开采石油
加州圣华金流域	9 000	46.0	8.55	1935~1968	开采石油
加州长滩市威明顿油田	32	71.0	9.0	1926~1968	开采石油
内华达州拉斯维加斯	500	—	1.00	1935~1963	开采石油
亚利桑那州凤凰城	310	—	3.00	1952~1970	开采石油

此外,英国的伦敦市、俄罗斯的莫斯科、匈牙利的德波勒斯市、泰国的曼谷、委内瑞拉的马拉开波湖、德国沿海以及新西兰和丹麦等国家也发生了不同程度的地面沉降。

7.2.2 我国地面沉降分布

我国于1921年在上海发现地面沉降。20世纪90年代以来,由于采取限采、禁采地下水和回灌地下水等措施,上海、嘉兴、宁波等地沉降速度趋缓,但总体沉降范围却在迅速扩展。如杭(州)、嘉(兴)、湖(州)的沉降正向整个平原蔓延,长江三角洲地区的地面沉降在区域上有连成一片的趋势。苏州、无锡、常州地区的沉降速度也在加大,苏州市自1949年以来累计地面沉降600mm的面积已达180km^2,常州43km^2,无锡59.5km^2。地面沉降最严重的是上海,其次是苏州、无锡、常州,再次是杭嘉湖平原。40年来,上海市因地面沉降的直接经济损失达2 900亿元,其中潮损1 755亿元,涝损848亿元,安全高程损失189亿元。北京供水2/3来自地下水。近年来,由于地下水的超量开采,北京平原地面沉降呈快速增加趋势。到目前为止,在东郊八里庄—大郊亭、东北郊来广营、昌平沙河—八仙庄、大兴榆垡—礼贤、顺义平各庄等地已经形成了五个较大的沉降区,沉降中心累计沉降量分别达到722mm、565mm、688mm、661mm、250mm。最严重的地方,地表还在以每年20~30mm的速度下沉。

我国一些城市或地区的地面沉降现象见表7-2。

全国主要地面沉降现象统计一览表　　　　　　　　　　表7-2

地　点	面积(km^2)	发育分布简要说明
上海	850	上海市地面沉降始于1921年至1964年,已发展到最严重的程度,最大降深2.63m,以后逐步控制,现处在微沉和反弹状态
天津	1 000	自1959年始,除蓟县山区外,1万多km^{2}平原区均有不同程度的沉降,形成市区、塘沽、汉沽3个中心,最大沉积速率分别40~50、15~25、40~50mm/a
江苏	379.5	自20世纪60年代初苏州、无锡、常州三市累计沉降量分别达1.10、1.05、0.9m,目前已连成一片,现最大沉积速率分别40~50、15~25、40~50mm/a
浙江	362.7	宁波、嘉兴两市自20世纪60年代开始出现地面沉降,到1989年累计沉降量分别达34.6cm、59.7cm,现最大速率分别为18、41.9mm/a
山东	52.6	菏泽(1978年发现)、济宁(1988年发现)、德州(1978年发现)三市累计沉降量分别为7.7cm、6.3cm、10.4cm。最大速率分别达9.68、31.5、20mm/a
陕西	177.3	西安市及近郊自20世纪50年代后期开始出现7个地面沉降中心,最大累积深达1.035m,最大沉降速率达136mm/a
河南	59	许昌(1985年发现)、洛阳(1979年)、安阳,最大沉降量分别为20.8、11.3、33.7cm,安阳为区域性沉降,速率达65mm/a
河北	36 000	整个河北平原自20世纪50年代中期开始沉降,目前已形成沧州、衡水、任丘、河间、霸州、保定一亩泉、大城、南宫、肥乡、邯郸10个沉降中心。沧州最甚,累积降深达1.68m,速率达96.8mm/a
安徽	360	阜阳市20世纪70年代初出现沉降,1992年最大累积降深达1.02m,速率达60~110mm/a
山西	200	太原市(1979年发现)最大沉降量为1.967m,速率0.037~0.114mm/a,大同市(1988年发现)目前最大沉降量分别为60、65mm,速率分别为31mm/a、5~7.5mm/a
北京	313.96	自20世纪50年代末开始沉降,中心位于东郊,最大累积沉降量达59.7cm,目前趋势减缓
云南		昆明火车站地段发现地面下沉

续上表

地 点	面积(km²)	发育分布简要说明
广东	0.25	20 世纪 60~70 年代发现湛江市出现地面沉降,最大降深 0.11m,后由于减少地下水开采已基本控制
海南		20 世纪 90 年代发现海口最大沉降量达 7cm,目前尚未造成危害
福建	9	福州市 1957 年开始发现地面沉降,目前最大累积沉降量 67.89mm,速率 2.9~21.8mm/a
合计	48 655.21	全国的地面沉降基本发育在长江下游三角洲平原,河北平原、环海渤海、东南沿海平原、河谷平原和山间盆地几类地区,年均直接损失 1 亿元以上

从成因上看,我国地面沉降多数是因地下水超量开采所致。从沉降面积和沉降中心最大累积降深来看,以天津、上海、苏州、无锡、常州、沧州、西安等城市较为严重,最大累积沉降量均在 1m 以上;按最大沉降速率来衡量,天津(最大沉降速率 80mm/a)、安徽阜阳(年沉降速率 60~110mm/a)和山西太原(114mm/a)等地的发展趋势最为严峻。

7.2.3 我国地面沉降的分布规律

我国地面沉降主要位于厚层松散堆积物地区,地域分布具有明显的地带性。

1) 大型河流三角洲及沿海平原区

主要是长江、黄河、海河及辽河下游平原和河口三角洲地区。这些地区的第四纪沉积层厚度大,固结程度差,颗粒细,层次多,压缩性强;地下水含水层多,补给径流条件差,开采时间长、强度大;城镇密集、人口多,工农业生产发达。这些地区的地面沉降首先从城市地下水开采中心开始形成沉降漏斗,进而向外围扩展,形成以城镇为中心的大面积沉降区。

2) 小型河流三角洲区

主要分布在东南沿海地区,第四系沉积厚度不大,以海陆交互相的黏土和砂层为主,压缩性相对较小;地下水开采主要集中于局部的富水地段。地面沉降范围一般比较小,主要集中于地下水降落漏斗中心附近。

3) 山前冲洪积扇及倾斜平原区

主要分布在燕山和太行山山前倾斜平原区,以北京、保定、邯郸、郑州及安阳市等大、中城市最为严重。该区第四系沉积层以冲积、洪积形成的砂层为主;区内城市人口众多、城镇密集、工农业生产集中;地下水开采强度大、地下水位下降幅度大。地面沉降主要发生在地下水集中开采区,沉降范围由开采范围决定。

4) 山间盆地和河流谷地区

主要集中在陕西省的渭河盆地及山西省的汾河谷地以及一些小型山间盆地内。如西安、咸阳、太原、运城、临汾等城市。第四纪沉积物沿河流两侧呈条带状分布,以冲积砂土、黏性土为主,厚度变化大;地下水补给、径流条件好;构造运动表现为强烈的持续断陷或下陷。地面沉降范围主要发生在地下水降落漏斗区。

7.3 地面沉降危害

地面沉降所造成的环境破坏和影响是多方面的,其主要危害表现在下列方面。

1）滨海城市海水侵袭

世界上有许多沿海城市，如日本的东京市、大阪市和新潟市，美国的长滩市，我国的上海市、天津市、台北市等，由于地面沉降致使部分地区地面高程降低，甚至低于海平面。这些城市经常遭受海水的侵袭，严重危害当地的生产和生活。为了防止海潮的威胁，不得不投入巨资加高地面或修筑防洪墙或护岸堤。

地面沉降也使内陆平原城市或地区遭受洪水灾害的频次增多、危害程度加重。可以说，低洼地区洪涝灾害是地面沉降的主要致灾特征。无可否认，江汉盆地沉降、洞庭湖盆地沉降（现代构造沉降速率为 10mm/a）和辽河盆地沉降加重了 1998 年中国的大洪灾。

2）港口设施失效

地面下沉使码头失去效用，港口货物装卸能力下降。美国的长滩市，因地面下沉而使港口码头报废。我国上海市海轮停靠的码头，原高程 5.2m，至 1964 年已降至 3.0m，高潮时江水涌上地面，货物装卸被迫停顿。

3）桥墩下沉，影响航运

桥墩随地面沉降而下沉，使桥下净空减小，导致水上交通受阻。上海市的苏州河，原先每天可通过大小船只 2 000 条，航运量达 $(100 \sim 120) \times 10^4 t$。由于地面沉降，桥下净空减小，大船无法通航，中小船只通航也受到影响。

4）地基不均匀下沉，建筑物开裂倒塌，破坏市政工程

地面沉降往往使地面和地下建筑遭受巨大的破坏，如地基下沉、建筑物墙壁开裂或倒塌、高楼脱空，深井井管上升、井台破坏，桥墩不均匀下沉，自来水管弯裂漏水，一些建筑物的抗震能力和使用寿命也受到影响等。美国内华达州的拉斯维加斯市，因地面沉降加剧，建筑物损坏数量剧增；我国江阴市河塘镇地面塌陷，出现长达 150m 以上的沉降带，造成房屋墙壁开裂、楼板松动、横梁倾斜、地面凹凸不平，约 5 800m² 建筑物成为危房，一座幼儿园和部分居民已被迫搬迁。地面沉降强烈的地区，伴生的水平位移有时也很大，如美国长滩市地面垂直沉降伴生的水平位移最大达到 3m，不均匀水平位移所造成的巨大剪切力，使路面变形、铁轨扭曲、桥墩移动、墙壁错断倒塌、高楼支柱和桁架弯扭断裂、油井及其他管道破坏。

我国福州市温泉区的地面沉降导致建筑物不均匀沉降，造成建筑物构件及整体性的破坏，影响建筑物正常使用，如原省保险公司 10 层办公大楼；地面沉降造成区域性洼地，易形成大面积积水，如在华林路—温泉路一带，造成交通堵塞，影响城市居民的正常生活，地面沉降也造成输水、排水、输电管网的扭断、错开，如海山宾馆大楼曾发生输水、输电管网被扭断，影响正常营业。

7.4 地面沉降成因

目前国内外所研究的地面沉降主要着重于因抽汲地下水、油、气所引起的区域性地面沉降问题。国内外地面沉降的实例表明，抽汲液体引起液压下降使地层压密而导致地面沉降是普遍和主要的原因。

7.4.1 地面沉降的诱发因素

地面沉降的诱发因素见表 7-3。

地面沉降的诱发因素		表7-3
诱发因素		地面沉降特点
自然动力地质因素	地壳近期的断陷下降运动	运动速率较低,但具有长时期的持续性,在某些新构造运动活跃的地质构造单元中,沉降速率个别可达到每年几毫米
	地震、滑坡或火山活动	可以导致地面的陷落或下沉,但不会导致长期持续下降的结果
	地球气候变暖引起海平面相对上升	沿海地区的地面相对呈现降低现象,海洋基准面变化使水准测量成果带来系统误差
	自重湿陷性黄土的湿陷	与水的作用有关,地面常呈现局部的凹地和碟形盆地
	欠压密土的固结	与地层沉积后的地质历史有关,一般说来沉降速率和沉降量都不大
人类工程活动因素	建筑物的静、动荷载或地面堆载	局部范围内的地基变形
	大面积开采地下水(包括油、气)	是产生大面积、大幅度地面沉降的主要因素,具有沉降速率大(年沉降量达到几十到几百毫米)和持续时间长(一般将持续几年到几十年)的特征
	开采地下固体矿藏形成大面积采空区	在矿区产生塌落或地面沉降裂缝

7.4.2 地面沉降产生条件

地面沉降的产生需要一定的地质、水文地质条件和土层内的应力转变(由水所承担的那部分应力不断转移到土颗粒上)条件。从地质、水文地质条件来看,疏松的多层含水体系,其中承压含水层的水量丰富,适于长期开采,开采层的影响范围内,特别是它的顶、底板有厚层的正常固结或欠固结的可压缩性黏性土层等,对于地面沉降的产生是特别有利的。从土层内的应力转变条件来看,承压水位大幅度波动式的趋势性降低,则是造成范围不断扩大的、累进性应力转变的必要前提。特别是长江三角洲地区分布有巨厚的高压缩性淤泥和淤泥质土的低洼地区,随着经济建设的不断发展,需在洼地上大面积堆填。其软土在堆载(填土)荷重的作用下,产生一维压缩固结,可形成地区性的地面沉降。此类沉降,受场地软土的工程特性,层厚和堆载大小的控制,是构成滨海平原城市总地面沉降的一个组成部分,不可忽视。地面沉降的地质环境模式见表7-4。

地面沉降的地质环境模式		表7-4
模式	地层构成	地区举例
冲积平原	河床沉积土——以下粗上细的粗粒土为主 泛原沉积土——以细粒土为主的多层交互沉积结构土层的厚度一般与河床最大深度及各旋回中的沉积韵律有关	黄淮平原 长江下游平原 松花江中下游平原
三角洲平原	海陆互相沉积,具有多个含水系统并为较厚的黏性土层所交错间隔	长江三角洲 海河三角洲
断陷盆地	冲积、洪积、湖积以及海相沉积物所组成的粗、细粒土交错沉积层,其厚度及粒度受构造沉降速度、沉积韵律等因素的控制	近海式——台北盆地,宁波盆地 内陆式——汾渭盆地

7.4.3 地面沉降机理

承压水位降低所引起的应力转变是土层压密的重要原因。地面沉降机理是抽水作用下土层发生压密进而固结过程中的力学效应。

1) 抽水作用下土层的压密

位于欠固结或半固结疏松沉积层地区内的大城市,因为浅水易于污染,往往开发深层的承压水作为工业及生活用水的水源。在孔隙承压含水层中,抽汲地下水所引起的承压水位的降低,必然要使含水层本身和其上、下相对含水层中的孔隙水压力随之而减小。根据有效应力原理可知,土中由覆盖层荷载引起的总应力是由孔隙中的水和土颗粒骨架共同承担的。因此,有效应力原理是抽水引起土层压密的基本原理,如图7-1所示。

图中P为土层的总压力,σ为抽水前的有效应力,u_w为抽水前的孔隙水压力,抽水前上述诸力处于平衡状态,按下式计算:

$$P = \sigma + u_w \tag{7-1}$$

抽水后随着水压下降了u_f,土层中孔隙水压力随之下降,颗粒间浮托力减小,但由于抽水过程中土层的总压力基本保持不变,故此下降了的u_f值即转化为有效应力增量,按下式计算:

$$P = (\sigma + u_f) + (u_w - u_f) \tag{7-2}$$

在大多数情况下,这种压密可以认为是一维的。压密的时间延滞将随土层的透水性而异。此压密过程一般仍近似采用Terzaghi的经典固结方程表示,按下式计算:

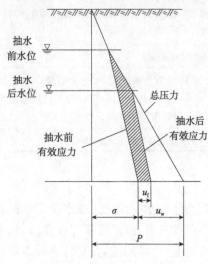

图7-1 抽水后土中有效应力的增加

$$\frac{\partial u}{\partial t} = C_v \frac{\partial^2 u}{\partial z^2} \tag{7-3}$$

式中,C_v为土层的固结系数。有效应力的增加除造成土的压缩外,还造成土骨架蠕变的二次压缩。黏土隔水层有效应力的增加,主要表现为二种力学效应:一是地下水位的波动改变了土粒间的浮托力;二是承压水头的变化使土层中产生水头梯度和渗透压力。

(1) 浮托力作用。在隔水层的上端抽水,可以造成浮托力(浮力)的降低或消失:

①浮托力降低:抽水降低了压缩层上端边界的孔隙压力,致使其上方土层原由该孔隙水所承担的重力,转移到土骨架上成为有效压缩荷载。它相当于压缩层上方加一有效外荷。这种情况出现于当压缩层上方除有一薄层砂外,均为不透水层,此时抽水不能直接引起土的重度变化,相对而言浮托力降低了。

②浮力消失:浮力消失系由于抽水致地下水位下降,使土层由原来的浮重度改变为饱和重度或湿重度,这部分重力差就是对土层所造成的有效应力增量。浮力消失往往出现于压缩层上端为砂和水所覆盖的情况下,一般在浅层井点排水中,较易遇到这种情况。如上海市区沿苏州河两岸及杨浦区北部,表层(3~10m)有一层粉细砂层,在地基开挖或人防工程的浅层井点排水施工中,很可能造成潜水位下降而引起地面沉降,其力学效应即为浮力消失。

(2)渗透压力作用。当在黏土层的一端抽水,另一端保持水头不变,这样就产生了水头梯度,从而破坏了原土体中孔隙压力的平衡状态,水便由高水头处向低水头处渗流,伴随着这种渗流,作用于土骨架上的力为渗透压力(或称动水压力)。渗透压力属体积力,它具有方向性,可正可负。

2)抽水作用下土层的固结

(1)土层固结原理。黏土边界水头压力的降低,破坏了土体内孔隙水压力的平衡状态,这时土中产生了水力梯度,黏土层各点水分便向下排出,土体即固结压缩。由于黏土的弱透水性,固结变形将随时间的延续缓慢进行。抽水过程中,黏土层仍处于饱和状态,固结过程中所排出水量与土的自重相比极其微小,因此,土层的总应力不变。

(2)加荷固结与抽水固结。外荷是一种表面力,其应力分布随深度而衰减。外荷施加后,土中孔隙水以超静水压力出现。抽水时水位下降是静水压力位能改变、土中内力重新调整的过程,其孔隙水压力的增长与衰减,相对于一个大气压力而言是负值。抽水过程中,渗透力是个体积力,它具有方向性,且可正可负,这是在一般加荷情况中所没有的。抽水与加荷固结的排水边界条件是完全不同的。加荷固结中,黏土层顶、底板的砂层都可视为排水面;抽水固结则不然,它视抽水条件而定,若在下方砂层抽水则下方为透水面,顶面砂层可看作不透水,固结即由下方先开始,其孔隙水压力沿深度分布的规律与地表加同等荷载是截然不同的。此外,抽水过程中,土中流出水量除包括按渗透固结规律由孔隙排出的水分外,还包括由于水头差引起的定常流动。定常流动不引起孔隙水压力变化,但可能引起土骨架位置的调整,而成为压密土体的附加因素。

7.5 地面沉降类型

我国出现的地面沉降的城市较多。按发生地面沉降的地质环境可分为三种模式:

(1)现代冲积平原模式,如我国的东北平原、华北平原、长江中下游平原。

(2)三角洲平原模式,尤其是在现代冲积三角洲平原地区,如长江三角洲就属于这种类型。常州、无锡、苏州、嘉兴、萧山的地面沉降均发生在这种地质环境中。

(3)断陷盆地模式,它又可分为近海式和内陆式两类。近海式指滨海平原,如宁波;内陆式则为湖冲积平原,如西安市、大同市的地面沉降可作为代表。

不同地质环境模式的地面沉降具有不同的规律和特点,在研究方法和预测模型方面也应有所不同。

另外,根据地面沉降发生的原因还可分为:

(1)基坑工程降水、抽汲地下水引起的地面沉降;

(2)采掘固体矿产引起的地面沉降;

(3)开采石油、天然气引起的地面沉降;

(4)抽汲卤水引起的地面沉降。

7.6 地面沉降工程地质勘查

7.6.1 主要任务

(1)了解地面沉降灾害区的地质背景(地层岩性、地质构造、水文地质、工程地质特征等)。

(2)查明或基本查明地面沉降灾害的分布范围、分布规律、危害程度;开展航片和卫片的地面沉降解译,实地验证航片、卫片的解译情况。

(3)分析地面沉降灾害的影响因素(自然因素及人为因素)、形成条件及其成因机理。

7.6.2 调查范围

依据地质环境条件、地下液态资源开发利用现状和规划、地面沉降灾害发育程度,以及社会经济发展重要程度等综合因素,确定地面沉降调查范围。

(1)对发生过如井口抬升、桥洞净空减少、房屋开裂等地面沉降现象较集中的区域展开重点调查。

(2)根据工作的需要,适当地扩大到已知地面沉降范围以外的区域。

(3)在有采矿活动、农田灌溉活动、大量抽汲地下水的地段,必须在现场通过访问、调查,查明是否曾经发生过地面沉降现象,并详细记录,标记在图上。

7.6.3 调查内容

1)地面沉降区地下水动态调查

调查与监测的内容包括地下水水位、水量资料;与地下水有密切联系的地表水体的监测资料;重点调查地下水水位下降漏斗的形成特点、分布范围、发展趋势及其对已有建筑物的影响。

2)建筑物破坏情况调查

首先查看地下水开采量强度大、地下水位降深幅度也大的地段的开采井泵房,调查地面、墙壁有无裂缝、井管较地面有无上升、房屋有无变形等,然后逐渐向四周扩展,查看地面建筑物有无损坏,并调查建筑物年限。

3)地下管道破裂调查

对供水管线应查看地面是否潮湿、冒水;冬季是否常年结冰。煤气管道检测是否有异味,居民用气量是否充足等。

4)雨季淹没调查

调查淹没损失、淹没设施名称、淹没面积、淹没水深,对比分析本次降水量大小及历史同等降水量淹没情况和相应的地面变形情况。若在相同的降水、风力、风向及排水条件下出现洼地积水,河水越堤、海水淹没码头、工厂等,应属于地面沉降所致。

5)风暴潮调查

在发生过风暴潮的地区开展风暴潮的频率、潮位和经济损失调查,在有条件的地区开展经济损失评估;开展河堤、桥梁等的变化调查。

6)相关调查与资料分析

调查第四系松散堆积物的岩性、厚度和埋藏条件,收集和分析不同地区地下水埋藏深度和承压性,各含水层之间及其与地表水之间的水力联系资料。

7)地面沉降灾害和对环境的影响调查

采用现场踏勘和访问的方法,对建筑设施的变形、倾斜、裂缝的发生时间和发展过程及规模程度等详细记录,同时了解被破坏建筑设施附近水源井的分布、抽水量及地面沉降的情况。

7.6.4 资料收集与分析

在开展调查与监测的过程中应进行有关资料的收集,包括城市1:10 000或1:50 000比例尺交通图和地形图、沉降区水文地质工程地质勘查资料、水资源管理方面的资料、市政规划现状及远景资料、沉降区内国家水准网点资料、城市测量网点资料、井、泉点的历史记录及历史水准点资料、研究沉降区水文地质工程地质条件、历年水资源开采情况、已有的监测情况、地面沉降类型及沉降程度。分析地面沉降的原因、沉降机制,估算地面沉降的速率,划分出沉降范围及沉降中心,尽可能编制出地面沉降现状图,作为监测网点布设的原则依据。

在资料相对缺乏的沉降区,可布置适当的调查与勘查工作量,以达到布设监测网络的要求为准则。

7.6.5 勘探孔的布设和技术要求

1)勘探测试孔的布设

地面沉降区域较小时,可沿地面沉降区的长、短轴方向按"十"字形布置勘探测试孔;当地面沉降区域较大或尚未发生但可能发生地面沉降的区域,宜按网络状均匀布置勘探测试孔。孔距一般为1 000~3 000m,重点地段适当加密。

各类勘探测试孔孔径、孔深按表7-5确定。

各类勘探测试孔孔径、孔深及主要技术要求　　　　表7-5

类 别	孔径(mm)	孔深要求	主要技术要求
抽水试验孔	400~550	达主要含水层底板	泥浆护壁钻进,每2m取1土样
工程地质孔	≥127	达沉降层底板,控制孔达基岩	全断面取芯,黏性土取芯率>70%,粉土、砂土取芯率>50%,每2m取1个原状土样
孔隙水压力观测孔	≥127	达最深一个测头埋置位置	测头间距>5m,各测头间用黏土球止水
基岩标埋设孔	>150	达稳定基岩	见表7-6
分层标埋设孔	>150	达分层标埋设位置	

注:在可能情况下,不同类型孔可相互利用。

2)勘探测试孔的技术要求

各类勘探测试孔的主要技术要求按表7-6确定。

基岩标与分层标主要技术要求　　　　表7-6

部件名称	基岩标		分层标		
	钢管式	钢索导正式	托管式	套筒式	套筒插入式
保护管	φ89~146 钢管式	φ203 铸铁管或φ300水泥管	φ108 钢管,下端高于孔底1.5m左右		
标杆	φ2~73 无缝钢管	φ42~50 无缝钢管	φ42~50 无缝钢管		
扶正方式	滚轮扶正器间距5~6m	用平衡锤拉紧,φ1.0~1.5mm19股碳素弹簧钢丝索	滚轮扶正器间距5~6m		
标底形式	用水泥砂浆将标杆与新鲜基岩固定在一起	用水泥砂浆将标杆与新鲜基岩固定在一起	标杆装接于托盘上	标底加设保护套筒	爪形器插入土层
管内填充物	重柴油	清水	重柴油		

7.7 地面沉降监测及防治

7.7.1 地面沉降监测

我国是地面沉降灾害较为严重的国家,已经陆续发现具有不同程度的区域性地面沉降的城市有70多个。可能还有一些城市虽已发生沉降,但因没有进行全国性的全面的城市地面高程的精密测量,所以还不能对我国地面沉降灾害进行全面的评估。因此,加强全国性的地面沉降普查工作,查明引起沉降的主导因素,有利于预测未来可能发生的地面沉降灾害,才能有目的地对一些重点地区进行监测,提出合理的预防治理措施。

通过对调查区的地下水动态、地层应力状态、土层变形和地面沉降等的定期监测,取得实测动态变化数据,以便为地面沉降分析、预测及制定防护措施提供依据。为了掌握地面沉降的规律和特点,合理拟定控制地面沉降的措施,研究工作必须包括下述内容。

1)地下水动态监测

地下水动态监测内容有:地下水开采量、人工回灌量、地下水位、水温和水质等,各项监测的技术要求按表7-7确定。

地下水动态监测技术要求一览表　　表7-7

监测项目		井点布设	设备	监测要求	资料整理要求
地下水开采量		工作区内所有开采井、回灌井	水表计量装置,水表精度为0.1m³	每月监测1~3次,监测精度±1m³	分别按单井、含水量、地区和时间进行统计
地下水位		沉降区及邻近区均匀布点重点加密	电测水位计或自计水位仪	水位变幅较大时,每5天1次;一般每10~30天1次,监测误差±0.03m	将水位埋深换算成水位标高;绘制单孔地下水位历时曲线;编制年度水位等值线
地下水温	面测	在采、灌区均匀布点加密	水银或酒精温度计	抽水后地表测量;每年1~2次;监测精度±0.1℃	绘制地下水温等值线
	点测	在回灌区布设十字监测剖面线	半导体点温计;监测精度±0.02℃	自水面至含水层底板布置测温点;含水层及常温带以上每米一点,其他层段每5m一点;每月1~3次	绘制单孔水温垂直变化曲线及监测剖面上的等水温线
地下水质		采样井均匀布置,尽量不使用经回灌的开采井	井泵抽水采样	丰水期、枯水期、回灌前及开采后各采水样1次;特殊地段每10~30天1次	绘制丰、枯水期、回灌前、开采后的水化学类型图、矿化度图、氯离子及有害物质分布图

2)孔隙水压力监测

孔隙水压力的分布反映了土体在现场的应力状态,为了研究采灌过程中土体压密与膨胀的机理过程,确定在复杂的水位变化条件下沉降计算时的初始应力条件和土性指标的反算,必须进行孔隙水压力量测。

根据孔隙水压力监测资料可绘制出孔隙水压力随深度的历时变化曲线,应用于分析孔隙水压力与土层变形的规律,反算土层的压缩性参数,还可应用实测的孔隙水压力资料计算标点的地面沉降。

3)土层变形监测

(1)土层变形监测是通过对不同埋设深度的分层标进行定期测量。这是一种高精度的相对水准测量,施测精度应达到国家一等水准测量的要求。

(2)在有基岩标的地区,以基岩标为基点,或者以最深的分层标作为基点,定期测量各分层标相对于基点的高差变化,以计算土层的分层变形量。

(3)监测周期:一般对主要的分层标组每10天测量1次,其他分层标组每30天测量1次。

(4)资料整理:分层标测量结束后,应计算本次沉降量、累计沉降量和各土层的变形量。

4)地面沉降监测

地面沉降监测即面积性水准测量,比较不同时期的水准测量成果,获得各水准点的高程升降变量和沉降区内地面沉降的全貌动态。

(1)地面沉降监测高程网布设原则

①证实城市有地面沉降时,宜改建原有城市高程网,使其适应地面沉降监测的要求。

②尽量利用原有城市水准网,即用于城市地面沉降监测的水准网(简称沉降网),其水准路线的走向及点位宜与城市原有水准网的线、点重合,以保持资料的连续性和可比性。

③必要时可调整城市水准网的路线,或在局部地区布设专用的沉降网。

(2)沉降点密度与复测周期。根据城市各地区的水文地质、工程地质条件和年均沉降量,划分若干个沉降区。不同沉降区,其沉降点(即地面沉降监测水准点)的密度和复测周期也不同,可按表7-8确定。沉降点的密度亦可根据地面沉降勘查所选择的图件比例尺而定,当采用1:50 000图件时,沉降点平均密度为每平方公里1.5个点,沉降中心等重点地段加密至每平方公里2.0点。

沉降点间距和复测周期　　　　　　　　　　表7-8

年均沉降量(mm)	沉降点间距(m)	复测周期
1~3	1 000~2 000	3~5年
3~5		1~3年
5~10	500~700	0.1~1年
10~15	250~500	3~6月
>15	<250	1~3月

5)沉降监测时间与监测精度

(1)地面沉降监测的时间应选择在年内沉降速度最缓、地面沉降变量对监测精度影响最小的时间。

(2)在地面沉降较缓的时期或地区,可按一等或二等水准测量的要求进行监测。

(3)在地面沉降发展距离、沉降速度较大的时期或地区,可按二等、三等或四等水准测量的要求进行监测。

6)沉降监测资料整理

(1)进行水准网平差与插线高程计算,求得各水准点的沉降量,并填表登记。

(2)确定等值线间距(不小于最弱点中误差值),编制沉降量等值线。

(3)以面积为"权",应用加权平均法计算各沉降区的年均沉降量。

7.7.2 地面沉降防治

在地面沉降主要由新构造运动或海平面相对上升而引起的地区,应根据地面沉降或海面上升速率和使用年限等,采取预留高程措施。在古河道新近沉积分布区,对可发生地震液化塌陷地带,可采取挤密碎石桩,强夯或固化液化层等工程措施。在欠固结土分布和厚层软土上大面积回填堆载地区,可采用强夯、真空预压或固化软土等措施。对因过量开采地下水而引起的地面沉降,则应采取控制地下水开采量,调整开采层次,开展人工回灌,开辟新的供水水源等综合措施。

防治措施可分为:监测预测措施、控沉措施、防护措施和避灾措施。

1)监测预测

首先要加强地面沉降调查与监测工作,基本方法是设置分层标、基岩标、孔隙水压力标、水准点、水动态监测点、海平面监测点等,定期进行水准测量,进行地下水开采量、地下水位、地下水压力、地下水水质监测及回灌监测等。其次区域控制不同水文地质单元,重点监测地面沉降中心、重点城市及海岸带。查明地面沉降及致灾现状,研究沉降机理,找出沉降规律,预测地面沉降速度、幅度、范围及可能的危害,为控沉减灾提供科学依据并且建立预警机制。

2)控沉措施

(1)根据水资源条件,限制地下水开采量,防止地下水水位大幅度持续下降,控制地下水降落漏斗规模。从1966年起,上海开始限采地下水,向地层回灌自来水,"冬灌夏用"、"夏灌冬用",以地下含水层储能及开采深部含水层等众多措施将地面沉降稳住,1966~1971年还出现了回弹3mm。上海市过去地下水取水点很多,现在已经大量压缩。上海市采取控制地下水开采和地下水人工回灌两大措施,使上海地面沉降从历史最高的年沉降量110mm,下降至目前的年沉降量10mm左右。

(2)根据地下水资源的分布情况,合理选择开采区,调整开采层和开采时间,避免开采地区、层位、时间过分集中。

(3)人工回灌地下水,补充地下水水量,提高地下水水位。

3)防护措施

地面沉降除有时会引起工程建筑不均匀沉降外,主要是因沉降区地面高程降低,导致积洪滞涝、海水入侵等次生灾害。针对这些次生灾害,采取的主要防护措施是修建或加高加固防洪堤、防潮堤、防洪闸、防潮闸以及疏导河道、兴建排洪排涝工程,垫高建设场地,适当增加地下管网强度等。

4)避灾措施

搞好规划,一些对沉降比较敏感的新扩建工程项目要尽量避开地面沉降严重和潜在的沉降隐患地带,以免造成不必要的损失。

思 考 题

1. 从工程含义上讲,地面沉降是指什么?
2. 地面沉降有何危害?
3. 如何控制地面沉降?
4. 我国有哪些城市发生了地面沉降?
5. 人类活动对加剧和减缓地面沉降灾害起什么作用?
6. 减轻地面沉降灾害可以采用哪些措施?
7. 地面沉降监测的方法有哪些?

第8章 地裂缝及其防治

8.1 地裂缝的基本概念

地裂缝是地表岩层、土体在自然因素(地壳活动、水的作用等)或人为因素(抽水、灌溉、开挖等)作用下产生开裂,并在地面形成一定长度和宽度的裂缝的一种地质现象。有时地裂缝活动同地震活动有关,或为地震前兆现象之一,或为地震在地面的残留变形,后者又称地震裂缝。地裂缝常常直接影响城乡经济建设和群众生活。当这种现象发生在有人类活动的地区时,便可成为一种地质灾害,如图8-1所示。

a) b)

图 8-1 地裂缝

地裂缝是一种独特的城市地质灾害。自 20 世纪 50 年代后期发现,1976 年唐山大地震以后活动明显加强,特别是进入 20 世纪 80 年代以来,由于过量抽汲承压水导致的地裂缝两侧不均匀地面沉降进一步加剧了地裂缝的活动。地裂缝所经之处,地面及地下各类建筑物开裂,破坏路面,错断地下供水、输气管道,危及一些著名文物古迹的安全,不但造成了较大经济损失,也给居民生活带来不便,甚至危及人们的生命安全。地裂缝灾害是严重影响我国人民生活、生产建设的主要地质灾害之一,广泛分布于全国各地。近年来,也表现出了愈演愈烈的倾向,据中国地质环境监测院发布的《全国地质灾害通报》的数据表明,2009 年我国共发生地裂缝灾害 115 处,2010 年我国共发生地裂缝灾害 238 处,2011 年我国共发生地裂缝灾害 86 处,2012 年我国共发生地裂缝灾害 55 处,2013 年我国共发生地裂缝灾害 301 处。在空间分布上,地裂缝发育的范围越来越广,最早只在西安、邯郸、沭阳等地出现过,而近 20 多年来已经在全国 20 多个省(自治区)都有发现。《中国地质环境公报》的数据显示,从

2004年到2007年,我国地裂缝主要发生在山东、山西、河北、陕西、江苏、河南等省份,其中2007年一年间就在山西省发现262条,总长度达330km。如果地裂缝出现在人群和住宅建筑密集的城市中,它的破坏力将会更大。在城市中,已出现地裂缝的有西安、大同、保定、石家庄、天津、淄博等市,其中以西安最为典型和严重。自1959年零星发现地裂缝以来,在西安市现已发现的具有一定长度规模的地裂缝达14条之多,成为城市住宅建设、地下排水管道铺设、城市轨道建设、隧道开挖的极大障碍,目前的技术手段还难以抗御。调整人类工程活动和采取必要的治理措施能起到一定的减轻和预防作用。在目前的技术水平和认识状况下,各类工程建筑绕、避这类裂缝区段,是一种最为有效的减灾措施。如地裂缝灾害严重的西安市,制定了《地裂区建筑场地勘察设计暂行条例》,规定各类建筑物按其类型和重要程度在地裂缝两侧各避让一定的距离,这对减轻西安的地裂缝灾害起了重要的作用。

8.2 地裂缝分类与活动规律

地裂缝的形成原因复杂多样。地壳活动、水的作用和部分人类活动是导致地面开裂的主要原因。

地裂缝按成因和对工程建筑的危害程度可以分为四类,按表8-1确定。地裂缝除重力裂缝外,凡属构造性地裂缝都有三向变形位移,即垂直沉降(倾滑)、水平张裂、水平扭动(顺扭或反扭)。三向变形中在不同的地裂缝有不同的比值,地震裂缝以水平扭动为主,次为倾滑量,张裂量最小;构造地裂缝有的以水平位移为主,有的以倾滑为主;城市地裂缝以沉降为主,张裂次之,水平扭动量最小。地裂缝运动机制是以长期蠕滑运动为主,但也间有短期黏滑机制。地裂缝有周期性,有活动高潮期,也有活动间歇期,其活动速率有显著的差异。其中城市地裂缝由于受环境工程地质条件变化的影响,其活动性呈现有季节性周期变化,冬季活动速率大,夏季小,多呈现一年一周期。一个地区的地裂缝,不同的地裂缝有不同的活动速率,同一条地裂缝各段的活动速率有显著差别,可以分区分段进行评价。地裂缝活动的今后发展趋势主要是两端沿走向方向扩展破裂延伸,横向破裂不明显。

地裂缝的分类及其特征 表8-1

类 别	性质和特征	典型实例
地震构造地裂缝	简称地震地裂缝,是强烈地震时深部震源断裂在地表的破裂形迹,其性质和分布特征受震源断裂的控制,其产状与发震断裂基本一致,有明显的瞬时水平位移和垂直位移;一般以张性或张扭性为主,也有压性和压扭性的;裂缝呈雁行多组排列,断续延伸;在剖面上裂口上大下小,至地表下一定深度处尖灭;其断距是上大下小,它与随深度而积累断距的地震断层有区别,是震源波动场的产物。对城镇和工程建筑有极大的破坏作用,破坏作用随深度减轻,破坏范围沿地裂缝带呈狭长的条带状分布	唐山地震产生了8km长的地震地裂缝,海城地震产生了220km长的地震地裂缝
构造地裂缝	是活动断裂在地表或隐伏在地表下一定深度处的活动形迹,它的活动性质和分布特征受深部活动断裂的控制,具有明显的方位走向,在地表是断续延伸;有大小不等的水平位移(水平张裂和水平扭动)和垂直位移,在时序上时大时小,有强烈活动的黏滑时期,也有平静的蠕动滑移时期,其性质有张性的也有扭性的,在剖面上与活动断裂是贯通的,其断距上小下大,随深度逐渐增大;是断裂活动的直接产物。对城镇和工程建筑,农田水利有一定破坏作用,强烈活动期有严重的破坏作用,破坏范围主要沿地裂缝带呈狭长的条带状分布。它与地震地裂缝在成因上有一定差别	山西运城鸣条岗地裂缝长达12km,陕西的渭南、韩城、城阳等地裂缝均长达数公里

续上表

类别	性质和特征	典型实例
环境地裂缝	或称城市环境地裂缝。成因为综合性的或复活型的,具有构造地裂缝的所有特征,但受后期因人类活动引起的城市环境工程地质的条件变化的严重影响,强化了它的活动性,加深了对城市和建筑的破坏作用。而这种破坏作用是继承已有的构造地裂缝进行的。城市环境地裂缝的成因是受构造断裂控制的,其他环境工程地质条件变化因素的诱发和激化的叠加作用的综合结果。它的分布规律与产状特征严格受隐伏活动断裂的控制,其活动量(活动总量和活动速率)受断裂活动的构造因素的影响,又受城市环境地质条件改变因素的影响,而且随着城市环境工程地质条件的不断恶化,在活动速率与形变的总量中,环境因素对城市破坏中逐渐起到了主要作用(城市环境工程地质条件的改变主要是城市由于过量开采地下水,地下水位持续大幅度下降造成的区域性地面沉降)	西安市、大同市和邯郸市是中国城市环境地裂缝的主要代表城市
重力地裂缝	由于重力作用在地表产生的破裂形迹。滑坡体周边的张裂缝、矿坑塌陷周边的环形裂缝、岸边滑移的裂缝、黄土湿陷变形造成的裂缝和地震时由于重力原因产生的一切裂缝均属此类。规模较小,几何形态各异,无方向性,一般为张性的,拉张剪切的变形缝,在它的活动期有一定的破坏作用	局部分布

8.3 中国典型地裂缝

1)中国的典型地裂缝见表8-2

中国的典型地裂缝一览表　　　　　　　　　表8-2

名 称	类 型	形成机制	分布特征
西安地裂缝	环境地裂缝	构造活动是基础,过量开采地下水引起的区域性地面沉降加速了地裂缝的活动	走向N70°E。正断层性质,倾角70°~80°,14条地裂缝规模不等,以1~2km间距排列,具扭向变形性质,以垂直沉降为主,其中由地下水下降引起的非构造性沉降占87.4%,构造性沉降只占12.6%
大同地裂缝	构造地裂缝	具正断层性质,地下水水位下降引起的区域性地面沉降加速了地裂缝的活动	分布三组地裂缝带,每条带由一条主裂缝和多条次裂缝组成,主导走向N57°E,正断层性质,倾角70°~80°;主裂缝与下部断层相通,具三向变形性质,以垂直沉降为主,其中由地下水下降引起的非构造性沉降占70%
邯郸地裂缝	环境地裂缝	邯郸断裂是构造基础,地下水位下降引起的区域性地面沉降加速了地裂缝的活动	主要有几组地裂缝带,由长短不同的26条地裂缝组成,呈南北向或N70°E方向分布,正断层性质。裂缝形态呈张性,具三向变形性质,以垂直沉降为主,其中由地下水下降引起的非构造性沉降占85%
鸣条岗地裂缝	构造地裂缝	为活动断裂地表出露的形迹	总体走向北东向,倾向东南,裂缝上宽下窄呈楔形,最大可见深度12m。走向与下伏隐伏断裂一致
华蓥山山体裂缝	重力地裂缝	由山体卸荷和下伏软岩流变,地下采空区的发展引起	走向N20-40°E,与华蓥山主脊线基本一致;发育的规模与地形地貌关系密切;发育的时间与坡脚一带大规模采煤时间一致;地裂缝与地陷相伴而生

2)西安地裂缝特点

西安地裂缝最早发现于 1959 年,因其规模小,又没造成严重的经济损失,故未引起人们的注意。自 1976 年唐山地震后,西安地裂缝加速发展,到目前为止,在西安市区内已发现多达 14 条地裂缝,总面积约 250km², 地裂缝出露总长度约 70km,延伸长约 103km,其规模之大及活动时间之长,在国内外实属罕见,成为名副其实的城市地质灾害。地裂缝所经之处,致使大量地面建筑和地下设施遭到破坏,迄今为止造成的直接经济损失高达数十亿元。为此,许多专家、学者及工程技术人员对西安地裂缝的成因机制、活动特征等方面做了大量的研究工作,取得了一系列重要成果。

(1)西安地裂缝的平面展布特征。西安 14 条地裂缝的平面展布具有鲜明的构造特征,如图 8-2 所示。西安地裂缝是由于过量开采地下承压水,在产生不均匀地面沉降的条件下,由于临潼—长安断裂带的西北侧(上盘)一组 NE 走向的隐伏地裂缝出现活动,在地表产生破裂而形成的,是一种区域性的地质灾害现象。西安地裂缝主要发育在风积、洪积、冲积的黄土中,从南到北在黄土梁洼之间有规律的排列,并且均位于黄土梁南侧,呈带状分布。目前,西安地裂缝整体发育现状依然保持"南强北弱、东强西弱和城外强城内弱"的特点。而在平面上则具有明显的定向性、成带性和似等间距性等展布规律。

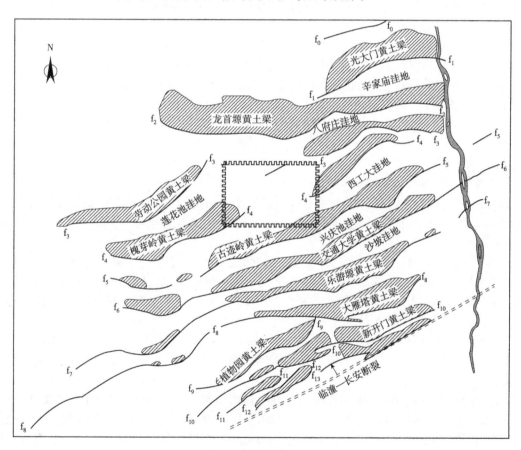

图 8-2 西安地裂缝分布示意图

(2)西安地裂缝的定向性。西安市 14 条地裂缝的总体走向均为 NEE 向,具有明显的总体走向一致性的特点,但不同地段的地裂缝走向有所变化。根据西安地裂缝平面分布图,对不同走向的地裂缝段分别按走向和长度进行统计,见表 8-3。

西安地裂缝走向统计 表8-3

走向	NE15°	NE25°	NE35°	NE45°	NE55°	NE65°
长度(km)	0.4	0.9	7.3	22.6	33.1	23.8
走向	NE75°	NE85°	NW275°	NW285°	NW295°	NW305°
长度(km)	31.3	34.5	2.4	6.0	3.7	0.3

由图可以明显看出，西安地裂缝走向延伸的优势方向为 NE45°~NE85°，占总长 87.4%，此外，地裂缝在 NW 向上的优势方向为 NW285°，长度 6.0km，占总长 3.6%，但在总的 NW 走向中占到了 48.7%。西安地区黄土层中构造节理的优势方向为 NE85°、NE75° 和 NE65°，这与地裂缝的优势方向基本一致。统计结果显示出这些地裂缝具有鲜明的构造特征：

①西安地裂缝的走向分布与断裂构造的发育与展布密切相关，具有明显的继承性和一致性。

②西安地裂缝分布受大型地貌的影响，不受中小型地貌和地物的限制，其优势破裂方向为 NEE 向。并且同一裂缝带不同分段间也发现有隐伏裂缝。

③西安地铁二号线勘察新近发现的 f_{14} 地裂缝，其向东已经穿过沪溺河，这些现象说明西安地裂缝已发展为沿走向 NE~NEE 向两端扩展的地裂缝带。

(3) 西安地裂缝的成带性。西安地裂缝划分为 14 条地裂缝带，每条地裂缝带一般都由主裂缝及其下降一侧的多条次级裂缝组成，地裂缝的宽度一般为 0.1~8cm，地裂缝带宽 3~8m，局部可达 20~30m。由于每一条地裂缝带都显示出多级雁列形态，可将组成一条地裂缝带的主破裂按等级分为三级。

(4) 西安地裂缝的似等间距性。西安市 14 条地裂缝带的展布近似相互平行，并向东西向延伸，间距为 0.4~2.1km，平均约为 1km。这种展布特性反映了西安地区先存的构造断裂具有平行等间距的特性。

3) 西安地裂缝的活动特征

西安 14 条地裂缝的活动速率并不是一成不变的，它随时间的变化而变化，因地段的不同而不同，因此具有时间差异性和空间差异性。但同时 14 条地裂缝在其活动方式上也具有某些一致性。

在每一条地裂缝带的形成发展过程中，大多先在它的Ⅰ级主地裂缝中部开始破裂，然后向两端扩展，显示地裂缝多点双向破裂特征。一条地裂缝带中，某处的地表破裂一旦开始，便会随着变形的积累而向两端扩展。所以，在积累的变形带的地表破裂还没有全部贯通的情况下，最先出现破裂的地点更加明显。

地裂缝活动具有年变周期性的特点。根据跨地裂缝带变形仪器监测资料，地裂缝活动具有明显的季节性周期变化。每年的第二季度，地裂缝活动明显加快，第四季度活动又相对减缓。

地裂缝活动在时间、空间和强度上均有明显的差异性。20 世纪 70 年代，主要是 f_1、f_2、f_5、f_6 和 f_7 等 5 条地裂缝活动明显；20 世纪 80 年代末到 90 年代中期，f_9 和 f_{10} 两条地裂缝活动性增强；20 世纪 90 年代后期至 21 世纪初以来，f_{11}、f_{12} 和 f_{13} 开始活动，f_3、f_9 和 f_{11} 地裂缝部分地段活动性最强，呈现此起彼伏的状态。不仅不同的裂缝之间活动性差异巨大，在同一条地裂缝上不同地段其活动性也存在明显差异。20 世纪 90 年代，f_7 地裂缝在育才路联合大学门口处活动形成的地表陡坎高达 20cm，而其西侧与之一墙之隔的西安地质学院家属院内地表则没有明显的破裂迹象。地裂缝在宏观上还具有"南强北弱、东强西弱和城外强城内弱"的特点。

地裂缝活动在时间、空间和强度上的差异性,主要由地层沉积的不均匀性、地下水开采强度平面分布的不均匀性和地裂缝延伸所追踪的构造面的不连续性造成。

地裂缝活动具有间歇性特点。一度活动强烈的地裂缝,在某个时间段内逐渐趋于平稳;而一度静止的地裂缝,在某个时间段内会活动起来,即地裂缝不是动者永动、静者永静,而是两者交替出现。如南郊三条地裂缝 f_8、f_9 和 f_{10}。在 20 世纪 20~30 年代曾强烈活动,但此后活动趋于平稳。1976 年唐山地震前后,f_1、f_2 和 f_3 地裂缝相继发生强烈活动,而后它们却活动不明显。1986 年后,当其他几条地裂缝活动趋于平缓时,它们却加剧活动。

地裂缝的活动方式有蠕滑运动,也有突发性的跳跃运动。表现为大部分时间段内,地裂缝处于相对稳定或极缓和蠕动状态,但活动量的大部分是由短时间内产生的突然错动和快速滑动的方式积累的。地裂缝的活动速率明显大于同期、同地的构造活动速率(临潼—长安断裂活动速率 20 年年平均值为 0.7mm/a)。

上述西安地裂缝的活动与地震裂缝有明显的区别。另外,根据西安市地裂缝的剖面特征可以看出,所有地裂缝的活动方式均为拉张应力状态下的正断层型活动,即上盘相对下降,在地表则表现为以垂直差异运动为主,兼有水平张裂和扭动的三维变形特征。

8.4 地裂缝工程地质勘查

8.4.1 地裂缝的调查

区域性地裂缝与滑坡、崩塌、地面塌陷相伴生的地裂缝在形成机理上是不同的,调查的内容也不同。对于区域性地裂缝,其调查内容主要为:
(1)单缝特征和群缝分布特征及其分布范围;
(2)形成的地质环境条件(地形地貌、地层岩性、构造断裂等);
(3)地裂缝成因类型和引发因素;
(4)发展趋势预测和现有灾害评估及未来灾害预测;
(5)现有防治措施和效果。

8.4.2 地裂缝场地勘查与评价

1)地裂缝场地勘查
(1)勘查目的
①查明拟建场地及其附近是否存在地裂缝(地表出露的地裂缝或隐伏的地裂缝);
②地裂缝的分布位置、产状、活动性、规律性;
③地裂缝成因;
④地裂缝与断裂构造的关系;
⑤提出工程评价与治理措施,分区进行建筑适宜性评价。
(2)勘查内容
①调查已有建筑物受地裂缝的影响程度、建筑物破坏现状、破坏形式;
②调查环境工程地质条件,包括采空区、水库蓄水、区域性地下水位变化等;
③查明地裂缝分布特征,主次地裂缝的产状、组合关系,下延深度,断距、填充情况等;
④查明隐伏地裂缝的位置和隐伏深度。
(3)勘查方法与要求
①通过现场调查与探井、探槽等手段揭露地裂缝在平面上及垂直剖面上的分布规律与发育情况;

②利用钻孔(不少于3个钻孔)确定地裂缝的倾向、倾角;

③对隐伏地裂缝,在有一定断距的情况下,可布置较密集的钻孔,可与探井配合使用查清地裂缝位置;

④为查明隐伏地裂缝位置及隐伏深度,还可采用以电法为主的综合物探方法。陕西省地震局利用氡射气探测西安地裂缝也取得了一定的效果。

(4)地裂缝活动速率的测定。地裂缝活动速率测定主要有简易的和仪器监测两种方法。

①简易测量:根据建筑物建成使用年限和建筑物墙体破裂的下沉量、拉张量、扭动量可近似地评估地裂缝的三向变形速率。

②仪器监测:有简易测量、跨地裂缝水准测量和断层测量仪自动连续测量,根据其年变化量来确定地裂缝活动的速率。

2)地裂缝的工程评价

(1)地裂缝对建筑物破坏的机理与现状。地裂缝有三向位移形变,建筑物遭受其破坏主要因素是位移量最大的形变。对地震裂缝主要是水平扭动位移;对构造地裂缝可能是沿走向的水平滑移,也可能是沿倾向的滑移;对城市地裂缝主要因素是垂直的差异沉降。例如西安地裂缝的年平均差异沉降为 15.85mm/a,3 倍于水平拉张,12 倍于水平左旋扭动,对建筑物的主要破坏力是差异沉降,水平扭动不是破坏建筑物的主要应力。

地裂缝破坏建筑物有三个主要特征:①建筑物上的破裂缝有很强的方向性,基本上沿地裂缝的走向破裂;②破裂变形缝连续性好,在走向方向上延伸相当长的距离;③由于地裂缝多为正断层性质,建筑物上的破裂形迹多为斜裂缝,与地下的地裂缝产状呈镜像构造关系。

(2)地裂缝建筑安全距离确定。除重力地裂缝外,其余地裂缝都属构造成因,或构造因素与环境工程地质条件改变的复合成因。有三向变形,变形量较大,当代建筑水平还不能有效抵抗它的变形,因此各类建筑物不能跨越其上,必须避开地裂缝一定的距离,才能保证建筑物的安全。这个避开的距离称建筑安全距离。所以地裂缝场地的工程评价与工程措施的关键是选定合理的安全距离。城市地裂缝的建筑安全距离在西安市已有丰富的经验,已制定出省级标准,在城市建筑与工程建筑中已执行多年,收到实际效果。陕西省地方标准《西安地裂缝场地勘察与工程设计规程》中的地裂缝场地建筑物最小避让距离采用表 8-4 中的数值。

西安地裂缝场地建筑物最小避让距离(单位:m)　　　　表 8-4

结构类别		建筑物重要性类别		
		一	二	三
砌体结构	上盘	—	—	6
	下盘	—	—	4
钢筋混凝土结构、钢结构	上盘	40	20	6
	下盘	24	12	4

地裂缝的建筑安全距离是根据地裂缝活动影响带宽度决定的。根据多年来的宏观调查、实地开挖揭露、精密水准监测,发现地裂缝的活动变形带较小,只需要采用小的建筑安全距离即可保证建筑物的安全。

地震地裂缝是地震断层的一种,建筑安全距离可按发震断层避让距离考虑。构造地裂缝可参照城市地裂缝的安全距离进行评价。

(3)地裂缝场地的地震效应。城市地裂缝不是发震构造,场地烈度按设防烈度或基本烈度设防,不必再提高烈度;在邻近强震场影响下地裂缝的变形将会加剧,对位于地裂缝带上的建筑物将会加重一些灾害,对于已采用一定安全距离的建筑物将会整体的下沉或水平扭动,不会有新的灾害发生。

8.5 地裂缝防治

不合理的人类工程活动都有可能加剧或引发地裂缝的活动和发育,即使是构造成因的地裂缝,也往往是由于人类不合理的工程活动才加速了地裂缝的开启和发育,造成对建筑物的破坏。因此,加强地裂缝区的工程地质勘察工作,调整对地裂缝产生影响的人类工程活动,可有效地减轻或防止地裂缝灾害的产生。

8.5.1 调整对地裂缝产生影响的人类工程活动

(1)限制或适量开采地下水。现代化城市的高速发展需要大量地开采地下水,造成地面沉降、塌陷,从而引起部分地表土层开裂,产生环形裂缝;过量开采地下水还可诱发和加剧其他类型的地裂缝活动。如西安、大同的基底断裂活动裂缝、鲁西南一些地区的软土胀缩裂缝活动和加剧都与地下水的大量开采有关。因此,大城市地区应制订出合理的地下水开采方案,并积极寻找新的水源,可以有效地缓解和防止地裂缝灾害的发生。

(2)松散土层湿陷区疏排地表水。不良土体地区地表渗水会引起或加剧土体中水的潜蚀、冲刷等作用,从而产生或加剧地裂缝活动。因此,避免在不良土体区建造水库、并注意疏排地表水,是减轻湿陷裂缝灾害的有效措施。

(3)夯实加固地裂缝。对已有的裂缝进行回填、夯实等,改善地裂区土体的性质。

(4)合理开采地下矿产资源。在地下矿产资源的开采中,适当增大、增多预留保安矿柱,城区应限制开采量和开采区域,可大大减轻矿区地裂缝灾害。

8.5.2 地裂缝场地的工程设计

1)地裂缝场地工程设计的主要原则

(1)加强建筑物适应不均匀沉降的能力。

(2)在黄土地区的地裂缝场地上建筑,采用防水措施,避免上部水沿地裂缝渗流入地下产生黄土湿陷,以防止加剧地裂缝形变的发展。

(3)增强隧道、管道等线性工程适应不均匀沉降和拉伸变形的能力。

2)主要工程设计措施

(1)钢筋混凝土框架结构的基础宜采用十字交叉条形基础、筏板基础或箱形基础。

(2)多层框架和多层砖房应增加其结构的整体刚度和强度,体型应简单。当体型复杂时应设置沉降缝,将其分割成体型简单的独立单元,单元的长高比不应大于2.5。多层砖房的各层预制楼盖处及地坪下的各道承重墙处应设置现浇钢筋混凝土圈梁。门窗洞口应采用钢筋混凝土过梁。

(3)单层工业厂房或空旷建筑物宜采用铰接排架体系,应尽量选用轻型屋盖;各类管道应尽量明装,便于检查,跨越地裂缝的管道应采用柔性接口,实行软连接,使管线能在较长时间内吸收其形变量,跨越地裂缝的电缆宜采用直接埋地的标准敷设方法。

(4)储水构筑物和大量用水的工业与民用建筑物,如印染、化工等生产车间、浴池、水池等不得布置在地裂缝影响带内,尽量远离。

(5)在地裂缝场地上不得采用振冲桩等用水量较大的地基处理方法。

(6)地裂缝场地上的总平面设计,应妥善处理雨水排水系统,场地排水不得排向地裂缝。西安地裂缝是一独特的城市地质灾害,其活动对地铁建设造成严重威胁,西安地铁建设的关键是如何解决地铁隧道穿越地裂缝带的问题。经过科技工作者的多年研究与实践,提出了如下防治措施:结构上采用扩大断面、预留净空、分段设缝加柔性接头和局部衬砌加强等措施;防水方面宜采用可卸式管片拼装双层结构法和波纹板强化橡胶复合材料制成的防裂止水带处理;地基基础处理方面采用地基注浆加固法和弹性囊变形恢复法处理;建立隧道衬砌和轨道的变形监测预警方案;地铁线路走向应尽量与地裂缝正交或大角度相交,避免小角度相交;严格禁止在地铁沿线一定范围内开采地下水。研究成果为西安地铁隧道穿越地裂缝带的施工、结构和防水设计以及隧道病害监测与防治提供了重要的参考。

思 考 题

1. 什么是地裂缝?有几种类型?
2. 我国地裂缝灾害的灾情怎样?各类地裂缝的发育、分布特征如何?
3. 西安地裂缝的发育特点及其灾情如何?
4. 人类活动对地裂缝产生什么样的影响?
5. 减轻地裂缝灾害损失的主要措施有哪些?
6. 地裂缝的成因有哪些?
7. 地裂缝有哪些防治措施?

附 录

斜坡稳定性调查表 附表1

名称				省　　县(市)　　乡　　村　　社					
野外编号		斜坡类型	□自然 □人工 □岩质 □土质	地理位置	坐标(m)	x: y:		高程(m)	坡顶 坡脚
室内编号					经度：　°　′　″　　　纬度：　°　′　″				

斜坡环境	地质环境	地层岩性			地质构造		微地貌	地下水类型
		时代	岩性	产状	构造部位	地震烈度	□陡崖 □陡坡 □缓坡 □平台	□孔隙水 □裂隙水 □岩溶水
	地理环境	降雨量(mm)			水　文			土地利用
		年均	最大降雨量		丰水位(m)	枯水位(m)	斜坡与河流位置	□耕地 □草地 □灌木 □森林 □裸露 □建筑
			日	时			□左岸 □右岸 □凹岸 □凸岸	

斜坡基本特征	外形特征	坡高(m)	坡长(m)	坡宽(m)	坡度(°)	坡向(°)	坡面形态	
							□凸 □凹 □直 □阶	
	结构特征	岩质	岩体结构				斜坡结构类型	
			结构类型	厚度	裂隙组数	块度(长×宽×高(m))		
			控制面结构				全风化带深度(m)	卸荷裂缝深度(m)
			类型	产状	长度(m)	间距(m)		
		土质	土的名称及特征			下伏基岩特征		
			名称	密实度	稠度	时代	岩性	产状	埋深(m)
				□密 □中 □稍 □松					
	地下水	埋深(m)	露头			补给类型		
			□上升泉 □下降泉 □湿地			□降雨 □地表水 □融雪 □人工		

· 177 ·

续上表

斜坡基本特征	现今变形破坏迹象	名　　称	部　　位	特　　征	初现时间
		□拉张裂缝 □剪切裂缝 □地面隆起 □地面沉降 □剥、坠落 □树木歪斜 □建筑变形 □冒渗混水			

可能失稳因素	□降雨　□地震　□人工加载　□开挖坡脚　□坡脚冲刷　□坡脚浸润　□坡体切割 □风化　□卸荷　□动水压力　□爆破震动				
目前稳定程度	□稳定性好　□稳定性较差 □稳定性差		今后变化趋势	□稳定性好　□稳定性较差 □稳定性差	
已造成危害	损坏房屋	毁路(m)	毁渠(m)	其他危害	直接损失（万元）	灾情等级
	户　间					
潜在危害	威胁人口(人)		威胁财产(万元)		险情等级	
监测建议	□定期目视检查　□安装简易监测设施　□地面位移监测　□深部位移监测				
防治建议	□群测群防　□专业监测　□搬迁避让　□工程治理				
群测人员		村主任	电话	防灾预案	□有　□无

示意图	平面图
	剖面图

调查负责人：　　　填表人：　　　审核人：　　　填表日期：　　　年　月　日
调查单位：

滑坡(潜在滑坡)调查表　　　　附表2

名称					省　　县(市)　　乡　　村　　社				
野外编号		室内编号		地理位置	坐标(m)	x: y:		高程(m)	
滑坡年代		发生时间:							
□古滑坡　□老滑坡 □现代滑坡		年　月　日 时　分			经度: 　°　′　″			纬度: 　°　′　″	

| 滑坡类型 | □推移式滑坡　□牵引式滑坡 | | | | | 滑体性质 | □岩质 □碎块石 □土质 | | |

		地层岩性			地质构造		微地貌	地下水类型	
滑坡环境	地质环境	时代	岩性	产状	构造部位	地震烈度	□陡崖 □陡坡 □缓坡 □平台	□孔隙水　□潜水 □裂隙水　□承压水 □岩溶水　□上层滞水	
	自然地理环境	降水量(mm)			水文				
		年均	日最大	时最大	洪水位(m)	枯水位(m)	滑坡相对河流位置		
							□左　□右　□凹　□凸		
	原始斜坡	坡高(m)	坡度(°)	坡形		斜坡结构类型	控滑结构面		
				□凸形 □凹形 □平直 □阶状			类型		
							产状		

		长度(m)	宽度(m)	厚度(m)	面积(m²)	体积(m³)	规模等级	坡度(°)	坡向(°)
滑坡基本特征	外形特征								
		平面形态				剖面形态			
		□半圆 □矩形 □舌形 □不规则				□凸形 □凹形 □直线 □阶梯 □复合			
	结构特征	滑体特征				滑床特征			
		岩性	结构	碎石含量(%)	块度(cm)	岩性	时代	产状	
			□可辨层次 □零乱	(体积百分比)					
		滑面及滑带特征							
		形态	埋深(m)	倾向(°)	倾角(°)	厚度(m)	滑带土名称	滑带土性状	
	地下水	埋深(m)	露头			补给类型			
			□上升泉 □下降泉 □溢水点			□降雨 □地表水 □人工 □融雪			
	土地使用		□旱地 □水田 □草地 □灌木 □森林 □裸露 □建筑						
	现今变形迹象	名　称	部　位		特　征		初现时间		
		□拉张裂缝 □剪切裂缝 □地面隆起 □地面沉降 □剥、坠落 □树木歪斜 □建筑变形 □渗冒混水							

续上表

影响因素	地质因素	□节理极度发育　□结构面走向与坡面平行　□结构面倾角小于坡角　□软弱基座 □透水层下伏隔水层　□土体/基岩接触　□破碎风化岩/基岩接触　□强/弱风化层界面
	地貌因素	□斜坡陡峭　□坡脚遭侵蚀　□超载堆积
	物理因素	□风化　□融冻　□胀缩　□累进性破坏造成的抗剪强度降低　□孔隙水压力高 □洪水冲蚀　□水位陡降陡落　□地震
	人为因素	□削坡过陡　□坡脚开挖　□坡后加载　□蓄水位降落　□植被破坏　□爆破震动 □渠塘渗漏　□灌溉渗漏
	主导因素	□暴雨　□地震　□工程活动

稳定性分析	复活诱发因素	□降雨　□地震　□人工加载　□开挖坡脚　□坡脚冲刷　□坡脚浸润　□坡体切割 □风化　□卸荷　□动水压力　□爆破震动					
	目前稳定状况	□稳定性好 □稳定性较差 □稳定性差	已造成危害	毁坏房屋(间)	死亡人口(人)	直接损失(万元)	灾情等级
	发展趋势分析	□稳定性好 □稳定性较差 □稳定性差	潜在威胁	威胁户数	威胁人口(人)	威胁资产(万元)	险情等级
	监测建议	□定期目视检查　□安装简易监测设施　□地面位移监测　□深部位移监测					
	防治建议	□群测群防　□专业监测　□搬迁避让　□工程治理			隐患点	□是　□否	
	群测人员		村主任	电话		防灾预案	□有　□无

滑坡示意图	平面图
	剖面图

调查负责人：　　　填表人：　　　审核人：　　　填表日期：　　　年　　月　　日
调查单位：

崩塌（潜在崩塌）调查表 附表3

名称						省　　市　　区　　街道				
野外编号		斜坡类型	□自然 □人工 □岩质 □土质	地理位置	坐标	x: y: 经度：°　′　″ 纬度：°　′　″		高程(m)	坡顶	
室内编号									坡脚	

崩塌类型	□倾倒式　　□滑移式　　□鼓胀式　　□拉裂式　　□错断式

崩塌环境	地质环境	地层岩性			地质构造		微地貌	地下水类型
		时代	岩性	产状	构造部位	地震烈度	□陡崖　□陡坡 □缓坡　□平台	□孔隙水 □裂隙水 □岩溶水

	地理环境	降雨量(mm)			水文			土地利用
		年均	最大降雨量		丰水位(m)	枯水位(m)	斜坡与河流位置	□耕地　□草地 □灌木　□森林 □裸露　□建筑
			日	时				
							□左岸　□右岸 □凹岸　□凸岸	

	坡高(m)	坡长(m)	坡宽(m)	规模(m³)	规模等级	坡度(°)	坡向(°)

危岩体特征	结构特征	岩质	岩体结构				斜坡结构类型	
			结构类型	厚度	裂隙组数	块度(长×宽×高(m))		
			控制面结构				全风化带深度(m)	卸荷裂缝深度(m)
			类型	产状	长度(m)	间距(m)		

		土质	土的名称及特征			下伏基岩特征		
			名称	密实度	稠度	时代	岩性	产状	埋深(m)
				□密 □中 □稍 □松					

	地下水	埋深(m)	露头	补给类型
			□上升泉　□下降泉　□湿地	□降雨　□地表水　□融雪　□人工

	现今变形破坏迹象	名　称	部　位	特　　征	初现时间
		□拉张裂缝 □剪切裂缝 □地面隆起 □地面沉降 □剥、坠落 □树木歪斜 □建筑变形 □冒渗混水			

	可能失稳因素	□降雨　□地震　□人工加载　□开挖坡脚　□坡脚冲刷　□坡脚浸润 □坡体切割　□风化　□卸荷　□动水压力　□爆破震动		
	目前稳定程度	□稳定性好　□稳定性较差 □稳定性差	今后变化趋势	□稳定性好　□稳定性较差 □稳定性差

续上表

		长度(m)	宽度(m)	厚度(m)	体积(m³)	坡度(°)	坡向(°)	坡面形态	稳定性
堆积体特征								□凸 □凹 □直 □阶	□稳定性好 □稳定性较差 □稳定性差
	可能失稳因素	□降雨 □地震 □人工加载 □开挖坡脚 □坡脚冲刷 □坡脚浸润 □坡体切割 □风化 □卸荷 □动水压力 □爆破震动							
	目前稳定程度	□稳定性好 □稳定性较差 □稳定性差				今后变化趋势	□稳定性好 □稳定性较差 □稳定性差		
已造成危害	死亡人口（人）	损坏房屋	毁路(m)	毁渠(m)	其他危害		直接损失（万元）		灾情等级
		户间							
潜在危害	威胁人口（人）		威胁财产(万元)				险情等级		
监测建议		□定期目视检查 □安装简易监测设施 □地面位移监测							
防治建议		□群测群防 □专业监测 □搬迁避让 □工程治理					隐患点	□是 □否	
群测人员		村主任		电话			防灾预案	□有 □无	

示意图:
- 平面图
- 剖面图

调查负责人：　　　填表人：　　　审核人：　　　填表日期：　　年　月　日
调查单位：

泥石流(潜在泥石流)调查表 附表4

沟名			野外编号			室内编号		
地理位置	E: N:	行政区位	省　地区(州)　县(市) 乡(镇)　　　村			高程(m)	最大高程 最小高程	
水系名称		坐标	x: y:					

泥石流沟与主河关系

主河名称	泥石流沟位于主河的 □左岸　□右岸	沟口至主河道距离(m)	流动方向

泥石流沟主要参数、现状及灾害史调查

水动力类型	□暴雨 □冰川 □溃决 □地下水			沟口巨石大小(m)		ϕ_a	ϕ_b	ϕ_c
泥沙补给途径	□面蚀 □沟岸崩滑 □沟底再搬运			补给区位置		□上游 □中游 □下游		
降雨特征值	$H_{年max}$	$H_{年cp}$	$H_{日max}$	$H_{日cp}$	$H_{时max}$	$H_{时cp}$	$H_{10分钟max}$	$H_{10分钟cp}$

沟口扇形地特征	扇形地完整性(%)		扇面冲淤变幅	±	发展趋势	□下切 □淤高	
	扇长(m)		扇宽(m)		扩散角(°)		
	挤压大河	□河形弯曲主流偏移 □主流偏移 □主流只在高水位偏移 □主流不偏					

地质构造	□顶沟断层 □过沟断层 □抬升区 □沉降区 □褶皱 □单斜				地震烈度(度)	
不良地质体情况	滑坡	活动程度	□严重 □中等 □轻微 □一般	规模	□大 □中 □小	
	人工弃体	活动程度	□严重 □中等 □轻微 □一般	规模	□大 □中 □小	
	自然堆积	活动程度	□严重 □中等 □轻微 □一般	规模	□大 □中 □小	

土地利用(%)	森林	灌丛	草地	缓坡耕地	荒地	陡坡耕地	建筑用地	其他

防治措施现状	□有 □无	类型	□稳拦 □排导 □避绕 □生物工程
监测措施	□有 □无	类型	□雨情 □泥位 □专人值守

威胁危害对象	□城镇 □村寨 □铁路 □公路 □航运 □饮灌渠道 □水库 □电站 □工厂 □矿山 □农田 □森林 □输电线路 □通信设施 □国防设施
威胁人口(人)	威胁财产(万元)　　　　　险情等级

灾害史	发生时间 (年/月/日)	死亡人口 (人)	牲畜损失 (头)	房屋(间)		农田(亩)		公共设施		直接损失 (万元)	灾情等级
				全毁	半毁	全毁	半毁	道路(km)	桥梁(座)		

泥石流特征	冲出方量 ($10^4 m^3$)	规模等级	泥位(m)

续上表

泥石流综合评判			
1.不良地质现象	☐严重 ☐中等 ☐轻微 ☐一般	2.补给段长度比(%)	
3.沟口扇形地	☐大 ☐中 ☐小 ☐无	4.主沟纵坡(‰)	
5.新构造影响	☐强烈上升区 ☐上升区 ☐相对稳定区 ☐沉降区	6.植被覆盖率(%)	
7.冲淤变幅(m)	±	8.岩性因素	☐土及软岩 ☐软硬相间 ☐风化和节理发育的硬岩 ☐硬岩
9.松散物储量($10^4 m^3/km^2$)		10.山坡坡度(°)		11.沟槽横断面	☐V型谷(谷中谷、U型谷) ☐拓宽U型谷 ☐复式断面 ☐平坦型
12.松散物平均厚(m)		13.流域面积(km^2)	
14.相对高差(m)		15.堵塞程度	☐严重 ☐中等 ☐轻微 ☐无
评 分						0 1 2 3 4 5	总分
易发程度	☐易发 ☐中等 ☐不易发	泥石流类型	☐泥流 ☐泥石流 ☐水石流
发展阶段	☐形成期 ☐发展期 ☐衰退期 ☐停歇或终止期		
监测建议	☐雨情 ☐泥位 ☐专人值守		
防治建议	☐群测群防 ☐专业监测 ☐搬迁避让 ☐工程治理	隐患点	☐是 ☐否
群测人员	村主任 电话	防灾预案	☐有 ☐无

示意图

调查负责人：　　　填表人：　　　审核人：　　　填表日期：　　　年　　月　　日
调查单位：

泥石流沟严重程度（易发程度）数量化表

附表 5

序号	影响因素	权重	严重(A)	得分	中等(B)	得分	轻微(C)	得分	一般(D)	得分
1	崩塌滑坡及水土流失（自然和人为的）的严重程度	0.159	崩塌滑坡等重力侵蚀严重，多深层滑坡和大型崩塌，表土疏松，冲沟十分发育	21	崩塌滑坡发育，多浅层滑坡和中小型崩塌，有零星植被覆盖，冲沟发育	16	有零星崩塌，滑坡和冲沟存在	12	无崩塌，滑坡、冲沟或发育轻微	1
2	泥沙沿程补给长度比（%）	0.118	>60	16	30～60	12	10～30	8	<10	1
3	沟口泥石流堆积活动	0.108	河形弯曲或堵塞，大河主流受挤压偏移	14	河形无较大变化，大河主流受迫偏移	11	河形无偏，在高水偏，低水不偏	7	无河形变化，主流不偏	1
4	河沟纵破（‰）	0.090	>12°(213)	12	6°～12°(105～213)	9	3°～6°(52～105)	6	<3°(52)	1
5	区域构造影响程度	0.075	强抬升区，六级以上地震区	9	抬升区，4～6级地震区，有中小支断层或无断层	7	相对稳定区，4级以下地震区，有小断层	5	沉降区，构造影响小或无影响	1
6	流域植被覆盖率（%）	0.067	<10	9	10～30	7	30～60	5	>60	1
7	河沟近期一次变幅(m)	0.062	>2	8	1～2	6	0.2～1	4	<0.2	1
8	岩性影响	0.054	软岩、黄土	6	软硬相间	5	风化和节理发育的硬岩	4	硬岩	1
9	沿沟松散物储量(10⁴m³/km²)	0.054	>10	6	5～10	5	1～5	4	<1	1
10	沟岸山坡坡度(‰)	0.045	>32°(625)	6	25°～32°(466～625)	5	15°～25°(286～466)	4	<15°(268)	1
11	产沙区沟槽横断面	0.036	V型谷,谷中谷,U型谷	5	拓宽U型谷	4	复式断面	3	平坦型	1
12	产沙区松散物平均厚度(m)	0.036	>10	5	5～10	4	1～5	3	<1	1
13	流域面积(km²)	0.036	<5	5	5～10	4	10～100	3	>100	1
14	流域相对高差(m)	0.030	>500	4	300～500	3	100～300	3	<100	1
15	河沟堵塞程度	0.030	严重	4	中	3	轻	2	无	1

地面塌陷(潜在地面塌陷)调查表　　　附表6

名称				省(市、区)		县(市、区)		乡	村	组
编号	野外：	地理位置	坐标	经度：		x：		高程(m)		
	室内：			纬度：		y：				

		坑号	形状	坑口规模(m^2)	深度(m)	变形面积(m^2)	规模等级	长轴方向	充水水位深(m)	水位变动(m)	发生时间	发展变化
发育特征	陷坑单体	1										□停止 □尚在发展
		2										
		3										
	陷坑群体	坑数	分布、发育及发生发展情况									
			分布面积(km^2)	排列形式		长列方向		坑口口径(m)		坑的深度(m)		
								最小	最大	最小	最大	
			始发时间	盛发开始时间		盛发截止时间		停止时间		尚在发展		
										□趋增强 □趋减弱		
	伴生裂缝	单缝特征	缝号	形态	延伸方向	倾向(°)	倾角(°)	长度(m)	宽度(m)	深度(m)	性质	
		群缝特征	缝数	分布、发育及发生发展情况								
				分布面积(km^2)	间距(m)	排列形式	产状	阶步指向	缝的规模(m)			
									长	宽	深	
								最小				
								最大				

塌陷区地貌特征	□平原　□山间凹地　□河边阶地　□山坡　□山顶

成因类型	□岩溶型塌陷	□土洞型塌陷	□冒顶型塌陷
形成条件 地质环境条件	塌陷地层时代及岩性： 岩层产状： 断裂情况： 溶洞发育情况： 岩层总体发育程度 □强，□弱 塌顶溶洞埋深　　m	塌陷土层结构及土性： □单层 土性：　　　厚度　　m □双层 上部土性：　　厚度 下部土性：　　厚度 下伏基岩时代及岩性：	塌陷岩土层时代及岩性： 土层时代 土性：　　　厚度：　m 岩层时代： 岩性：　　　厚度：　m
	地下水位埋深　　m	地下水位埋深　　　m	地下水位埋深　　m
形成条件 诱发动力因素	□地震 □其他震动 □地面加载 □水库蓄水 □其他水位骤变 □溶蚀剥蚀	□深井抽水 井位在塌陷区的方向 距离　m，抽水降深　m， 日出水量　　m^3 □江河水位变化 河边在塌陷区的方向 距离　m，水位变幅　m □地面加载　□震动	□坑道挖掘顶板冒落 □洞室顶部破碎岩土体地下水流强烈下泄 矿层厚度　m，开采时间 开采厚度　m，开采深度　m 开采方法 工作面推进速度　m/d 采出量　　m^3 顶板管理方法 重复采动□是 □否 采空区形态 采空区规模　　m^3

・186・

续上表

灾害情况	已有灾害损失		潜在灾害预测	
	毁田　　　亩,毁房　　　间,阻断交通: □铁路、□公路、□通信　　　小时		陷坑发展预测	潜在损害预测
	地面水源枯竭:□河水流量减少　　　m³/s □断流　　　m³/s □井泉水流量减少　　　m³/s □水位降低　　　m,□干枯		新增陷坑　　　个 扩大陷区　　　km²	毁田　　　亩 毁房　　　间
	地下井巷突水:□水量增大 m³/s,□成灾,损失; □淹井损失:		出现新陷区　　　处	断路　　　小时
	淹埋地面物资:		面积　　　km²	其他
	死亡人口(人)	直接损失(万元)	威胁人口(人)	威胁财产(万元)
	灾情等级:		险情等级:	
防治情况	已采取的防治措施及效果		今后防治建议	

隐患点		□是　　□否	防灾预案	□有　　□无
群测人员		村主任	电话	

示意图	平面图
	剖面图

调查负责人:　　　填表人:　　　审核人:　　　填表日期:　　　年　　月　　日
调查单位:

地 裂 缝 调 查 表   附表7

名称				省(市、区)		县(市、区)		乡村		（组）	
野外编号			地理位置	坐标	经度：		x：		高程		
室内编号					纬度：		y：				

发育特征	单缝特征	缝号	形态	延伸方向	倾向	倾角	长度	宽度	深度	规模等级	性质	移位	填充物	出现时间及活动性
		1	□直线 □折线 □弧线	N S	S N	(°)	m	m	m		□拉张 □平移 □下错	方向： 距离：		年 月 日 □停止 □仍有活动
		2												
		3												
	群缝特征	缝数	分布、发育情况							发生发展情况				
			排列形式			缝的规模				始发时间	盛发时间	停止时间	尚在发展	
		面积：km²	□平行 产状： 阶步指向：			长 m 至 m				年月日	年月日至年月日	年月日	□趋增强 □趋减弱	
		间距： m 至 m	□斜列 产状： 阶步指向：			宽 m 至 m								
			□环围 圆心位置：			深 m 至 m								
			□杂乱无章											

规模等级			成因类型	□地下开挖引起　　□抽排地下水引起 □地震和构造活动引起　□胀缩土引起

形成条件	地质环境条件	裂缝区地貌特征：□山顶，□山坡，□山脚，□平原 裂缝与山脊、山坡、山脚或平原土坎的走向关系：□平行，□横交，□斜交			
		裂缝(受裂)巨岩土层： 时代： 岩性：	受裂土层时间： 土性： 下伏层时间： 岩性：	受裂岩土层： 时代： 岩性：	胀缩土特征： 膨胀性： □强，□中，□弱， 含水率： %
		裂缝区构造断裂 1组：走向　　， 倾向　　，倾角 2组：走向　　， 倾向　　，倾角	岩层中的主要断裂产状： 土层中有无新断裂及其产状：	主要构造断裂产状 1组：走向　　， 倾向　　，倾角 2组：走向　　， 倾向　　，倾角	有无新的构造断裂及其产状：

续上表

形成条件	引发动力因素	□地下硐室开挖	□抽排地下水	□地震	□水理作用
		硐室埋深　　m, 硐室规模： 长　m, 宽　m, 高　m, 与裂缝区位置关系： 开挖时间： 开挖方式： 开挖强度：	□井、孔　□坑道 井深或坑道埋深　m 水位水量： 日出水量： 与裂缝的位置关系： 抽排水时间 □始于　年　月　日 □止于　年　月　日 □仍在断续	烈度　　　， 发生时间： 　年　月　日 □断层活动 活动断层的位置： 产状： 长度： 性质： 活动时间： 活动速率： 断距：	□降雨　　□水库水 □地表水　□地下水 作用时间： 水质(pH)： □开挖卸荷作用 开挖时间： 方式： 深度： □其他作用引起的干湿变化

灾害情况	已有灾害损失		潜在灾害预测	
	毁房　　间,阻断交通　处,　小时		裂缝发展预测	潜在损失预测
	死亡人口(人)	直接损失(万元)	□缝数增多 □原有裂缝加大 □活动强度增加	毁房　间,阻断交通　处,
				威胁人口(人) ｜ 威胁财产(万元)
	灾害等级		险情等级	

防治情况	已采取的防治措施及效果	今后防治建议

示意图	平面图
	剖面图

调查负责人：　　　填表人：　　　审核人：　　　填表日期：　　年　月　日
调查单位：

地面沉降调查表

附表8

名称		野外编号		室内编号			发生时间		
地理位置	\multicolumn{6}{l	}{省　　县(市)　　乡　　村　　社}	沉降类型		
	坐标	x:							
		y:							
	经纬度	经度:				沉降中心位置	行政区域		
		纬度:					经纬度	经度:	
								纬度:	

沉 降 规 模

沉降区面积 (km^2)	年平均沉降量(mm)	历年累计沉降量(mm)	平均沉降速率(mm/a)

地形地貌	
地质构造及活动情况	
第四系覆盖层岩性、厚度、结构、空间变化规律、水文地质特征与主要沉降层位	

沉 降 区 地 下 水 概 况

年开采量 (m^3/a)	年补给量(m^3/a)	地下水埋深(m)	年水位变化幅度(m)	其他

引发沉降原因、变化规律	
沉降现状及发展趋势	
主要危害及经济损失	
治理措施及效果	

调查负责人：　　　填表人：　　　审核人：　　　填表日期：　　年　　月　　日

调查单位：

参 考 文 献

[1] Derek H. Cornforth. Landslides in Practice—Investigation, Analysis, and Remedial/Preventative Options in Soils[M]. John Wiley & Sons, Inc., 2005.

[2] Harris S J, Orense R P, Itoh K. Back analyses of rainfall-induced slope failure in Northland Allochthon formation[J]. Landslides, 2012, 9(3): 349-356.

[3] United States Geological Survey. Landslide hazards[R]. Reston, VA, USA: United States GS Fact Sheet(FS-071-00), 2000.

[4] Y. M. Cheng and C. K. Lau. Slope stability analysis and stabilization-new methods and insight[M]. New York: Taylor & Francis, 2008.

[5] 陈栋振. 煤矿岩层与地表移动[M]. 北京: 煤炭工业出版社, 1992.

[6] 陈玮, 简文彬, 董岩松, 等. 某含软弱夹层花岗岩残积土边坡稳定性分析[J]. 水利与建筑工程学报, 2014, 12(6).

[7] 陈晓贞, 简文彬, 李凯. 坡顶堆载引发的滑坡及其治理[C]. 见: 王复明 编 第四届中国水利水电岩土力学与工程学术讨论会暨第七届全国水利工程渗流学术研讨会论文集[C]. 郑州: 黄河水利出版社, 2012, 541-548.

[8] 陈志波, 简文彬. 边坡稳定性影响因素敏感性灰色关联分析[J]. 防灾减灾工程学报, 2006, 26(4): 473-476.

[9] 陈志波, 简文彬. 位移监测在边坡治理工程中的应用[J]. 岩土力学, 2005, 26(S): 306-308.

[10] 崔云, 孔纪名, 倪振强. 强降雨在滑坡发育中的关键控制机理及典型实例分析[J]. 灾害学, 2011, 26(3): 13-17.

[11] 樊秀峰, 简文彬. 交通荷载作用下边坡振动响应特性分析[J]. 岩土力学, 2006, 27(S): 1197-2001.

[12] 樊秀峰, 吴振祥, 简文彬. 福州市温泉区地面沉降分析[J]. 地质灾害与环境保护, 2004, 15(2): 89-92.

[13] 樊秀峰, 吴振祥, 简文彬. 福州温泉区地下热水开采时空分布特征分析[J]. 水资源保护, 2005, 21(6): 37-40.

[14] 樊秀峰, 吴振祥, 简文彬. 福州温泉区地下热水开采与水位动态响应研究[J]. 中国地质灾害与防治学报, 2004, 15(4): 82-86.

[15] 洪儒宝, 简文彬. 宁德市某边坡稳定性分析及其治理[J]. 岩土工程界, 2007, 10(1): 55-59.

[16] 胡厚田. 崩塌与落石[M]. 北京: 中国铁道出版社, 1989.

[17] 胡忠志, 简文彬. 永久振动环境中岩土锚杆适用性的分析和测试[J]. 岩土力学, 2010, 31(8): 2599-2603.

[18] 黄润秋. 20世纪以来中国的大型滑坡及其发生机制[J]. 岩石力学与工程学报, 2007, 26(3): 433-454.

[19] 黄润秋, 许强. 中国典型灾难性滑坡[M]. 北京: 科学出版社, 2008.

[20] 黄强兵.地裂缝对地铁隧道的影响机制及病害控制研究[D].西安:长安大学,2009.
[21] 黄强兵,彭建兵,樊红卫,等.西安地裂缝对地铁隧道的危害及防治措施研究[J].岩土工程学报,2009,31(5):781-788.
[22] 纪万斌.塌陷学概论[M].北京:中国城市出版社,1994.
[23] 简文彬,李润,柳侃.临河道路岸坡滑坡及其防治研究[J].工程地质学报,2012,20(S):357-361.
[24] 简文彬,许旭堂,郑敏洲,等.土坡失稳的有效降雨量研究[J].岩土力学,2013,34(S2):247-251.
[25] 简文彬,陈文庆,郑登贤.花岗岩残积土的崩解试验研究[C].第九届土力学及岩土工程学术会议论文集,北京:清华大学出版社,2003:297-300.
[26] 简文彬,胡忠志,樊秀峰,等.边坡对循环荷载的响应研究[J].岩石力学与工程学报,2008,27(12):2562-2566.
[27] 简文彬,胡忠志,洪儒宝,等.交通荷载下土坡响应测试与分析[C].第三届全国岩土与工程学术大会论文集,四川科学技术出版社,2009.
[28] 简文彬,焦述强.某桥墩岩体结构面特征及其稳定性评价[J].岩土工程界,2002,5(11):30-31.
[29] 简文彬,姚环,焦述强,等.漳(州)—龙(岩)高速公路石崆山高边坡稳定性评价[J].岩石力学与工程学报,2002,21(1):43-47.
[30] 简文彬.汶川地震灾后重建的岩土工程问题探讨[J].防灾减灾工程学报,2009,29(6):709-714.
[31] 姜德义,朱合,杜云贵.边坡稳定性分析及滑坡防治[M].重庆:重庆大学出版社,2005.
[32] 江见鲸,徐志胜.防灾减灾工程学[M].北京:机械工业出版社,2011.
[33] 蒋臻蔚.水作用下地裂缝成因机制及数值模拟[D].西安:长安大学,2011.
[34] 康彦仁.论岩溶塌陷形成的致塌模式[J].水文地质工程地质,1992,19(4):32-34.
[35] 孔纪名.滑坡发育的阶段性特征与观测[J].山地学报,2004,22(6):725-729.
[36] 李润,简文彬.动荷载及水位涨落诱发的道路滑坡及其治理[J].岩土工程界,2009,12(6):63-66.
[37] 李绍才,孙海龙,杨志荣,等.护坡植物根系与岩体相互作用的力学特性[J].岩石力学与工程学报,2006,25(10):2051-2057.
[38] 李文波.岩质边坡稳定性分析方法及应用[J].中国水运,2008,8(8):186-189.
[39] 李新乐.工程灾害与防灾减灾[M].北京:中国建筑工业出版社,2012.
[40] 李新生,闫文中,李同录,等.西安地裂缝活动趋势分析[J].工程地质学报,2001,9(1):39-43.
[41] 李智毅,唐辉明.岩土工程勘察[M].武汉:中国地质大学出版社,2009.
[42] 李智毅,杨裕云.工程地质学概论[M].武汉:中国地质大学出版社,1994.
[43] 刘传正.地质灾害勘查指南[M].北京:地质出版社,2008.
[44] 刘传正.论地质环境变化与地质灾害减轻战略[J].地质通报,2005,24(7):702-711.
[45] 刘传正.突发性地质灾害的监测预警问题[J].水文地质工程地质,2001(2):1-4.
[46] 刘传正.重大地质灾害防治理论与实践[M].北京:科学出版社,2009.

[47] 刘传正．重大突发地质灾害应急处置的基本问题[J]．自然灾害学报,2006,15(3)：24-30.

[48] 卢全中,赵富坤,彭建兵,等．隐伏地裂缝破裂扩展研究综述[J]．工程地质学报,2013,21(6)：898-907.

[49] 马惠民 王恭先 周德培．山区高速公路高边坡病害防治实例[M]．北京:人民交通出版社,2006.

[50] 彭军,简文彬,吴迪,等．文山至辰山公路岩质高边坡稳定性评价[J]．工程地质学报,2008,16(S)：560-564.

[51] 陕西省建设厅,陕西省质量技术监督局．DBJ61 6—2006 西安地裂缝场地勘察与工程设计规程[S]．西安,2006.

[52] 同济大学,重庆建筑工程学院．城市环境保护[M]．北京:中国建筑工业出版社,1981.

[53] 王兰生．意大利瓦依昂水库滑坡考察[J]．中国地质灾害与防治学报,2007,18(3)：145-148.

[54] 王恭先,徐峻龄,刘光代,等．滑坡学与滑坡防治技术[M]．北京:中国铁道出版社,2007.

[55] 王思敬．工程地质学新进展——第六届国际工程地质大会论评[M]．北京:科学技术出版社,1991.

[56] 王治国,张云龙,刘徐师,等．林业生态工程学[M]．北京:中国林业出版社,2000.

[57] 吴迪,简文彬,徐超．残积土抗剪强度的环剪试验研究[J]．岩土力学,2011,32(7)：2045-2050.

[58] 吴道荣,简文彬,柳侃．三明市丹蓉新村后山滑坡成因及其治理[J]．河海大学学报,2005,33(S)：169-173.

[59] 吴积善,田连权,康志成,等．泥石流及其综合治理[M]．北京:科学出版社,1993.

[60] 吴茂明,简文彬,吴振祥．316 国道闽侯—闽清段滑坡灾害及其防治[J]．岩石力学与工程学报,2004,23(S)：4513-4516.

[61] 吴振祥,樊秀峰,简文彬．福州温泉区地面沉降灰色系统预测模型[J]．自然灾害学报,2004,13(6)：59-62.

[62] 吴振祥,简文彬,樊秀峰．福州市地面沉降及防治对策[C]．见:第一届全国环境岩土工程与土工合成材料技术研讨会论文集．杭州:浙江大学出版社,2002.

[63] 许强,汤明高,徐开祥,等．滑坡时空演变规律及预警预报研究[J]．岩石力学与工程学报,2008,27(6)：1104-1112.

[64] 项伟,唐辉明．岩土工程勘察[M]．北京:化学工业出版社,2012.

[65] 徐卫亚．边坡及滑坡环境岩石力学与工程研究[M]．北京:中国环境科学出版社,2000.

[66] 许建聪,简文彬．降雨型泥石流预测预报及危险度评价的 GIS 应用[C]．环境岩土工程理论与实践．上海:同济大学出版社,2002.

[67] 许旭堂,简文彬．兰桥排土场边坡失稳模式及其稳定性数值分析[J]．防灾减灾工程学报,2013,33(6)：686-690.

[68] 杨航宇,颜志平,朱赞凌,等．公路边坡防护与治理[M]．北京:人民交通出版社,2003.

[69] 姚环,简文彬,沈骅,等.石崆山Ⅱ段岩质高边坡稳定性的工程地质系统分析研究[J].工程地质学报,2006,14(3):301-306.

[70] 姚环,郑振,简文彬,等.公路岩质高边坡稳定性的综合评价研究[J].岩土工程学报,2006,28(5):558-563.

[71] 岳中琦.香港滑坡灾害防治和社会效益[J].工程地质学报,2006,14(S):12-17.

[72] 易学发,苏刚,王卫东,等.西安地裂缝带的基本特征与形成机制[J].地震地质,1997,19(4):289-295.

[73] 殷坤龙.滑坡灾害预测预报[M].武汉:中国地质大学出版社,2004.

[74] 张登,简文彬.露天采场岩质高边坡爆破稳定性之综合评价[J].土工基础,2014,28(2):133-137.

[75] 张俊云,周德培,李绍才.岩石边坡生态护坡研究简介[J].水土保持通报,2000,20(4):36-38.

[76] 张俊云,周德培,李绍才.岩石边坡生态种植试验研究[J].岩石力学与工程学报,2001,20(2):239-242.

[77] 张莲花,唐凌翔,罗康.一种土—岩混合边坡的稳定性分析计算方法[J].岩土工程技术,2008,22(3):119-122.

[78] 张勤,瞿伟,彭建兵,等.渭河盆地地裂缝群发机理及东、西部地裂缝分布不均衡构造成因研究[J].地球物理学报,2012,55(8):2589-2596.

[79] 张迎珍.地面沉降危害及防治对策[J].科技情报开发与经济,2007,17(1):287-290.

[80] 张倬元,王士天,王兰生,等.工程地质分析原理[M].北京:地质出版社,2009.

[81] 赵明阶,何光春,王多垠,等.边坡工程处置技术[M].北京:人民交通出版社,2003.

[82] 郑敏洲,简文彬,吴茂明.花岗岩残积土边坡稳定性可靠度分析[J].岩石力学与工程学报,2005,24(S2):5337-5340.

[83] 郑敏洲,简文彬,吴茂明.滑坡敏感性因子分析及其治理措施研究[J].岩土工程界,2004,7(12):29-31.

[84] 郑颖人,陈祖煜,王恭先,等.边坡与滑坡工程治理[M].北京:人民交通出版社,2007.

[85] 中国地理学会地貌专业委员会.喀斯特地貌与洞穴研究[M].北京:科学出版社,1990.

[86] 中国岩石力学与工程学会地面岩石工程专业委员会.中国典型滑坡[M].北京:科学出版社,1988.

[87] 中华人民共和国国家标准.GB/T 32864—2016 滑坡防治工程勘查规范[S].北京:中国标准出版社,2016.

[88] 中华人民共和国地质矿产行业标准.DZ/T 0221—2006 崩塌、滑坡、泥石流监测规范[S].北京:中国标准出版社,2006.

[89] 中华人民共和国地质矿产行业标准.DZ/T 0222—2006 地质灾害防治工程监理规范[S].北京:中国标准出版社,2006.

[90] 中华人民共和国地质矿产行业标准.DZ/T 70220—2006 泥石流灾害防治工程勘查规范[S].北京:中国标准出版社,2006.

[91] 中华人民共和国地质矿产行业标准.DZ/T 0219—2006 县(市)地质灾害调查与区划基本要求实施细则(修订稿)[S].北京:中国标准出版社,2006.

[92] 中华人民共和国地质矿产行业标准. DZ/T 0219—2006 滑坡防治工程设计与施工技术规范[S]. 北京:中国标准出版社,2006.

[93] 中华人民共和国地质矿产行业标准. DZ 0238—2004 地质灾害分类分级(试行)[S]. 北京:中国标准出版社,2004.

[94] 中华人民共和国国家标准. GB 50330—2013 建筑边坡工程技术规范[S]. 北京:中国建筑工业出版社,2013.